ORIGO

STEPPING STONES 2.0

EN ESPAÑOL

PROGRAMA INTEGRAL DE MATEMÁTICAS

AUTORES

James Burnett
Calvin Irons
Peter Stowasser
Allan Turton

CONSULTORES DEL PROGRAMA

Diana Lambdin
Frank Lester, Jr.
Kit Norris

ESCRITOR CONTRIBUYENTE

Beth Lewis

TRADUCTOR

Delia Varela

LIBRO DEL ESTUDIANTE B

ORIGO EDUCATION

CONTENIDOS

LIBRO A

MÓDULO 1

MÓDULO 2

MÓDULO 3

MÓDULO 4

MÓDULO 5

MÓDULO 6

CONTENIDOS

LIBRO B

MÓDULO 7

MÓDULO 8

MÓDULO 9

MÓDULO 10

MÓDULO 11

MÓDULO 12

Número: Analizando el 100

Conoce

¿Qué sabes acerca del cien?

Hay 100 centavos en un dólar.

He visto señales que dicen 100 millas.

¿Dónde has visto escrito el **100**?

¿Cómo escribirías el 100 en este expansor?

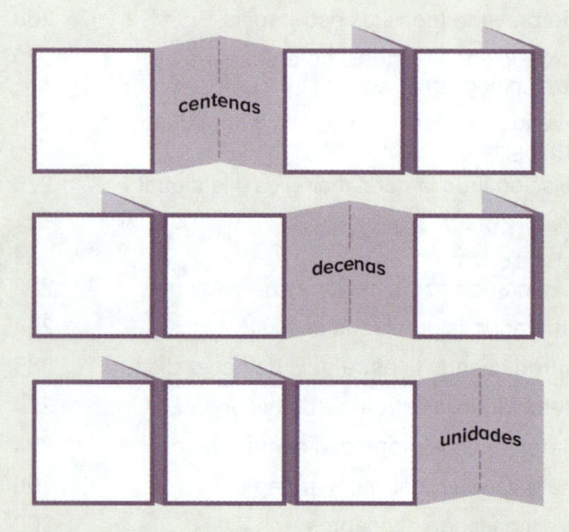

Escribe el **100** en este expansor. ¿Qué notas?

Escribe el **100** en este expansor. ¿Qué notas?

Intensifica

1. Utiliza la tabla numérica como ayuda para responder las preguntas.

61	62	63	64	65	66	67	68	69	70
71	72	73	74	75	76	77	78	79	80
81	82	83	84	85	86	87	88	89	90
91	92	93	94	95	96	97	98	99	100

a. ¿Qué número es **uno menos** que 100? ______

b. ¿Qué número es **diez menos** que 100? ______

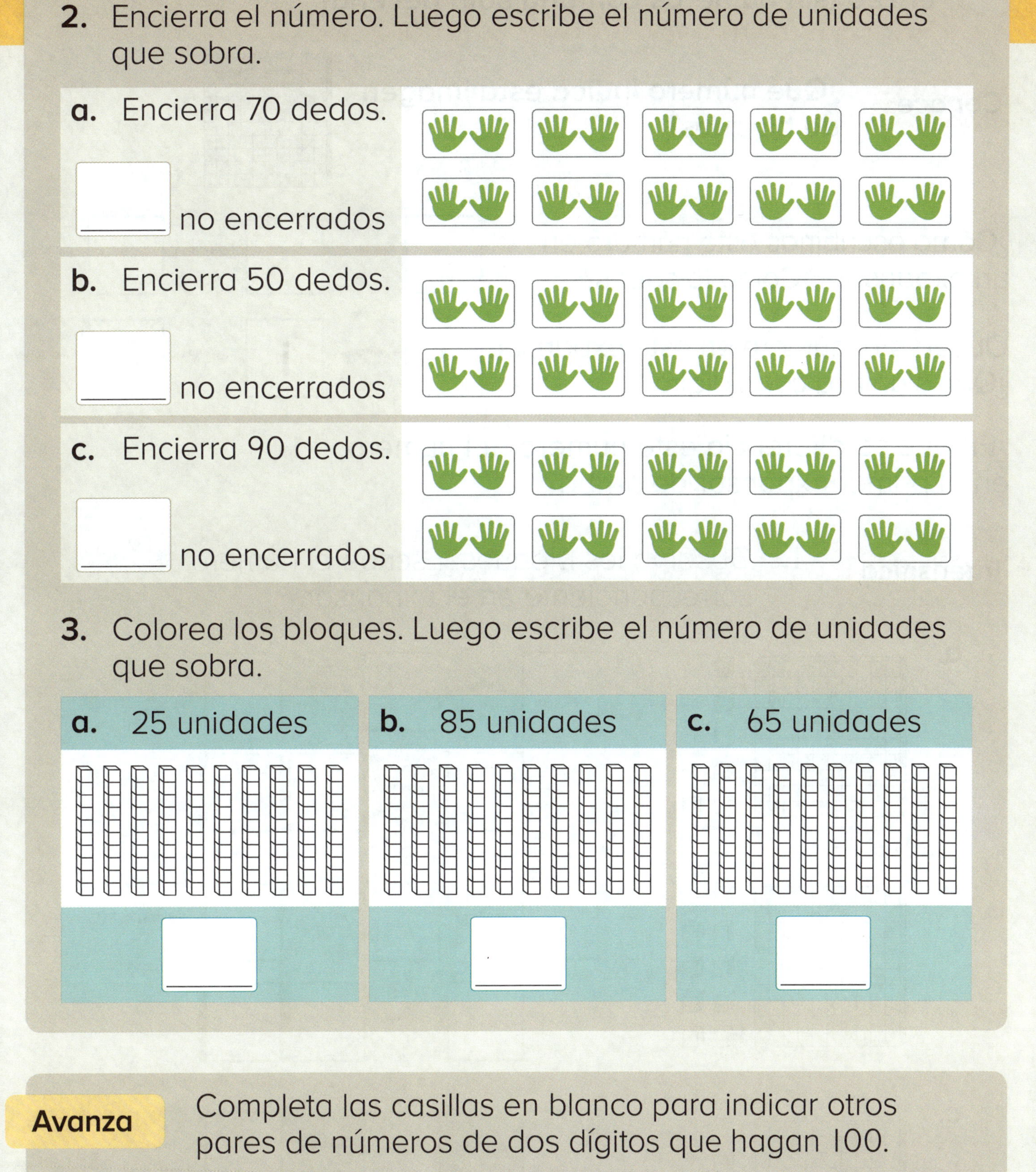

2. Encierra el número. Luego escribe el número de unidades que sobra.

a. Encierra 70 dedos.

____ no encerrados

b. Encierra 50 dedos.

____ no encerrados

c. Encierra 90 dedos.

____ no encerrados

3. Colorea los bloques. Luego escribe el número de unidades que sobra.

a. 25 unidades

b. 85 unidades

c. 65 unidades

Avanza Completa las casillas en blanco para indicar otros pares de números de dos dígitos que hagan 100.

a. ☐0 y ☐0

b. ☐5 y ☐5

c. ☐5 y ☐5

Número: Escribiendo números de tres dígitos hasta el 120 (sin números con una sola decena)

Conoce **¿Qué número indica esta imagen de bloques?**

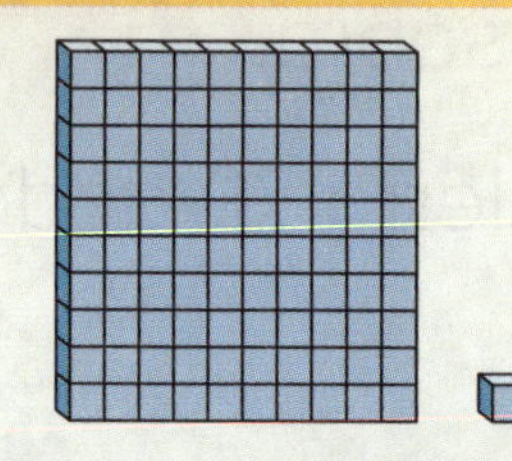

¿Cómo escribirías este número en un expansor? ¿Cómo lo sabes?

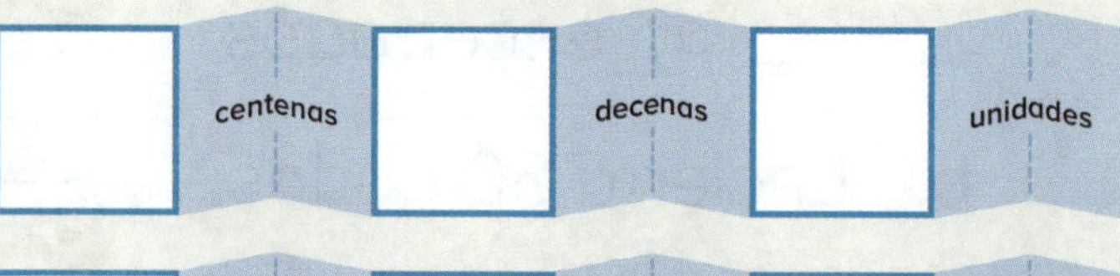

Observa el número en este expansor. ¿Qué significa cada dígito?

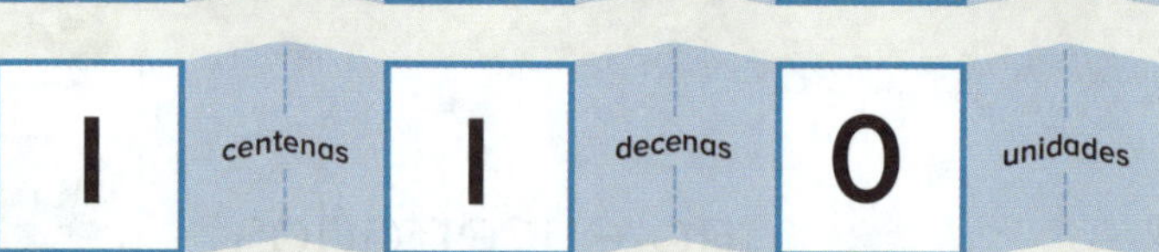

¿En qué se diferencia este número del número en el primer expansor de arriba?

Intensifica 1. Observa los bloques. Escribe el número correspondiente en el expansor.

a.

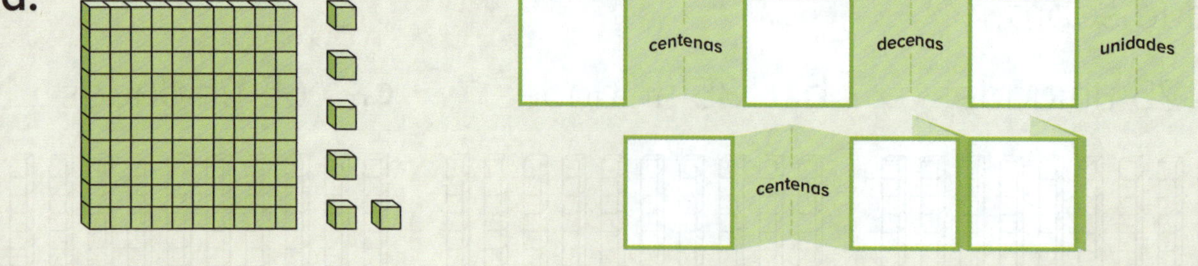

b.

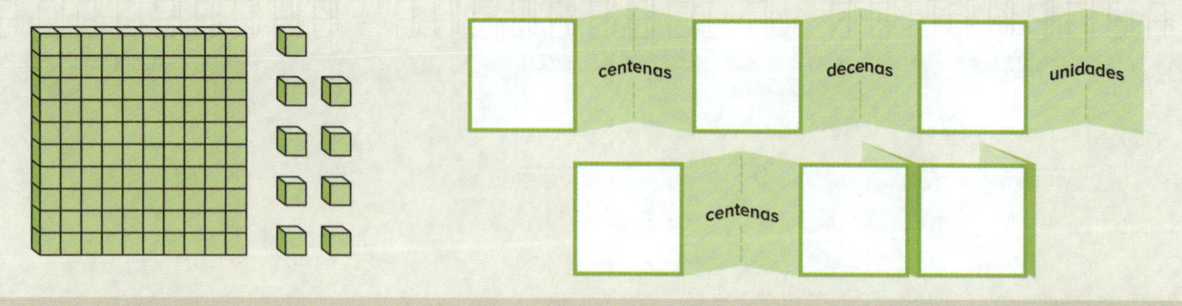

c.

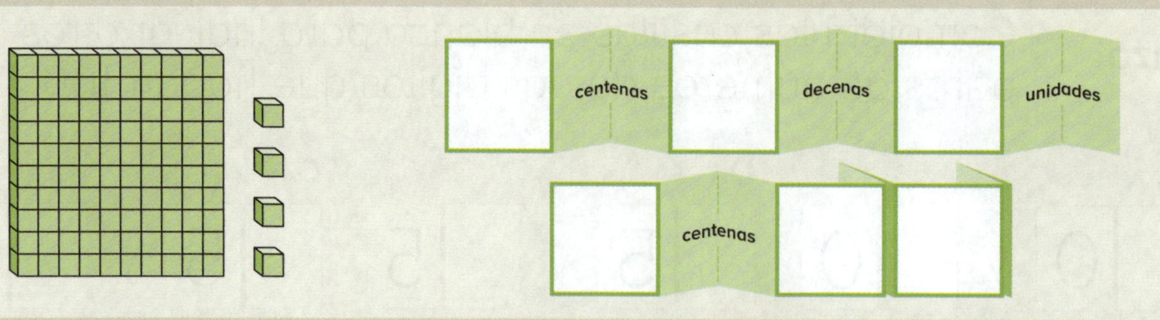

2. Colorea los bloques de manera que correspondan al número en cada expansor.

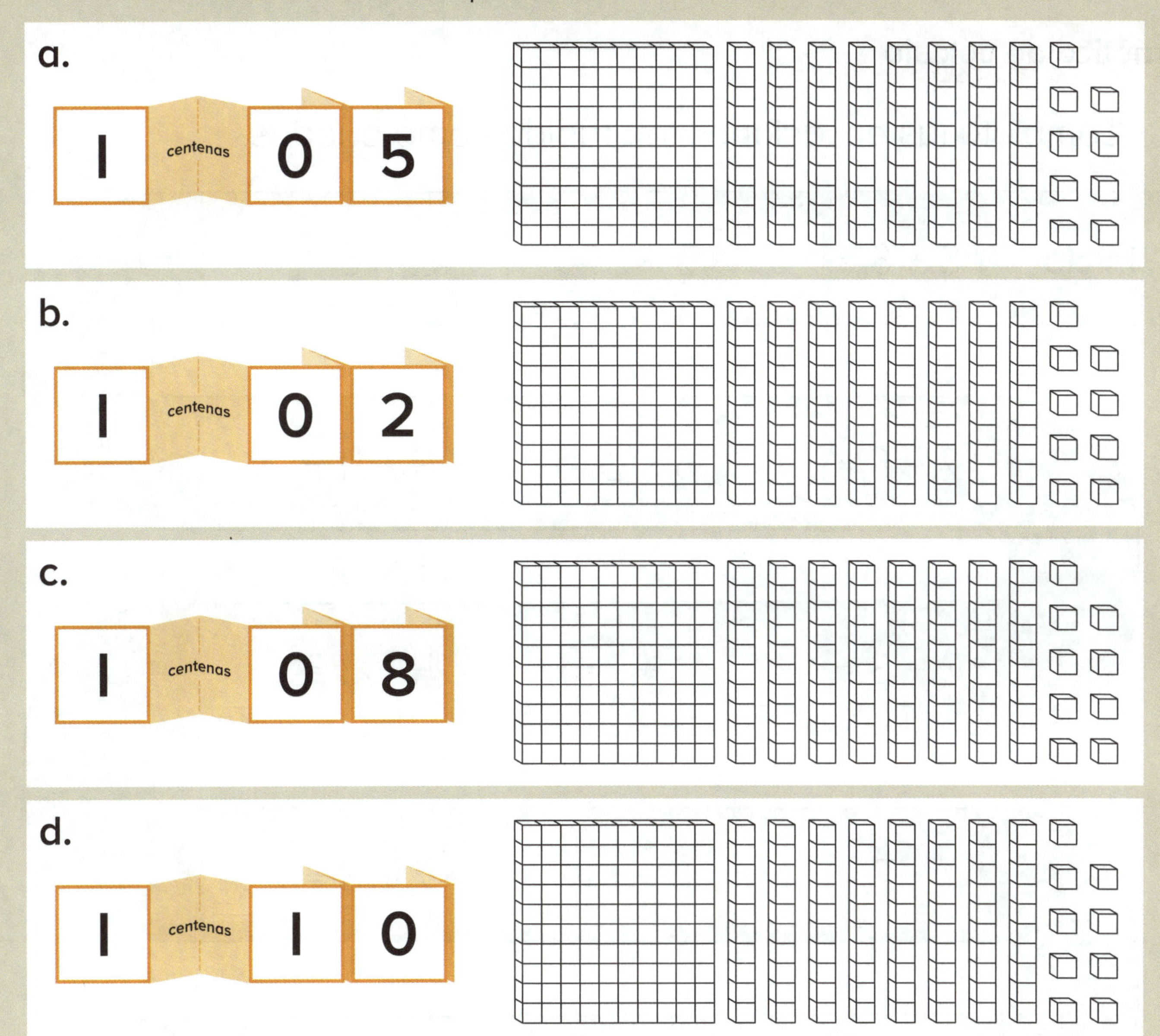

Avanza Dibuja más bloques de manera que correspondan al número en el expansor.

Reforzando conceptos y destrezas

Práctica de cálculo

★ Completa las ecuaciones tan rápido como puedas.

inicio

$8 + 8 =$ ___ $5 + 3 =$ ___ $2 + 6 =$ ___

$2 + 8 =$ ___ $5 - 2 =$ ___ $4 + 4 =$ ___

$3 + 3 =$ ___ $6 + 1 =$ ___ $4 - 3 =$ ___

$7 + 7 =$ ___ $8 + 1 =$ ___ $2 + 3 =$ ___

$5 + 6 =$ ___ $3 + 4 =$ ___ $5 - 4 =$ ___

$5 + 5 =$ ___ $1 + 4 =$ ___ $4 - 2 =$ ___

$8 + 7 =$ ___ $6 + 6 =$ ___

meta

Práctica continua

1. Escribe el número en cada parte y el total.

Una parte es ____.

La otra parte es ____.

El total es ____.

DE 1.6.1

2. a. Escribe el **100** en cada expansor.

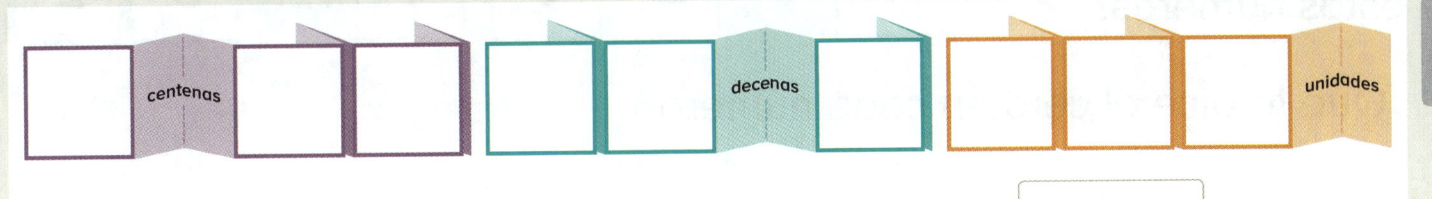

DE 1.7.1

b. ¿Cuántas unidades equivalen a 100? ____

c. ¿Cuántas decenas equivalen a 100? ____

d. ¿Cuántas centenas equivalen a 100? ____

Prepárate para el módulo 8

Dibuja más puntos para hacer 10. Luego completa la ecuación correspondiente.

a.

____ + ____ = 10

b.

____ + ____ = 10

7.3 Número: Escribiendo numerales y nombres de números hasta el 120 (sin números con una sola decena)

Conoce

¿Cómo leerías y dirías el número en este expansor?

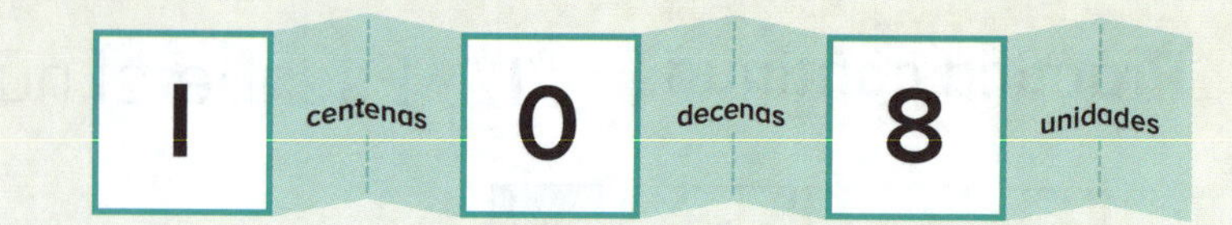

¿Debes decir el número de decenas?

¿Cómo escribirías el número con palabras?

¿Cómo leerías y dirías estos números?

¿Qué te dice el cero en cada número?

Intensifica

1. Observa los bloques. Escribe el número en el expansor. Luego escribe el nombre del número.

a.

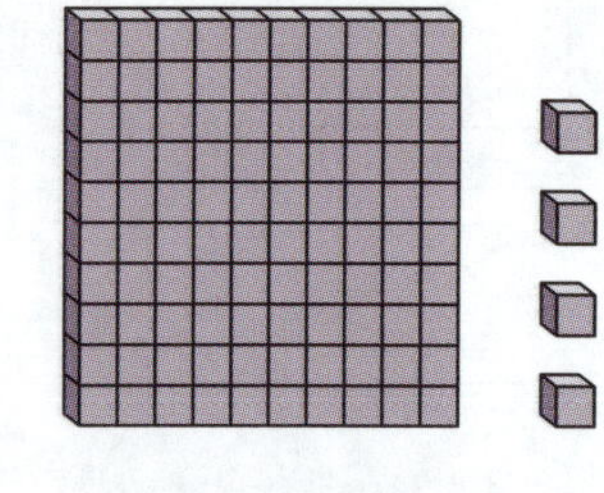

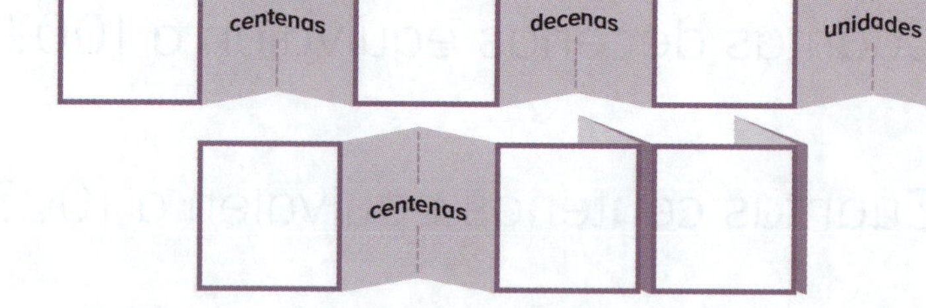

b.

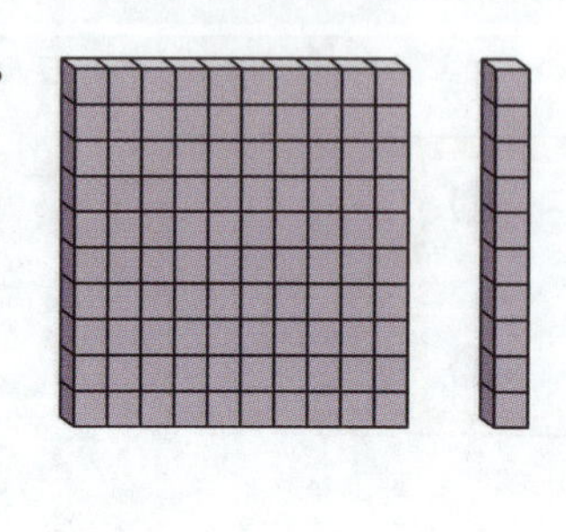

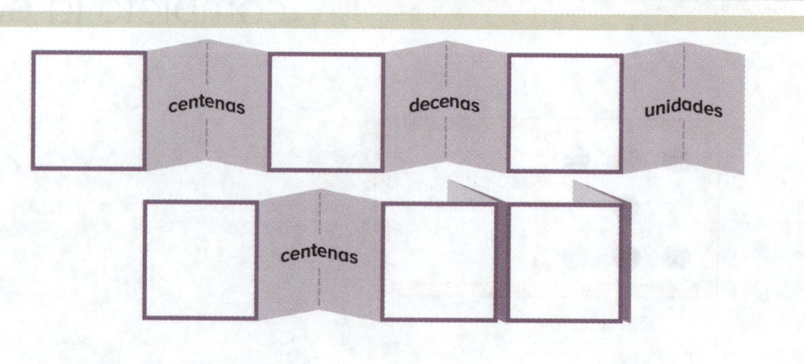

2. Lee el nombre del número. Escribe el número correspondiente en el expansor.

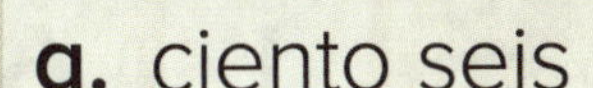

a. ciento seis

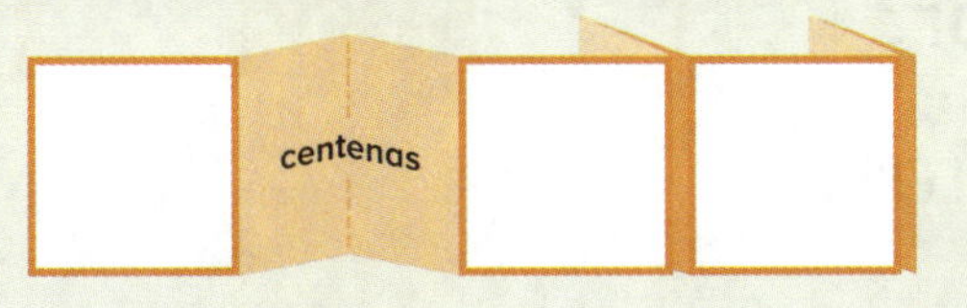

b. ciento ocho

c. ciento dos

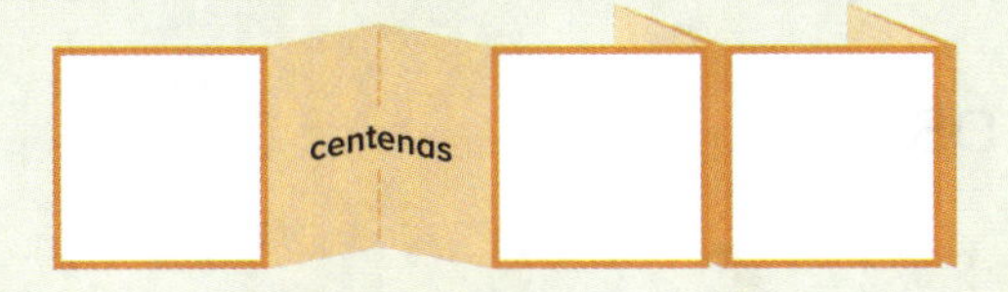

d. ciento uno

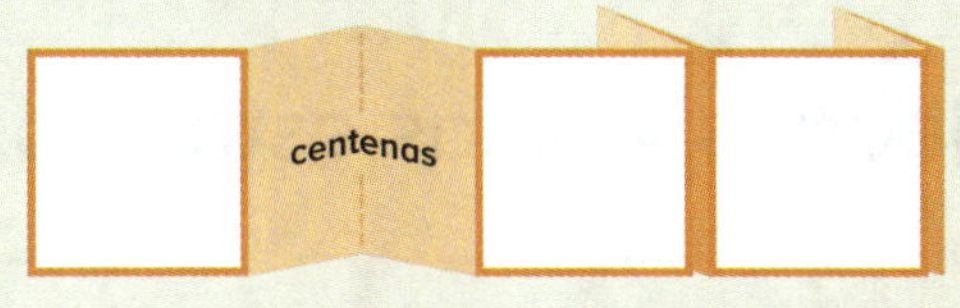

e. ciento nueve

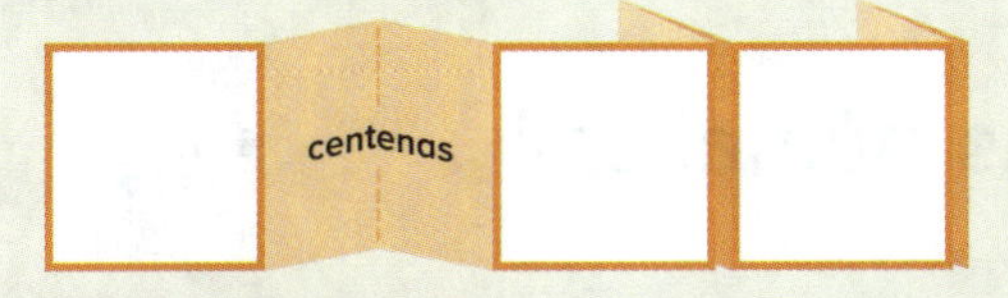

f. ciento veinte

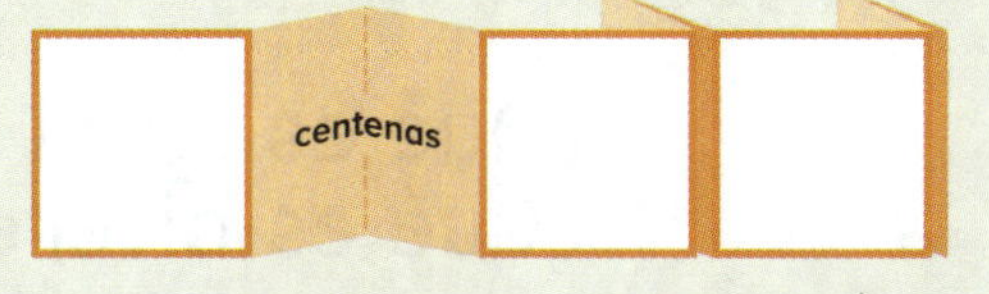

g. ciento diez

h. ciento siete

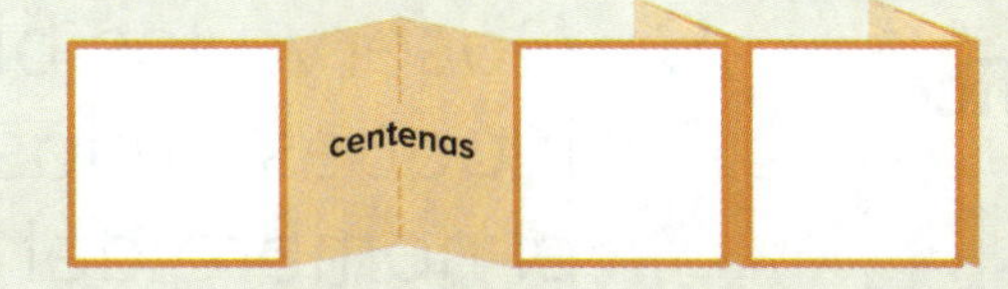

Avanza

a. Escribe un número de tres dígitos diferente en este expansor.

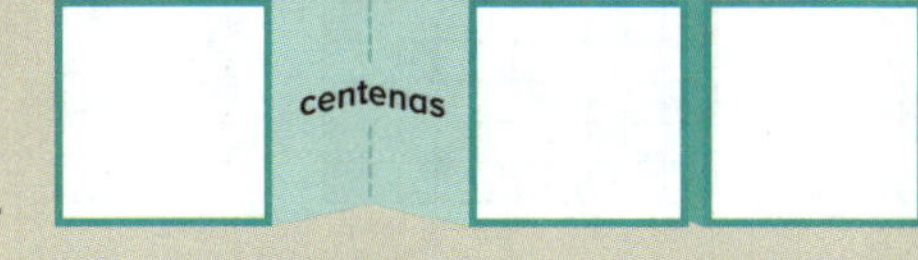

b. Colorea bloques para indicar tu número.

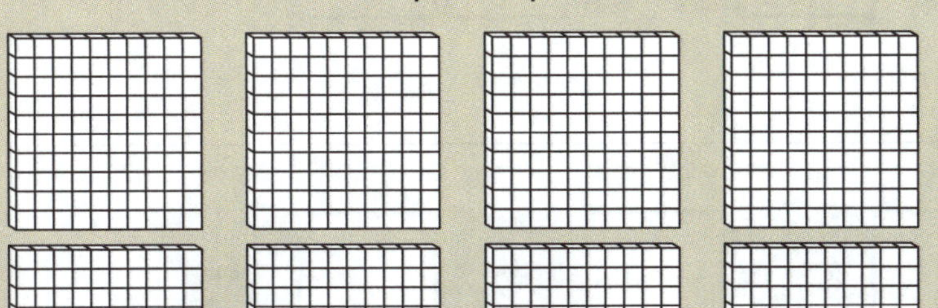

c. Escribe el número con palabras.

Número: Escribiendo numerales y nombres de números hasta el 120 (con números con una sola decena)

Conoce ¿Cómo leerías y dirías el número en este expansor?

1	centenas	1	6

¿Cómo escribirías el número con palabras?

¿Cómo leerías y dirías estos dos números?

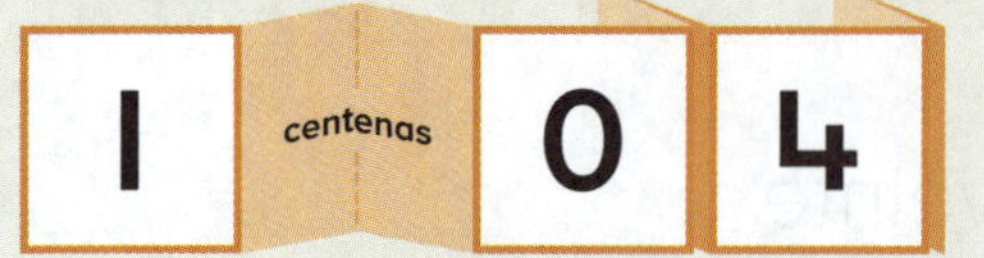

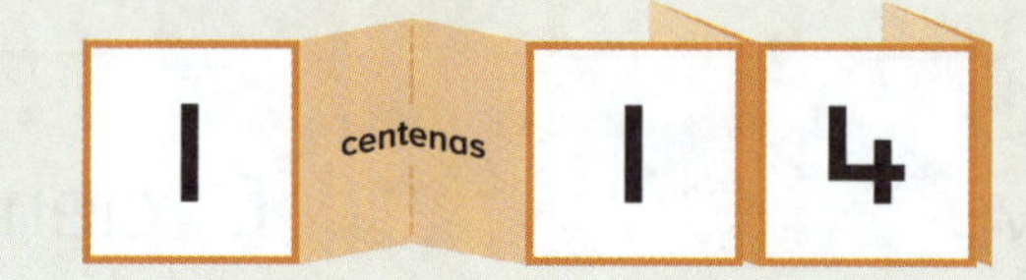

¿Qué es igual en estos números?
¿Qué es diferente?

Intensifica

1. Observa los bloques. Escribe el número de bloques en los expansores. Luego escribe el nombre del número.

a.

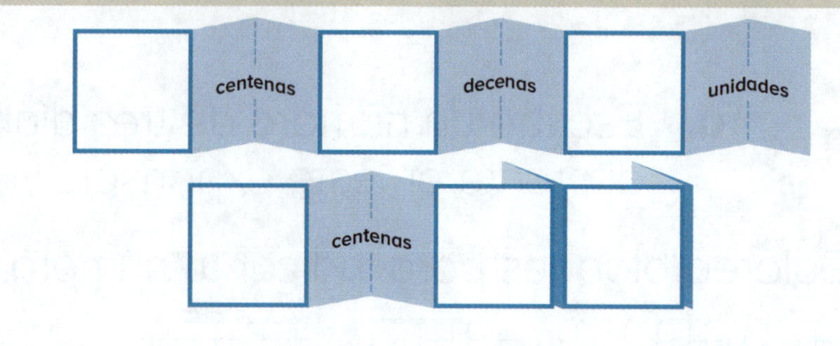

b.

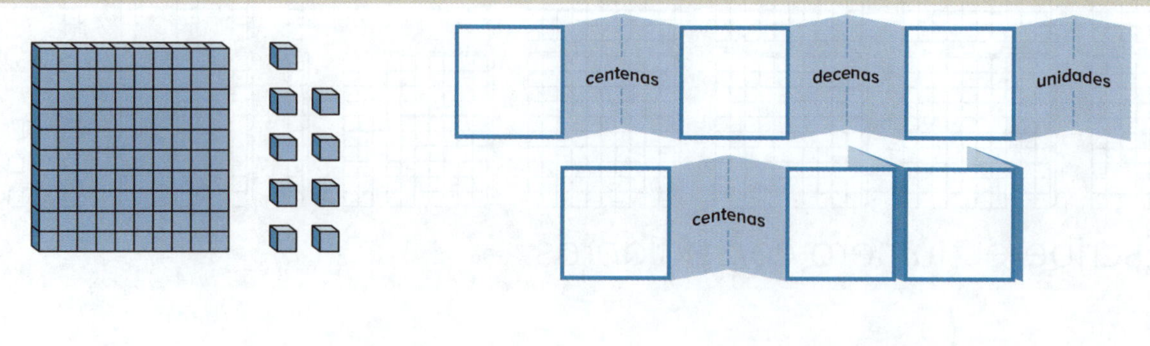

2. Lee el nombre del número. Escribe el número correspondiente en el expansor.

a. ciento trece

b. ciento ocho

c. ciento once

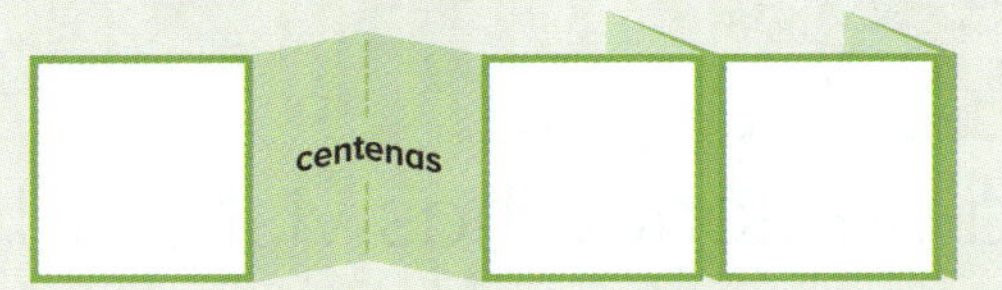

d. ciento dieciocho

e. ciento diecisiete

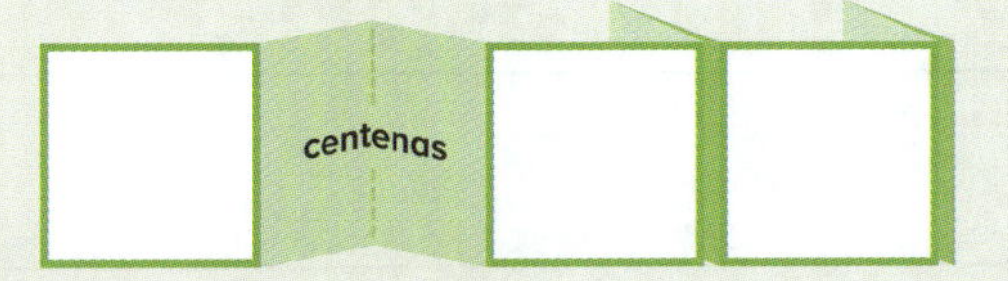

f. ciento siete

g. ciento veinte

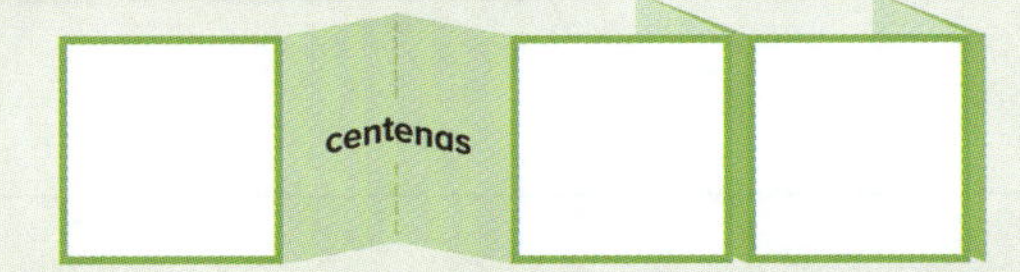

h. ciento doce

Avanza Lee este número.

a. Colorea bloques para indicar un número que sea **10 mayor** que el número en el expansor.

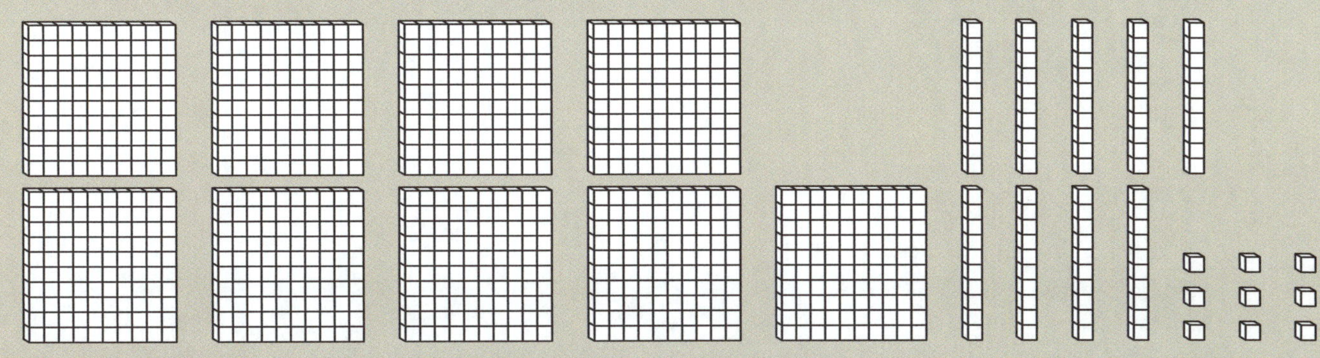

b. Escribe el número mayor con palabras.

7.4 Reforzando conceptos y destrezas

Piensa y resuelve 

Las figuras iguales representan el mismo número.

$\square + \square = 9 - \square$

Palabras en acción

a. Escribe acerca de dónde has visto el 100.

b. Dibuja una imagen para indicar lo que viste.

Práctica continua

1. Completa la operación básica de suma para calcular el número de zanahorias que se llevaron. Luego completa la operación básica de resta correspondiente.

a. $6 + \_\_\_ = 7$

$7 - 6 = \_\_\_$

b. $5 + \_\_\_ = 8$

$8 - 5 = \_\_\_$

2. Observa los bloques. Escribe el número correspondiente en los expansores.

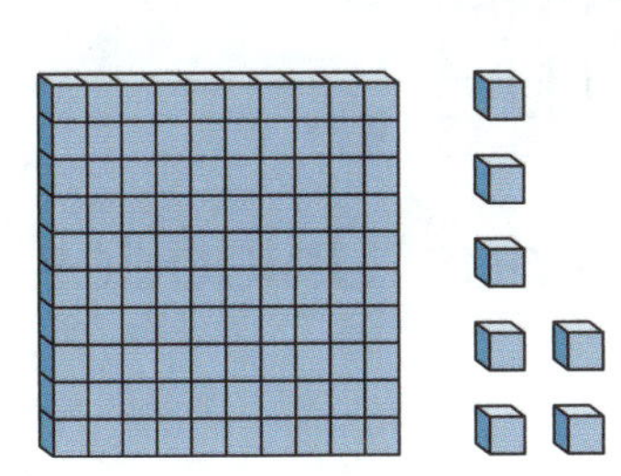

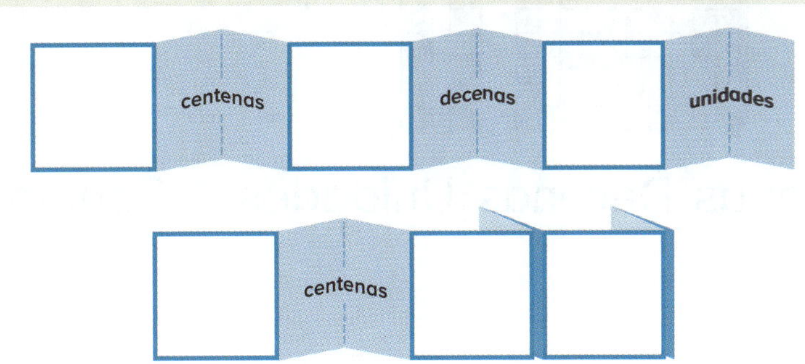

Prepárate para el módulo 8

Dibuja más puntos para hacer 10. Luego completa la ecuación correspondiente.

a.

$\_\_\_ + \_\_\_ = 10$

b.

$\_\_\_ + \_\_\_ = 10$

7.5 Número: Escribiendo números de tres dígitos hasta el 120

Conoce

¿Cómo lees y dices el número en este expansor?

1 centenas 0 decenas 7 unidades

¿Qué bloques utilizarías para indicar el número?

¿Cómo utilizarías esta tabla de valor posicional para indicar el número?

Centenas	Decenas	Unidades

¿Cómo escribirías el numeral sin utilizar un expansor o una tabla de valor posicional?

Intensifica

1. Observa cada imagen de bloques. Escribe el número de centenas, decenas y unidades.

a.

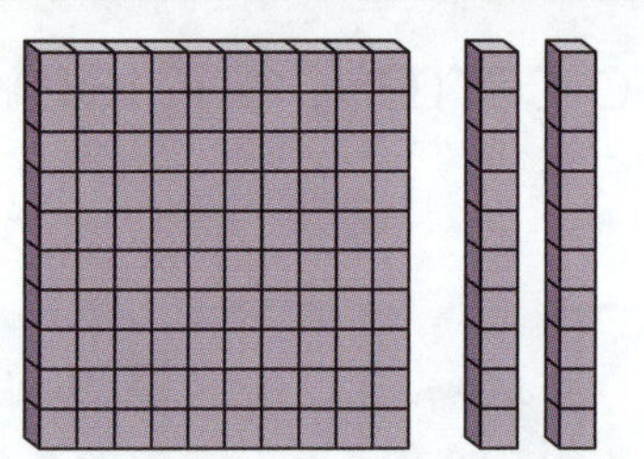

Centenas	Decenas	Unidades

b.

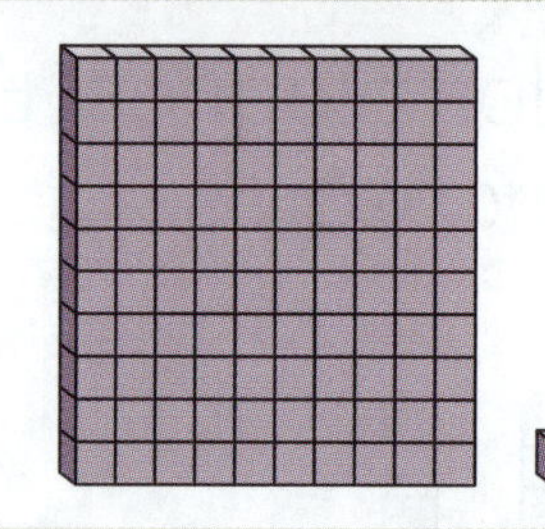

Centenas	Decenas	Unidades

c.

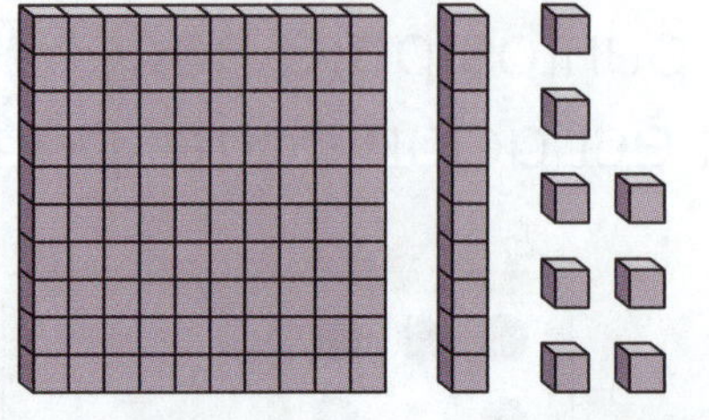

Centenas	Decenas	Unidades

d.

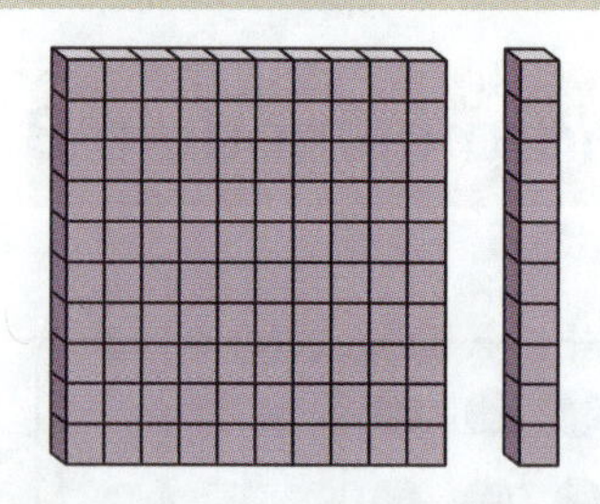

Centenas	Decenas	Unidades

2. Observa cada imagen de bloques. Escribe el número correspondiente en la tabla de valor posicional. Luego escribe el numeral sin la tabla.

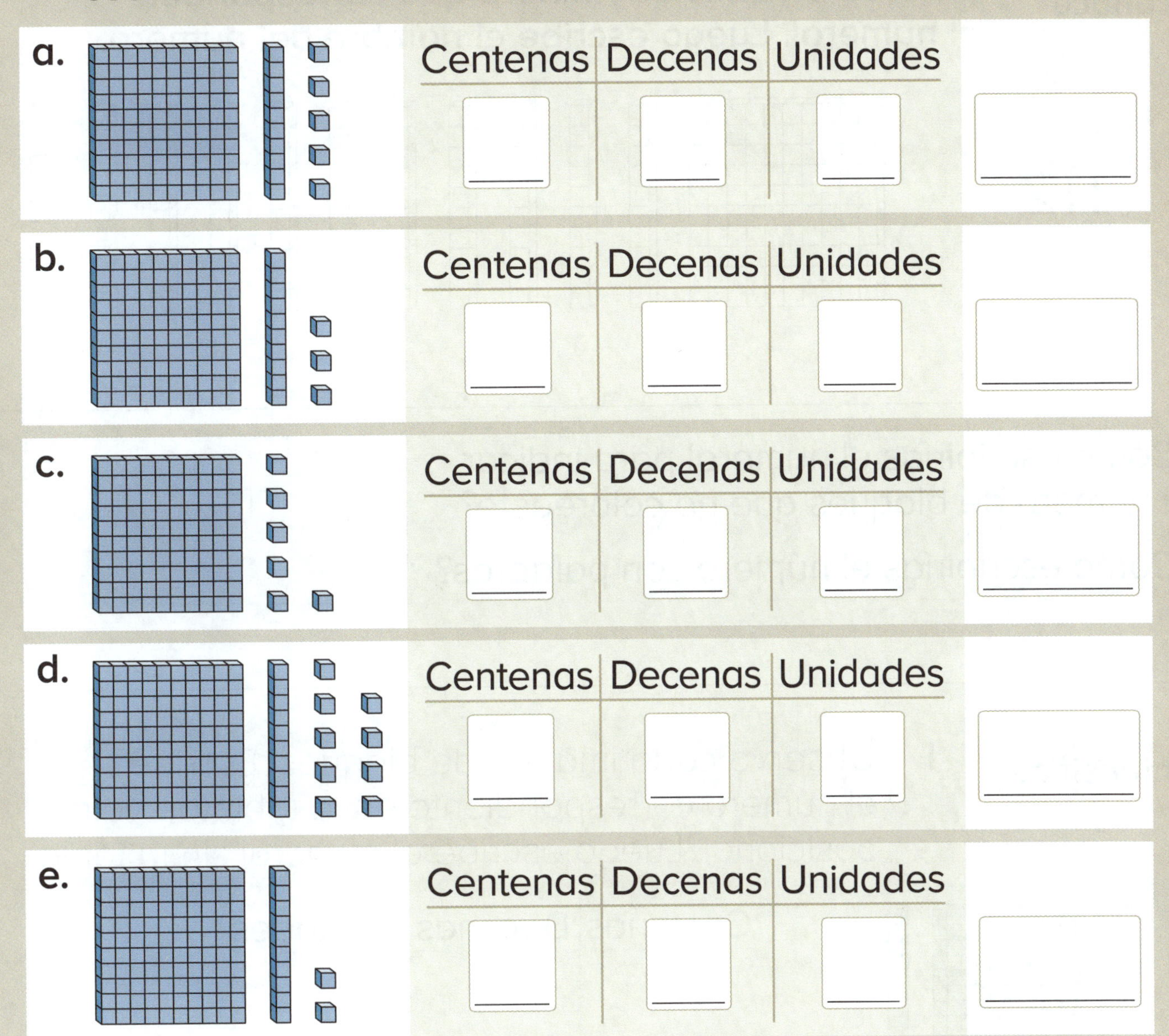

Avanza

Dibuja **otro bloque de decenas y otro de unidades** en cada imagen. Escribe el numeral que corresponda a la nueva imagen.

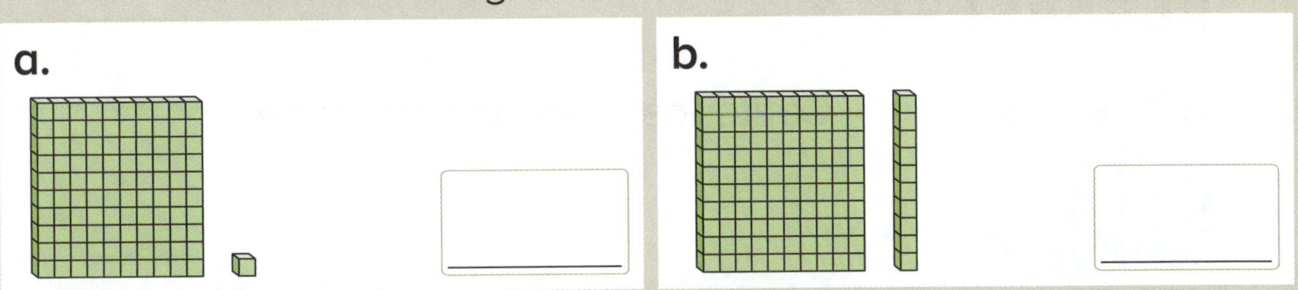

Número: Escribiendo números de dos y tres dígitos hasta el 120

Conoce

Colorea bloques de manera que correspondan al numeral. Luego escribe el nombre del número.

112

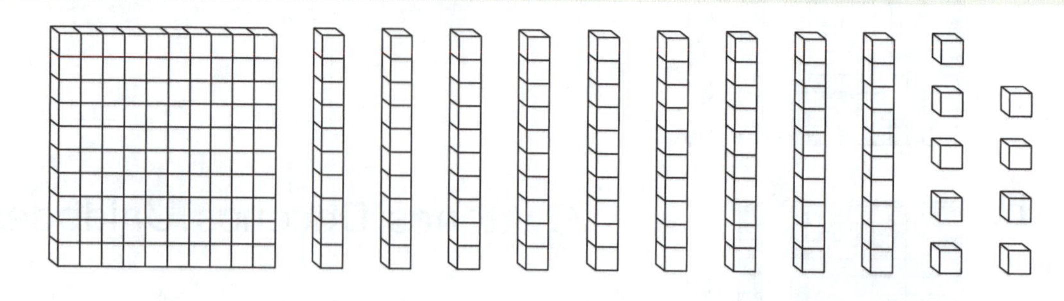

¿Cómo escribirías el numeral para indicar el número de bloques que no coloreaste?

¿Cómo escribirías el número con palabras?

Intensifica

1. Observa cada imagen de bloques. Escribe el número correspondiente en la tabla de valor posicional. Luego escribe el numeral sin la tabla.

a.

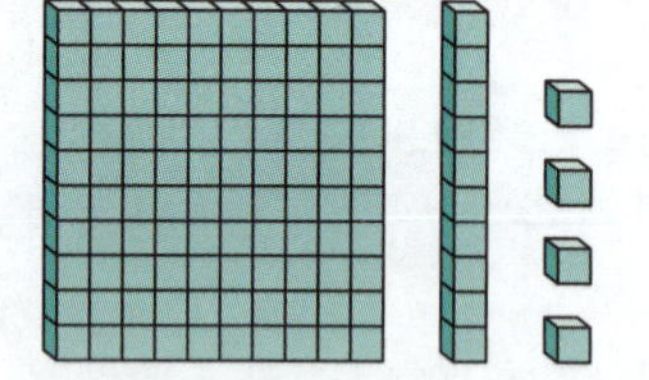

Centenas	Decenas	Unidades

b.

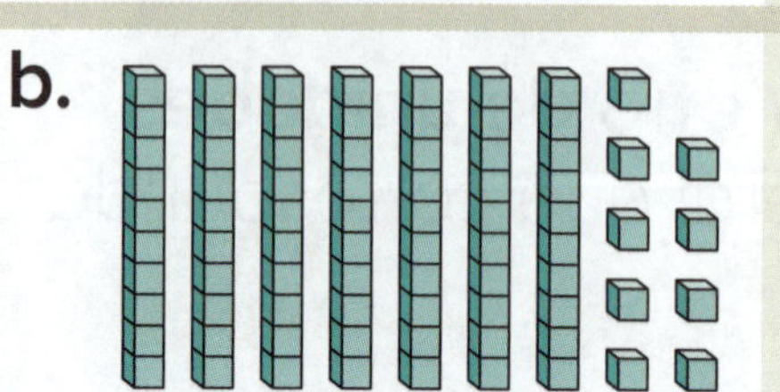

Centenas	Decenas	Unidades

c.

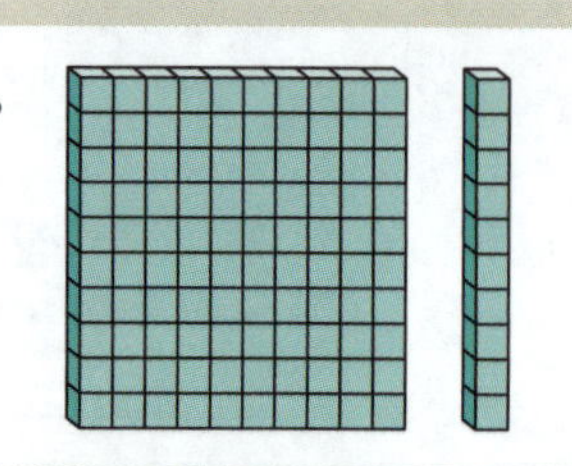

Centenas	Decenas	Unidades

2. Escribe el numeral y el nombre del número que correspondan a los bloques.

a.

b.

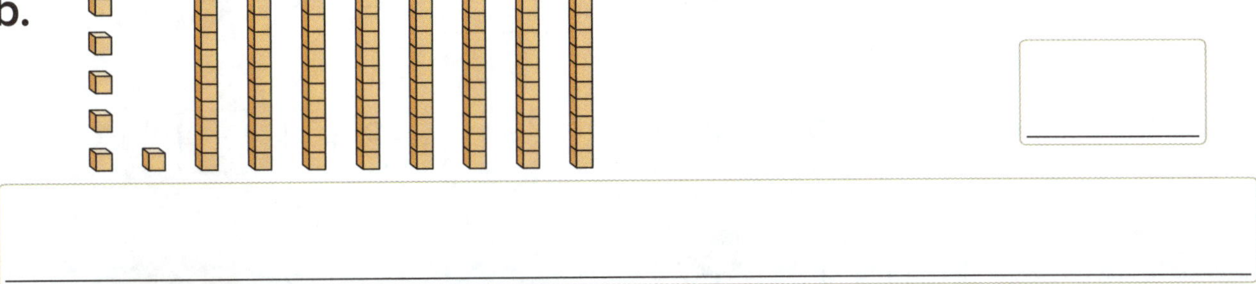

c.

3. Escribe el numeral que corresponda a cada nombre del número.

a. ciento quince

b. treinta

c. ciento uno

Avanza Escribe el numeral que corresponda a esta imagen de bloques.

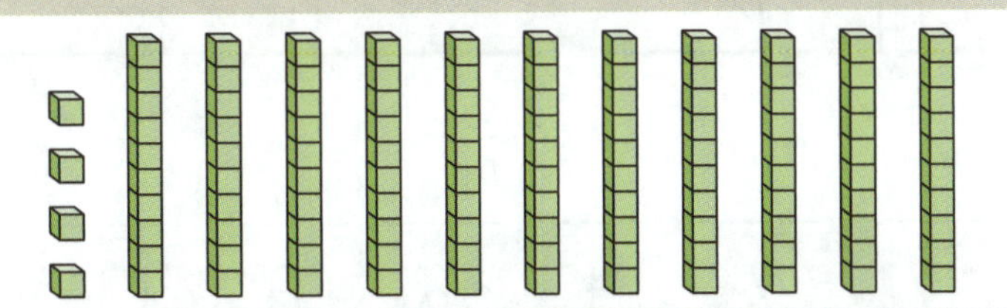

Práctica de cálculo ¿Por qué la profesora usa lentes oscuros?

★ Completa las ecuaciones.

★ Escribe cada letra arriba del total correspondiente en la parte inferior de la página. Algunas letras se repiten.

___	$= 7 + 5$	u	___	$= 2 + 8$	r
___	$= 8 + 9$	c	___	$= 3 + 4$	l
___	$= 4 + 1$	p	___	$= 6 + 7$	e
___	$= 2 + 2$	a	___	$= 9 + 9$	n
___	$= 9 + 7$	b	___	$= 7 + 2$	t
___	$= 2 + 6$	i	___	$= 8 + 6$	s

Práctica continua

1. Calcula el número de puntos que están cubiertos. Luego completa las operaciones básicas.

a. 8 - 4 = ___

4

8

4 + ___ = 8

b. 12 - 6 = ___

6

12

6 + ___ = 12

c. 16 - 8 = ___

8

16

8 + ___ = 16

DE 1.6.6

2. Lee el nombre del número. Escribe el numeral correspondiente en el expansor.

a. ciento tres

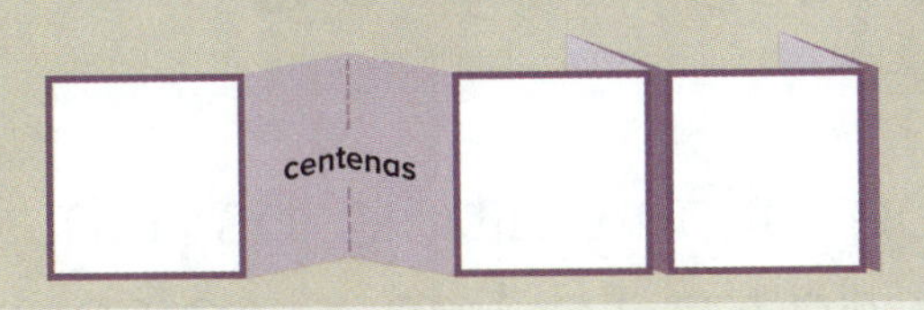

b. ciento dieciocho

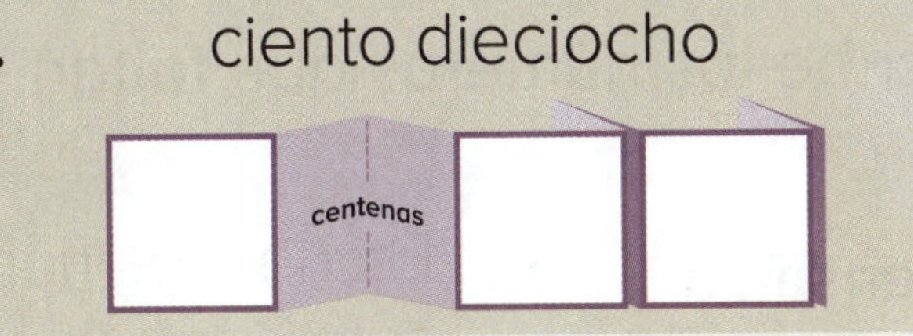

DE 1.7.5

Prepárate para el módulo 8

Escribe las dos ecuaciones que correspondan a cada dominó.

a.

b.

7.7

Resta: Introduciendo la estrategia de pensar en suma (operaciones básicas de casi dobles)

Conoce **Este tren tiene siete vagones. Algunos de los vagones aún están en el túnel.**

¿Cuántos vagones están en el túnel? ¿Cómo lo sabes?

Puedo pensar en suma para calcular la respuesta. Eso es 3 + ___ = 7.

¿Cuál operación básica de dobles podrías utilizar como ayuda para calcular la respuesta?

Escribe los números que faltan.

3	+	3	=	6
___	+	___	=	7
4	+	4	=	8

Intensifica 1. Escribe los números que faltan y dibuja los puntos correspondientes en cada tarjeta. Luego completa las operaciones básicas de suma.

a.

4 + ___ = 9

b.

___ + 5 = 12

c.

6 + ___ = 13

2. Calcula el número de puntos que están cubiertos. Luego completa las operaciones básicas.

a. $10 - 4 =$ ____

$4 +$ ____ $= 10$

b. $11 - 5 =$ ____

$5 +$ ____ $= 11$

c. $8 - 3 =$ ____

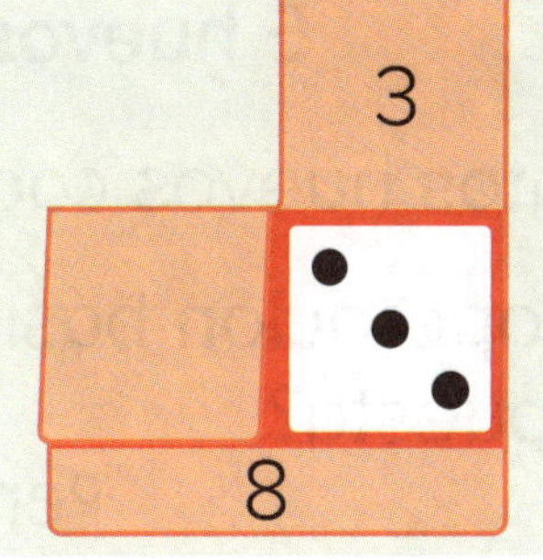

$3 +$ ____ $= 8$

d. $15 - 7 =$ ____

$7 +$ ____ $= 15$

e. $16 - 9 =$ ____

9
16

$9 +$ ____ $= 16$

f. $14 - 6 =$ ____

$6 +$ ____ $= 14$

Avanza Escribe una operación básica de dobles que podrías utilizar para resolver el problema. Luego escribe la respuesta.

Kimie hornea 13 *muffins*.
Ella regala 6 *muffins* y almacena el resto en un recipiente.

____ + ____ = ____

¿Cuántos *muffins* hay en el recipiente? ____ *muffins*

7.8 Resta: Reforzando la estrategia de pensar en suma (operaciones básicas de casi dobles)

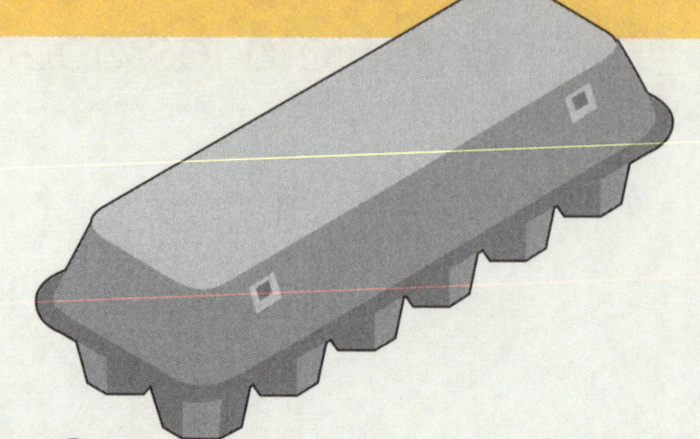

Conoce **Hay 12 huevos en un cartón. Papá cocina algunos huevos para el desayuno. Ahora hay 5 huevos.**

¿Cuántos huevos cocinó papá para el desayuno?

¿Qué operación básica de dobles podrías utilizar para calcular la respuesta?

Pensaré en suma. Eso es 5 + ____ = 12.
Sé que doble 5 son 10, y 2 más son 12.
Entonces, a 5 le sumas 7 son 12.

¿Cómo podrías utilizar el mismo razonamiento para calcular 11 – 6?

¿Qué operación básica de dobles podrías utilizar?

Esta vez duplicaré 6
y luego quitaré uno.

Intensifica

1. Dibuja puntos para calcular las partes que faltan. Luego completa las operaciones básicas de suma y de resta correspondientes.

a. 13 puntos en total

13 - 6 = ____

piensa

6 + ____ = 13

b. 9 puntos en total

9 - 4 = ____

piensa

4 + ____ = 9

2. Calcula el número de puntos que están cubiertos. Luego completa las operaciones básicas.

a. 8 puntos en total

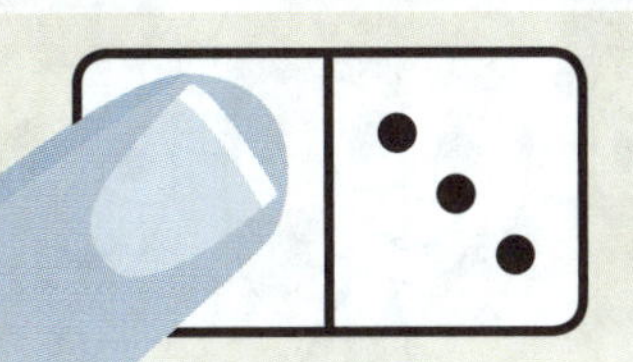

8 - 3 = ____

3 + ____ = 8

b. 15 puntos en total

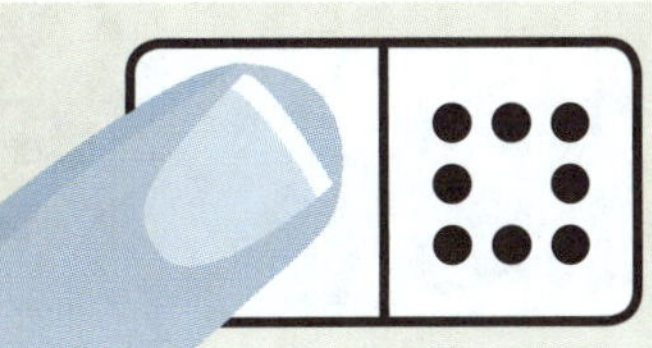

15 - 8 = ____

8 + ____ = 15

c. 14 puntos en total

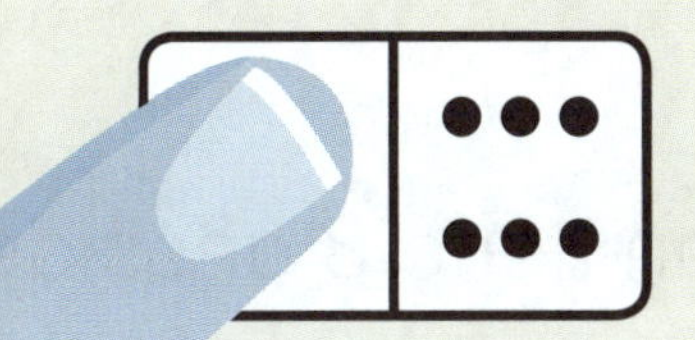

14 - 6 = ____

6 + ____ = 14

d. 16 puntos en total

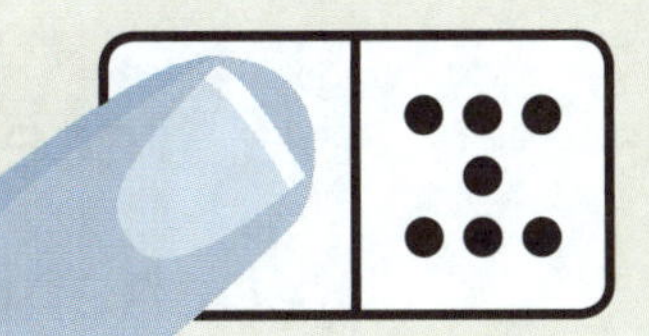

16 - 7 = ____

7 + ____ = 16

e. 7 puntos en total

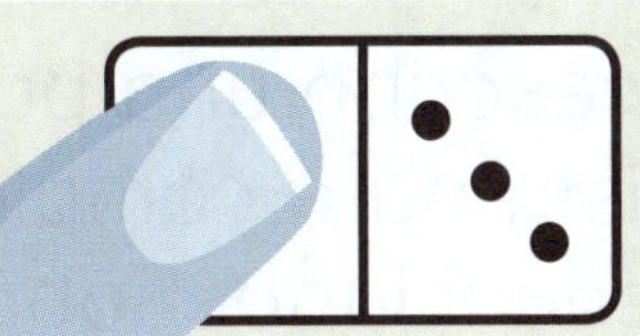

7 - 3 = ____

3 + ____ = 7

f. 17 puntos en total

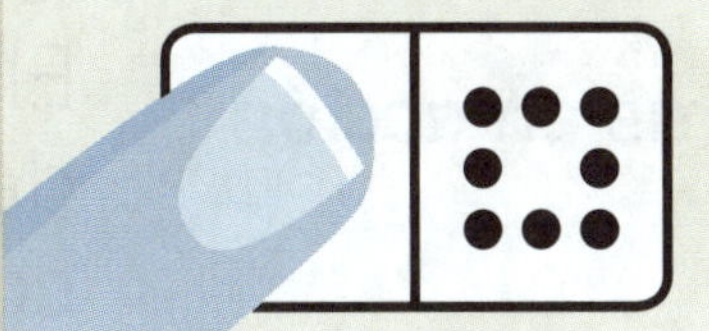

17 - 8 = ____

8 + ____ = 17

3. Escribe cada respuesta.

a. 5 - 2 = ____

b. 11 - 5 = ____

c. 10 - 4 = ____

Avanza Escribe la operación básica de que utilizarías para calcular cada respuesta. Luego completa las operaciones básicas de resta.

a. 12 - 5 = ____

____

b. 9 - 7 = ____

____

c. 8 - 6 = ____

____

7.8 Reforzando conceptos y destrezas

Piensa y resuelve 

Susan tiene 8 años de edad.

Jerome es 3 años mayor que Susan.

Jerome y Amy tienen la misma edad.

a. ¿Cuántos años tiene Jerome? ______

b. ¿Cuántos años tiene Amy? ______

Palabras en acción

Elige y escribe una palabra de la lista para completar cada enunciado. Sobran algunas palabras de la lista.

- trece
- ochenta
- unidades
- valor posicional
- expansor
- decenas
- cien

a. ______ es el mismo valor que 8 decenas.

b. Uno menos que ______ son 99.

c. Un ______ se utiliza para indicar el número de centenas, decenas y unidades en un número.

d. El nombre del número 113 es ciento ______.

e. 102 tiene una centena, cero ______, y dos ______.

Práctica continua

1. Colorea de rojo **una** parte de cada figura. Luego encierra cada figura que indica **un medio** en rojo.

a. 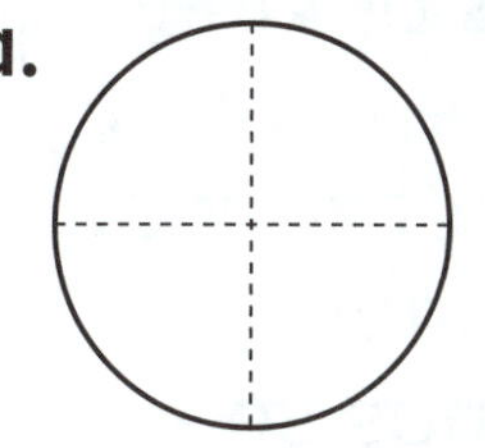

b. 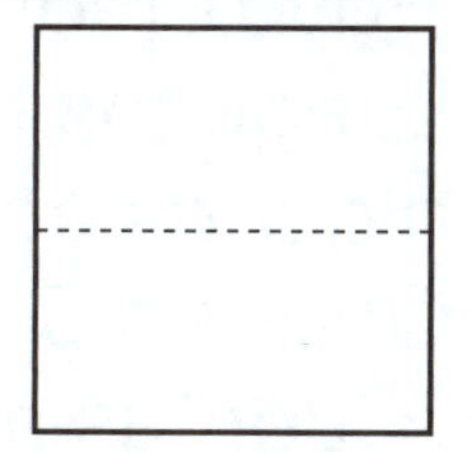

c. 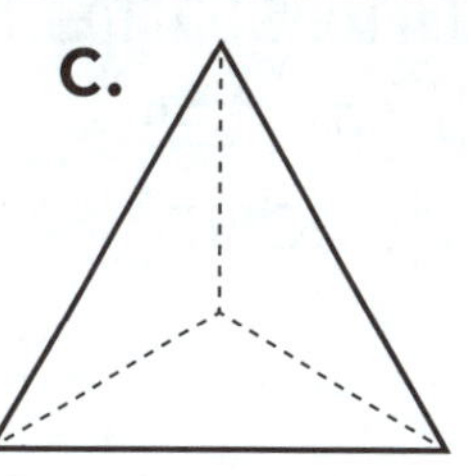

d. 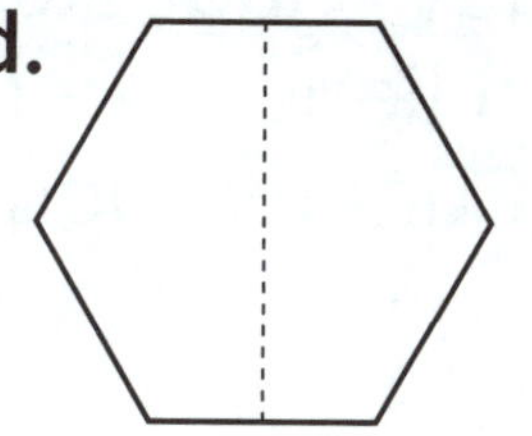

DE 1.6.9

2. Calcula el número de puntos que están cubiertos. Luego completa las operaciones básicas.

a. 9 – 4 = ____

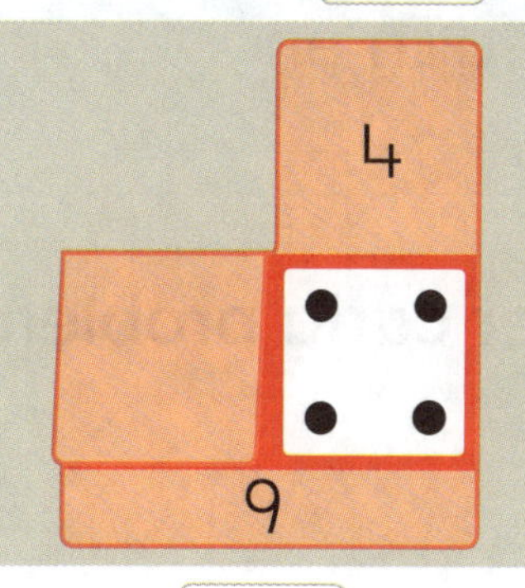

4 + ____ = 9

b. 11 – 6 = ____

6 + ____ = 11

c. 8 – 5 = ____

5

8

5 + ____ = 8

DE 1.7.7

Prepárate para el módulo 8

Dibuja ◯ en cada casilla vacía para hacer cada balanza verdadera. Luego completa la ecuación correspondiente.

a. 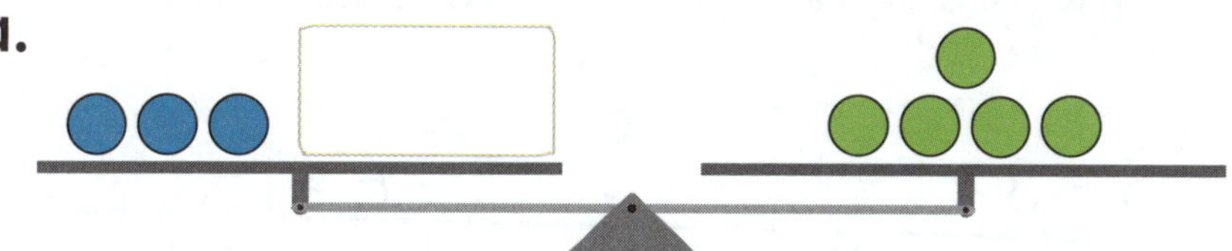 

____ y ____ = ____

b. 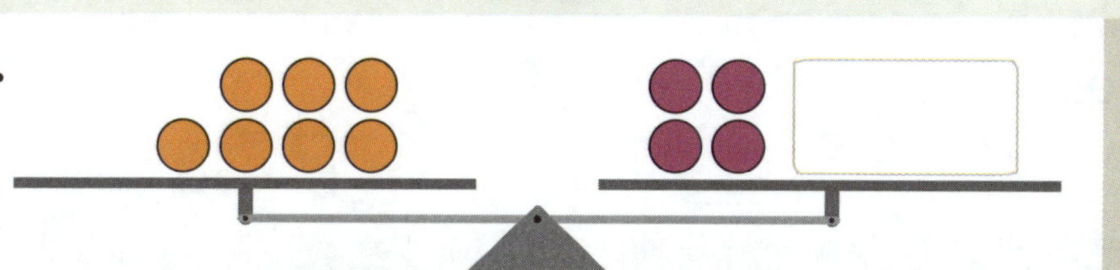 

____ = ____ y ____

Resta: Reforzando todas las estrategias

Conoce

Resuelve cada problema

Hay 9 juguetes en un estante. La tienda vende 2 juguetes. ¿Cuántos juguetes quedan?

Hay 11 manzanas en un tazón. Luego los niños se comen algunas de las manzanas. Quedan 5 manzanas. ¿Cuántas manzanas se comieron los niños?

7 amigos están jugando en la piscina. 5 amigos están en el agua. Los otros amigos están fuera del agua. ¿Cuántos amigos están fuera del agua?

Hay 15 pasajeros en un autobús. 8 pasajeros se bajan del autobús. ¿Cuántos pasajeros quedan en el autobús?

Piensa en la estrategia que utilizaste para resolver cada problema.

Escribe **C** en el problema si contaste hacia atrás.
Escribe **S** en el problema si pensaste en suma.
Escribe **D** en el problema si utilizaste la estrategia de dobles.

¿Cuáles problemas pudiste resolver pensando en suma y utilizando dobles?

Intensifica

1. Escribe las respuestas. Luego escribe **S** junto a las ecuaciones que resolviste pensando en suma.

a. $8 - 1 =$ ___	b. $5 - 3 =$ ___	c. $7 - 6 =$ ___
d. $10 - 2 =$ ___	e. $12 - 6 =$ ___	f. $9 - 4 =$ ___

2. Resuelve cada problema. Indica tu razonamiento.

a. Hay 15 flores en un florero. 7 flores son rojas. El resto son moradas. ¿Cuántas flores son moradas?

____ flores

b. Hay 8 pájaros en una cerca. 2 pájaros se van volando. ¿Cuántos pájaros hay en la cerca ahora?

____ pájaros

c. Hay 16 ratones en una jaula. Algunos se escapan. Ahora hay 7 ratones en la jaula. ¿Cuánto ratones se escaparon?

____ ratones

d. Cooper corre 5 vueltas en una pista. Él quiere correr 8 vueltas. ¿Cuántas vueltas más necesita correr?

____ vueltas

Avanza Escribe números para hacer esta historia verdadera.

____ cachorros están jugando junto a una cerca.

____ cachorros se escapan. Ahora hay ____ cachorros

jugando junto a la cerca.

Hora: Introduciendo la media hora después de la hora (analógica)

Conoce **Observa este reloj analógico.**

La manecilla corta indica las horas y la manecilla larga indica los minutos.

¿Qué hora está indicando este reloj? ¿Cómo lo sabes?

¿Cuánto tiempo tarda el minutero en dar una vuelta completa al reloj?

¿Hacia adónde apuntaría el minutero si diera media vuelta al reloj?

Cuando el minutero apunta al 6, es **media hora después** de la hora.

Cuando el minutero apunta a la media hora, ¿qué indica la manecilla horario?

¿Qué hora está indicando este reloj? ¿Cómo lo sabes?

Intensifica **1.** Escribe la hora que indica cada reloj.

a.

____ y media

b.

____ y media

c.

____ y media

2. Escribe cada hora con palabras.

a.

b.

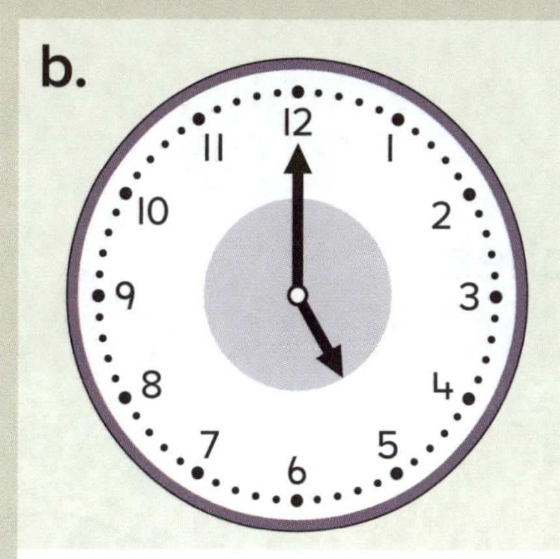

c.

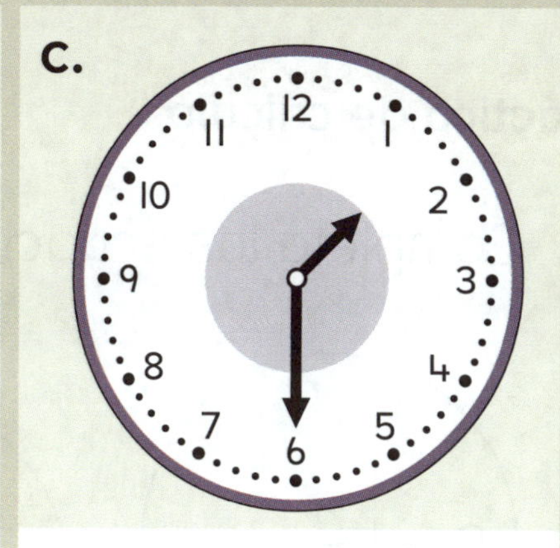

d.

e.

f.

Avanza

Encierra los relojes que marquen horas **entre** las 7 y media y las 10 en punto.

7.10 Reforzando conceptos y destrezas

Práctica de cálculo

★ Completa las ecuaciones.

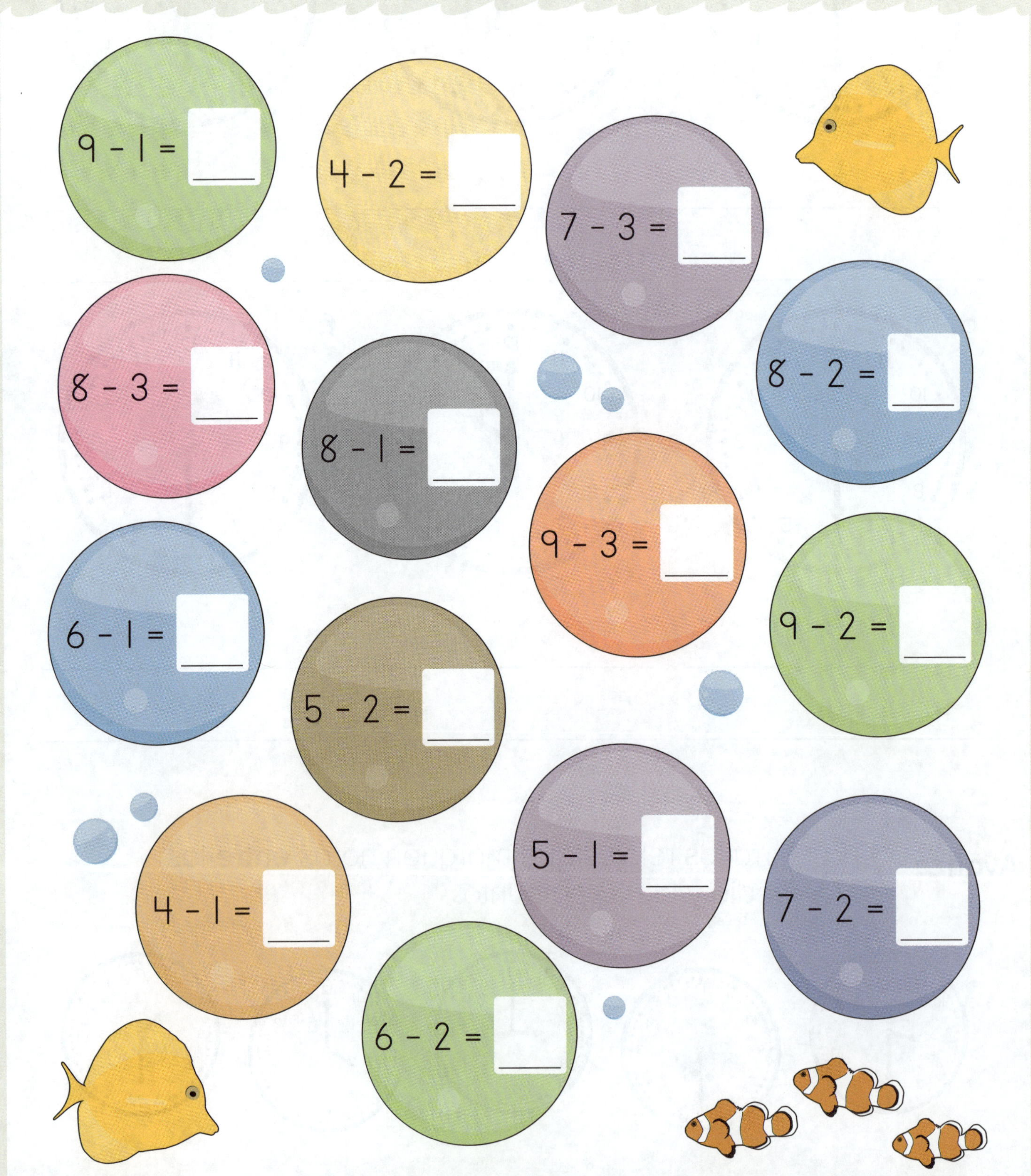

Práctica continua

1. Colorea de rojo **una** parte de cada tira. Luego encierra la tira que indica **un cuarto** en rojo.

DE 1.6.10

a.

b.

c.

2. Resuelve cada problema. Indica tu razonamiento.

DE 1.7.9

a. Hay 11 cachorros en una tienda de mascotas. La tienda vende 3 cachorros. ¿Cuántos cachorros quedan en la tienda?

cachorros

b. James tiene 5 *pennies*. Él gasta algunos *pennies* pero le quedan 12 *pennies*. ¿Cuántos *pennies* gastó?

pennies

Prepárate para el módulo 8

Algunos estudiantes votaron por sus mascotas favoritas.

Dibuja un ✔ junto a cada animal para indicar cada voto.

2 estudiantes votaron por peces.
3 estudiantes votaron por pájaros.
6 estudiantes votaron por perros.

Hora: Leyendo y escribiendo la media hora después de la hora (digital)

Conoce ¿Cuántos minutos hay en una hora?

¿Cuántos minutos hay en media hora? ¿Cómo lo sabes?

Observa este reloj digital.

¿En qué se diferencia de un reloj analógico?

¿Qué sabes acerca de la hora en este reloj?

El 30 indica el número de minutos. Sé que es media hora después de la hora porque 30 minutos es la mitad de una hora.

¿Qué hora está indicando el reloj?

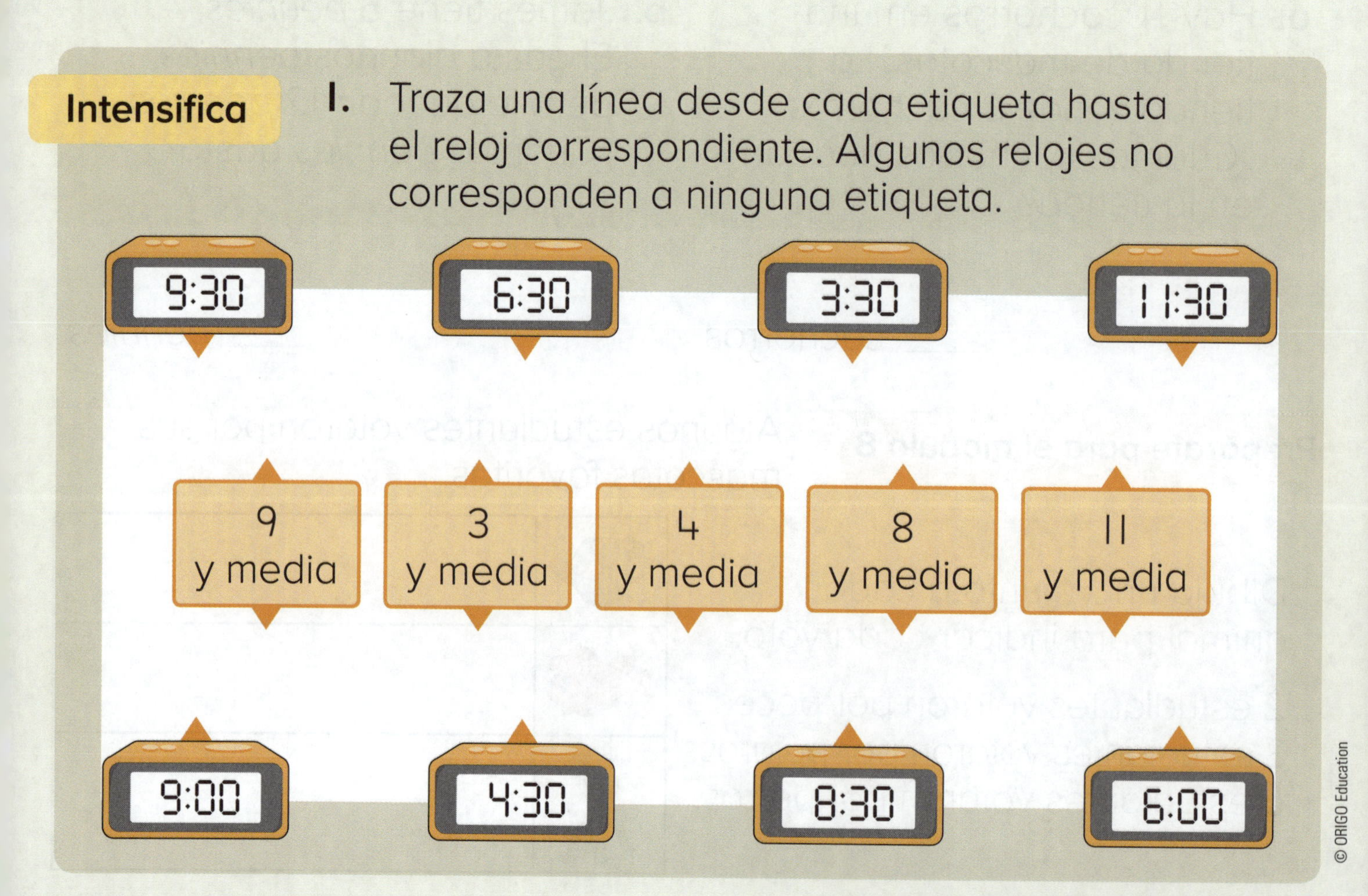

2. Escribe cada hora con palabras.

a. 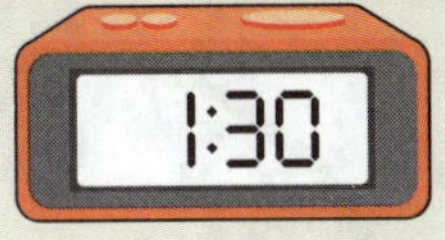

____

b. 

____

c. 

____

d. 

____

e. 

____

f. 

____

g. 

____

Avanza Completa estos enunciados.

a. 

Son las ____ y media.

Una hora **más tarde** serán las ____ y media.

b. 

Son las ____ y media.

Una hora **más tarde** serán las  ____ y media.

7.12 Hora: Relacionando la hora analógica y la digital

Conoce ¿De cuántas formas diferentes puedes decir la hora que indican estos relojes?

tres y treinta.

Intensifica 1. Escribe las horas en los relojes digitales.

a.

b.

c.

d.

e.

f.

2. Traza líneas para conectar las horas correspondientes.

Avanza

Gemma desayuna a las 7:00 el lunes por la mañana. Ella tiene práctica de béisbol a las 4:00 de la tarde.

¿Cuántas veces indicará el reloj la media hora entre el desayuno y el inicio del entrenamiento de béisbol?

Reforzando conceptos y destrezas

Piensa y resuelve

Las figuras iguales pesan lo mismo. Escribe el valor que falta dentro de cada figura.

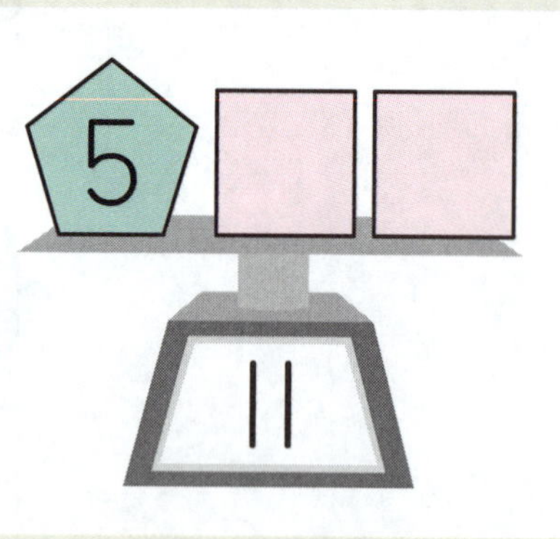

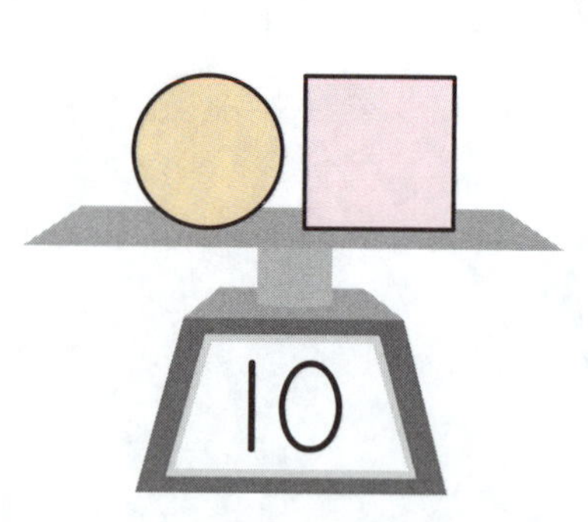

Palabras en acción

Escribe acerca de este reloj. Puedes utilizar las palabras de la lista como ayuda.

hora
indica
minutos
minutero
horario
media
analógico
digital

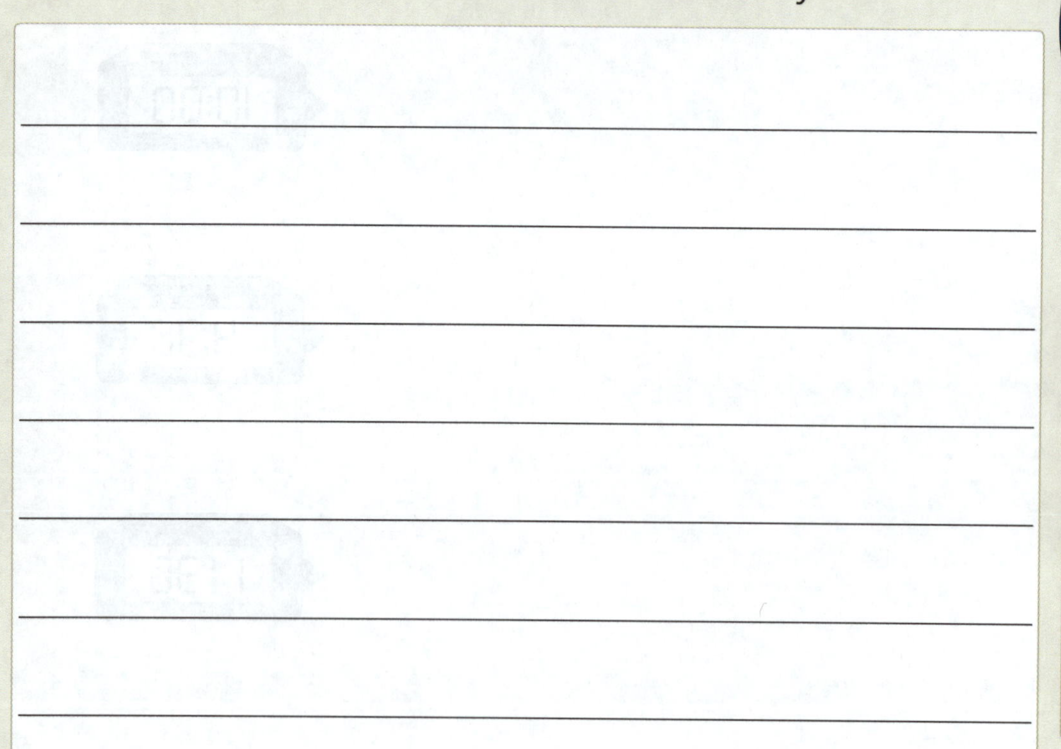

Práctica continua

1. Escribe la fracción de cada tira que es morada.

a.

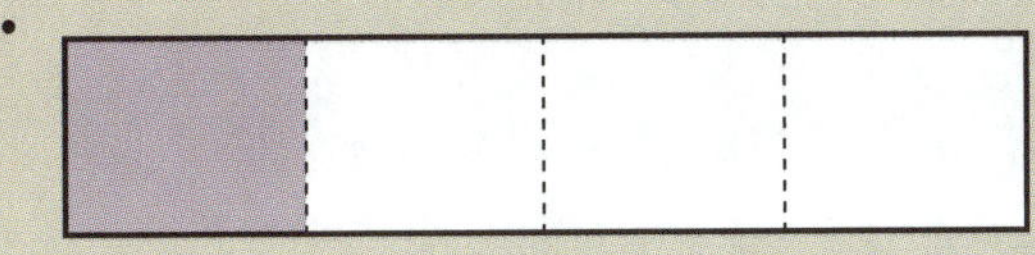

______

b.

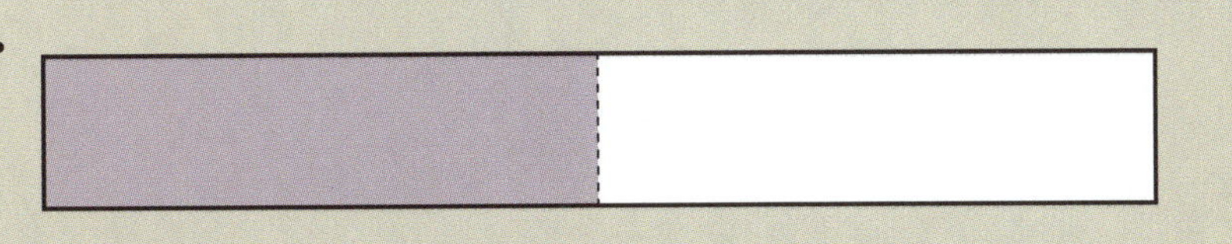

______

2. Escribe la hora que indica cada reloj.

a.

____ y media

b.

____ y media

c.

____ y media

Prepárate para el módulo 8

Traza marcas de conteo en la tabla para indicar los votos.

8 estudiantes votaron sí.
6 estudiantes votaron no.

¿Te gustan los vegetales?	
Sí	
No	

Espacio de trabajo

Suma: Explorando combinaciones de diez

Conoce

Observa estos cubos.

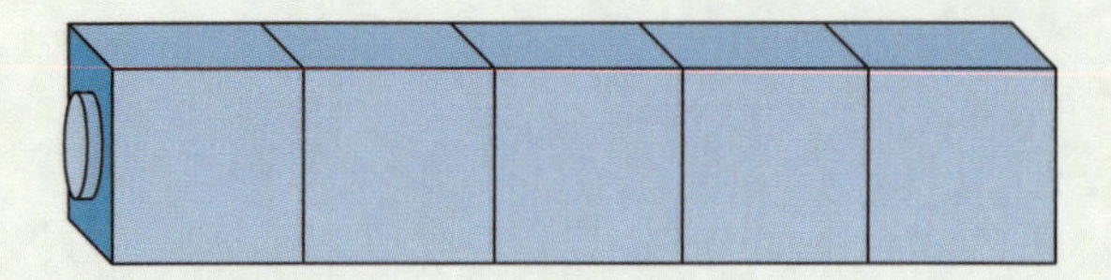

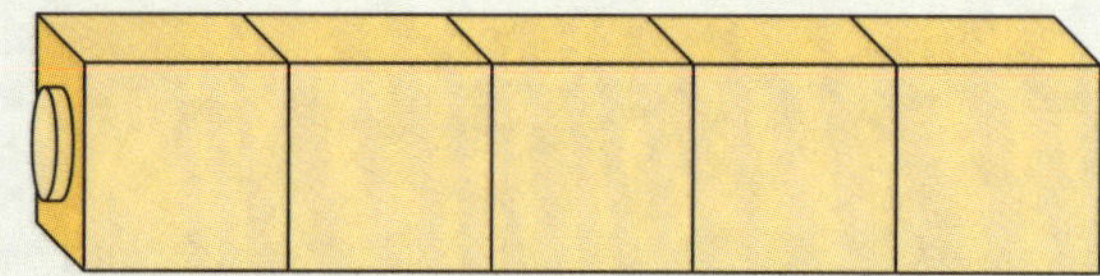

¿Qué operación de suma corresponde a la imagen?

¿De qué otra manera podrías separar los cubos?

¿Qué otra operación de suma podrías escribir?

Intensifica

1. Colorea algunos de los cubos. Luego escribe la operación de suma correspondiente.

a.

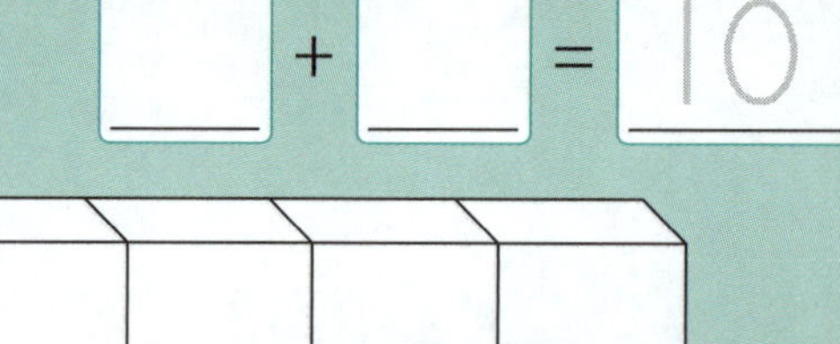

b.

___ + ___ = 10

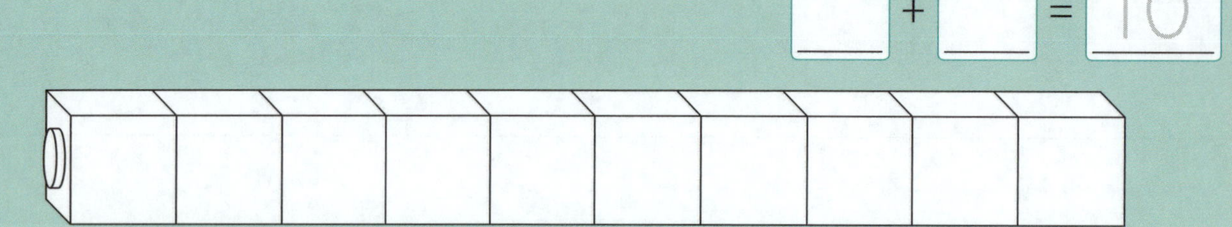

c.

___ + ___ = 10

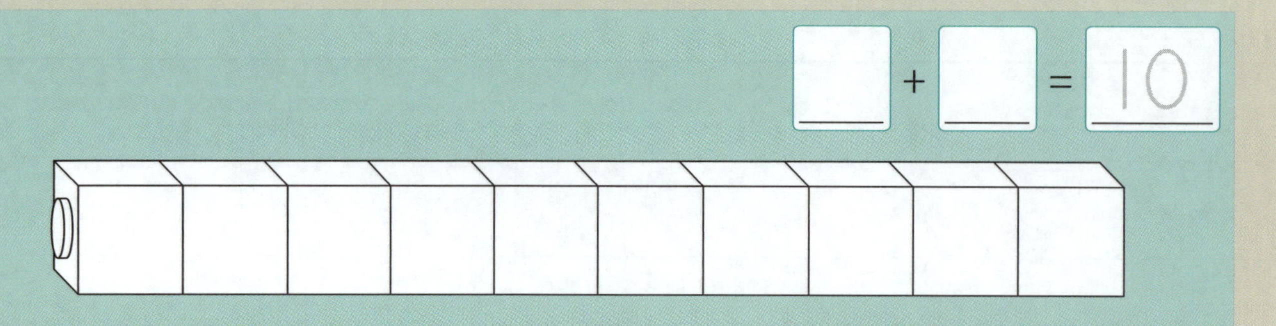

2. Utiliza colores diferentes para indicar tres partes. Luego escribe una ecuación correspondiente.

a.

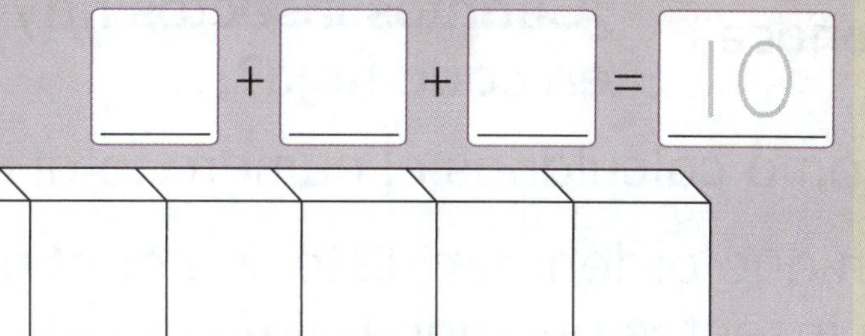

___ + ___ + ___ = 10

b.

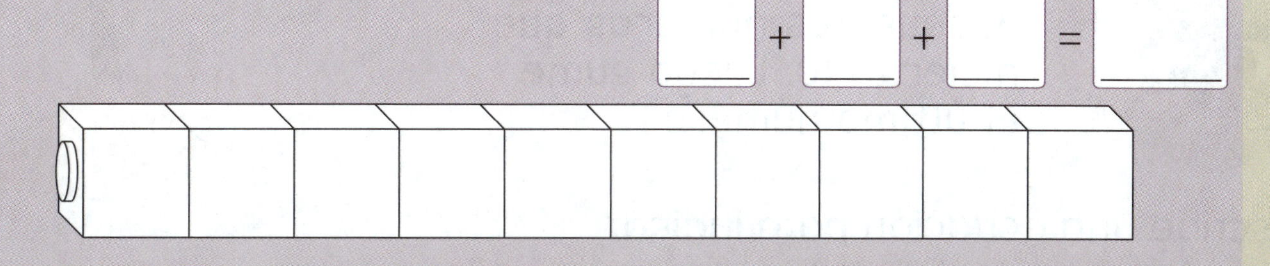

___ + ___ + ___ = ___

c.

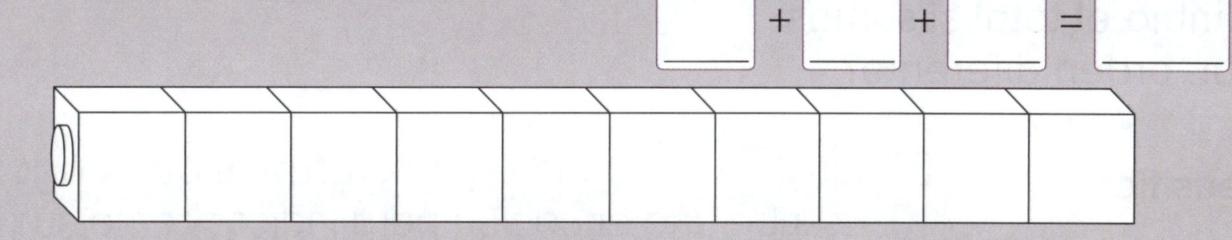

___ + ___ + ___ = ___

d.

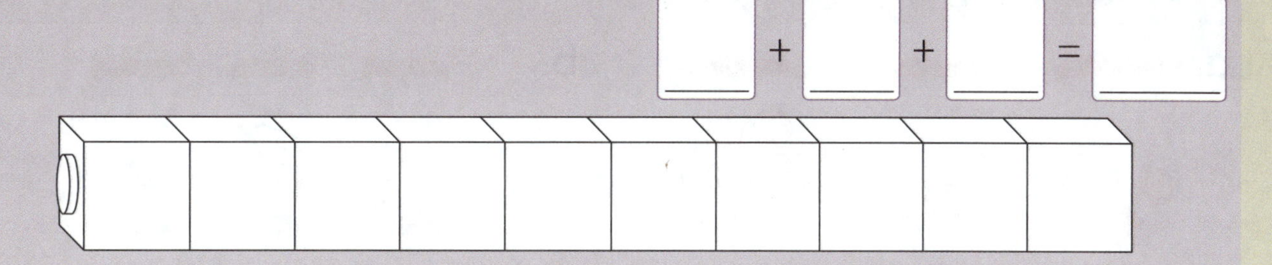

___ + ___ + ___ = ___

Avanza Piensa en algunas maneras diferentes en que puedas separar **11** bloques. Luego completa las ecuaciones correspondientes.

___ + ___ = 11 11 = ___ + ___

___ + ___ + ___ = 11 11 = ___ + ___ + ___

Suma: Utilizando la propiedad asociativa

Conoce

¿Cuántos insectos hay en cada hoja?

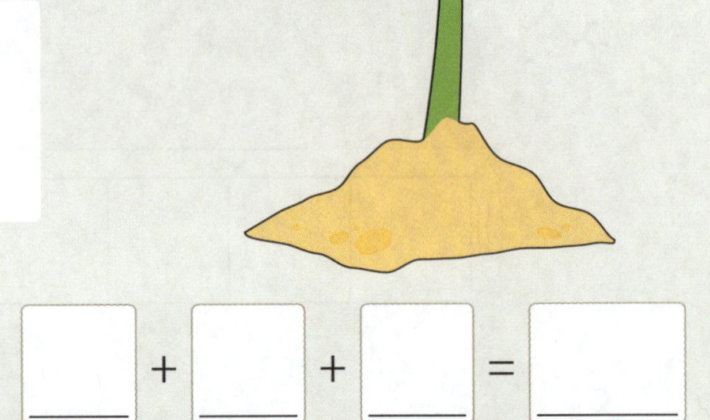

¿Cómo calcularías el número total de insectos?

¿En qué orden decidiste sumar el número de insectos en cada hoja?

Busqué dos números que hicieran 10. Luego sumé el último número.

Escribe una ecuación para indicar el orden en que decidiste sumar.

☐ + ☐ + ☐ = ☐

¿Cambia el total si sumas en un orden diferente?

Intensifica

1. Dibuja ⌒ para indicar dos grupos que hagan 10. Escribe una ecuación para indicar cómo sumas para encontrar el total.

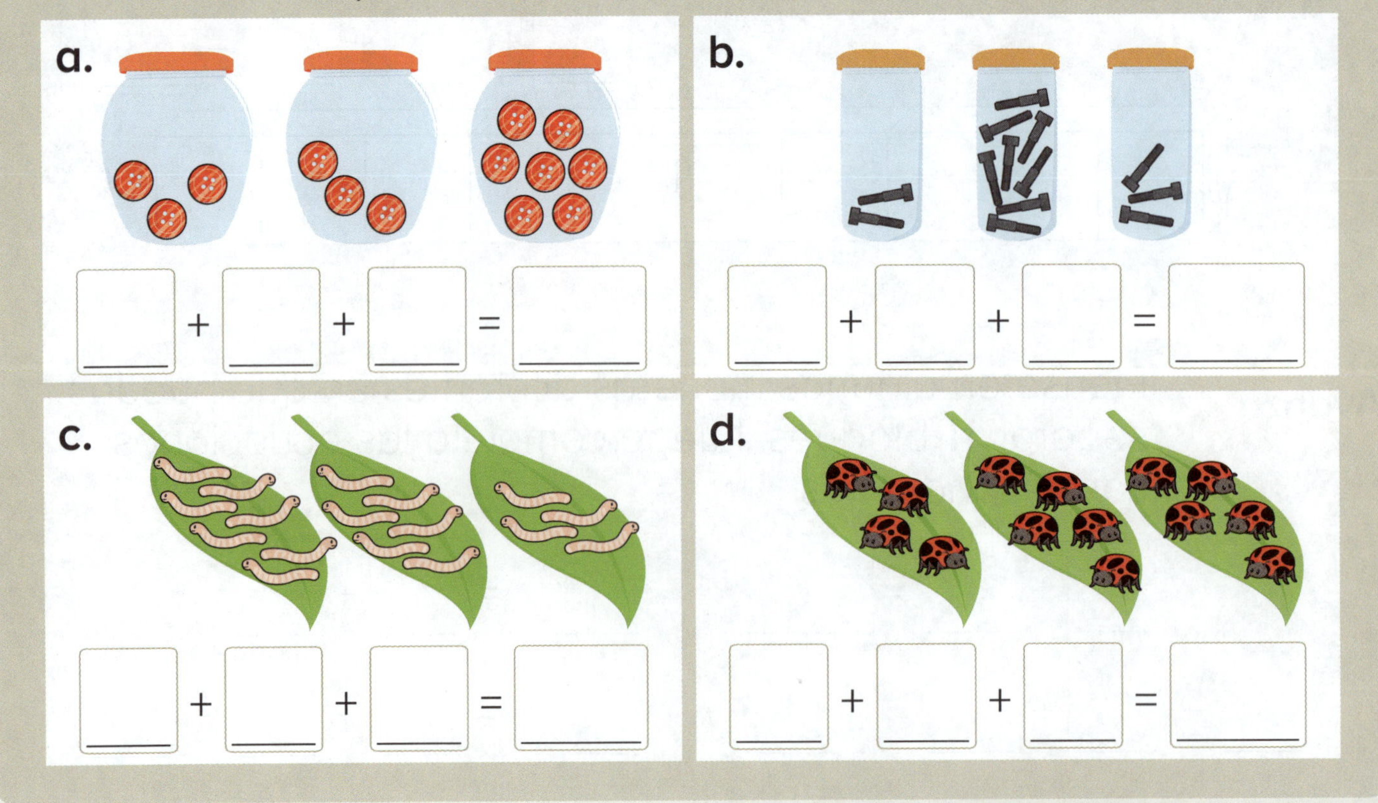

a. ☐ + ☐ + ☐ = ☐

b. ☐ + ☐ + ☐ = ☐

c. ☐ + ☐ + ☐ = ☐

d. ☐ + ☐ + ☐ = ☐

2. Dibuja ↶ para indicar dos números que hagan 10. Escribe una ecuación para indicar cómo sumas para encontrar el total.

a.

___ + ___ + ___ = ___

b.

___ + ___ + ___ = ___

c.

___ + ___ + ___ = ___

d.

___ + ___ + ___ = ___

e.

___ + ___ + ___ = ___

f.

___ + ___ + ___ = ___

Avanza Escribe tres ecuaciones diferentes que correspondan a esta imagen.

___ + ___ + ___ = ___

___ + ___ + ___ = ___

___ + ___ + ___ = ___

Práctica de cálculo

★ Completa las ecuaciones.

★ Traza una línea para unir cada lámpara e interruptor que tengan totales correspondientes.

Práctica continua

1. Colorea bloques para indicar el número de unidades. Luego escribe el número de unidades que sobra.

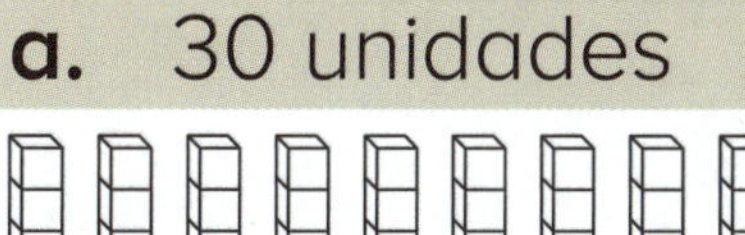

a. 30 unidades

b. 90 unidades

c. 50 unidades

DE 1.7.1

2. Utiliza colores diferentes para indicar dos o tres partes. Luego escribe la ecuación correspondiente.

a. ___ + ___ = 10

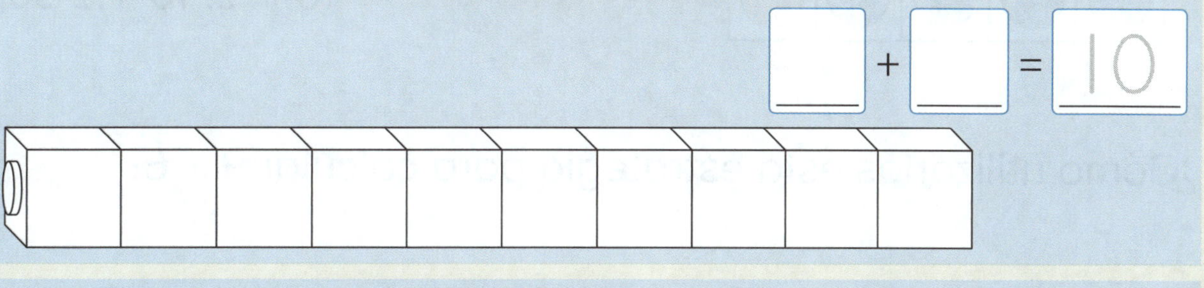

DE 1.8.1

b. ___ + ___ + ___ = ___

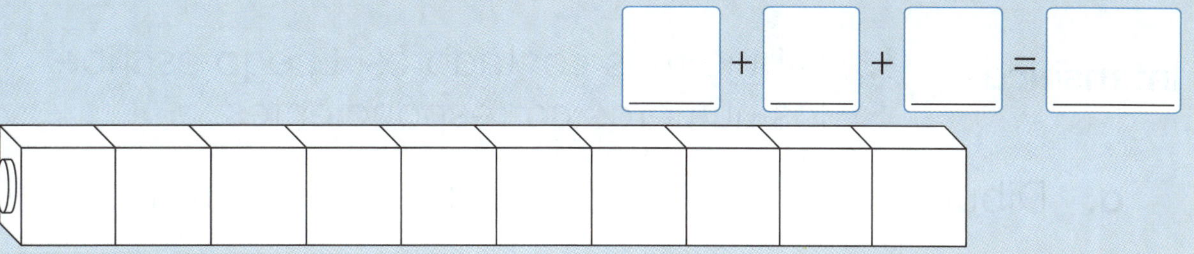

Prepárate para el módulo 9

Dibuja saltos como ayuda para contar hacia delante. Escribe dos operaciones básicas de suma correspondientes.

Cuenta **2** hacia delante

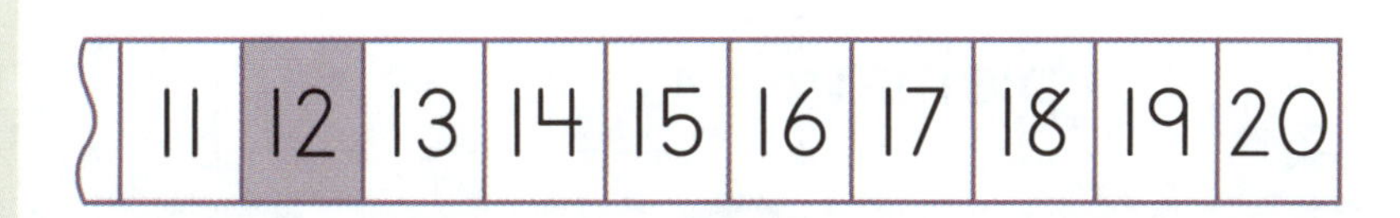

8.3 Suma: Introduciendo la estrategia de hacer diez

Conoce Observa esta imagen de contadores.

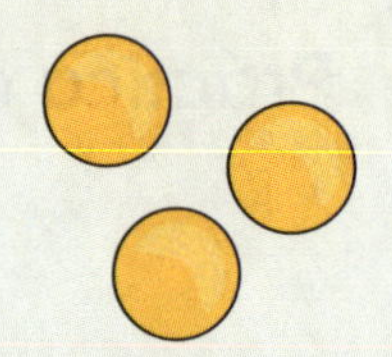

¿Cómo podrías calcular el total?

Moví uno de los contadores para hacer un grupo de 10. Eso hizo más fácil la suma.

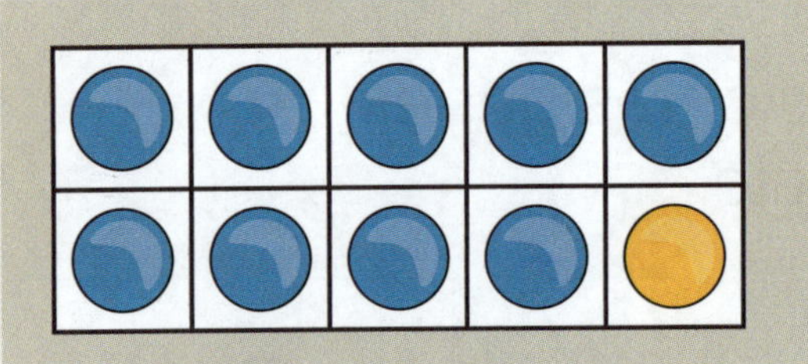

9 + 3
es el mismo valor que
10 + 2. 10 + 2 son 12.

¿Cómo utilizarías esta estrategia para calcular 9 + 6?

Intensifica 1. Dibuja más contadores. Luego escribe los números correspondientes.

a. Dibuja 5 más.

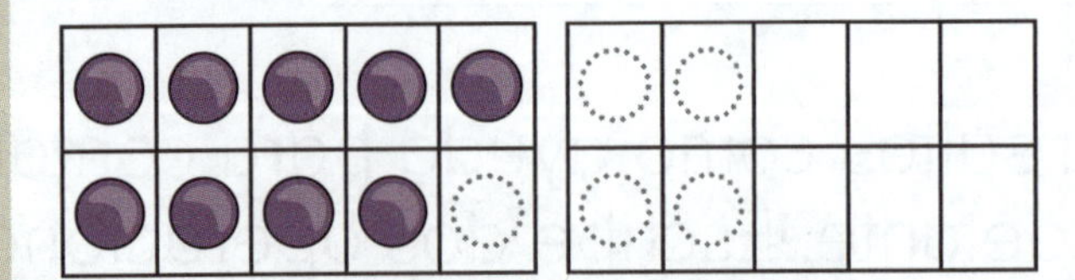

observa 9 + 5

piensa 10 + 4

b. Dibuja 3 más.

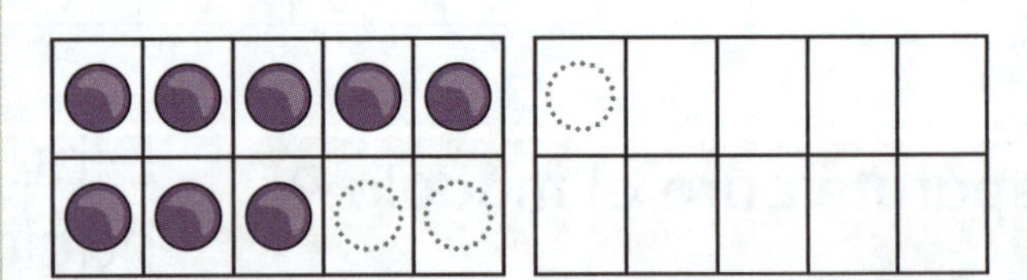

observa ___ + ___

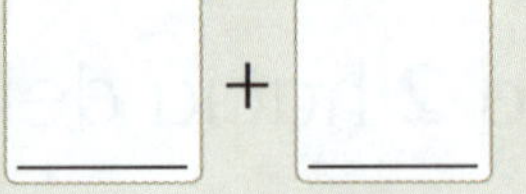

piensa ___ + ___

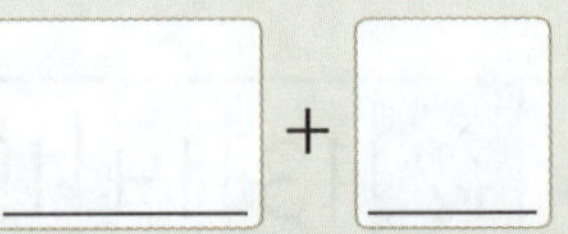

2. Dibuja más contadores. Luego escribe los números correspondientes.

a. Dibuja 6 más.

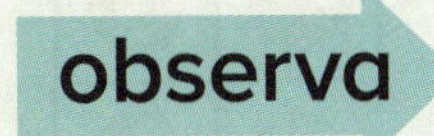

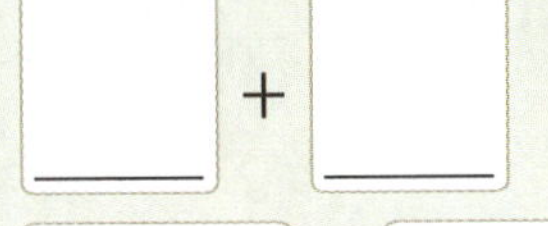

b. Dibuja 7 más.

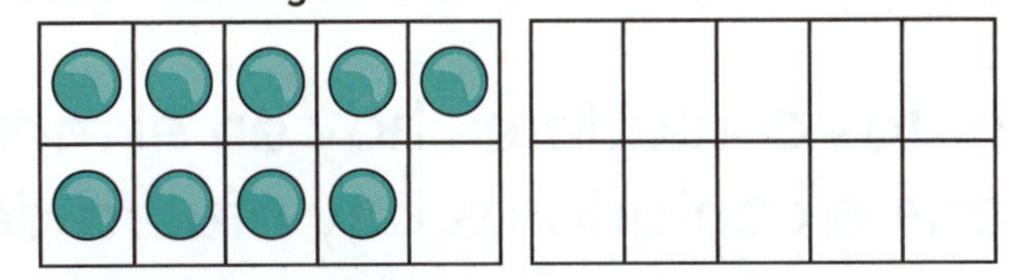

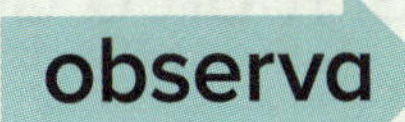

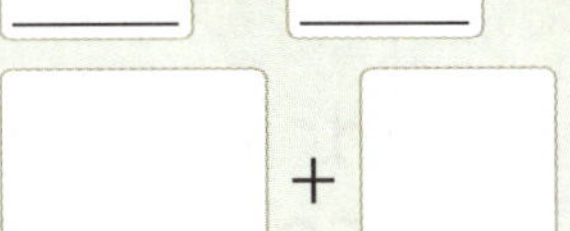

c. Dibuja 4 más.

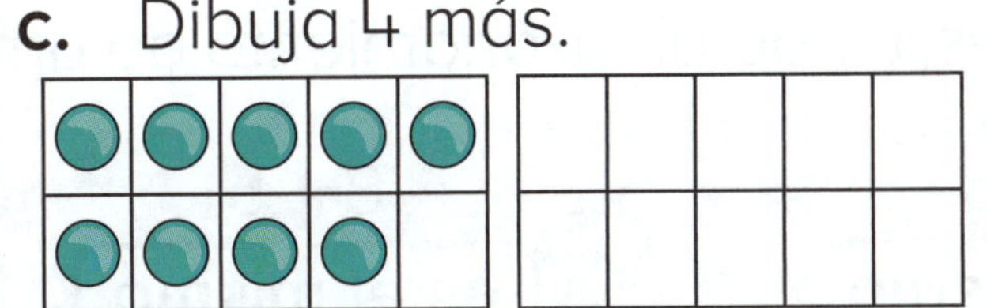

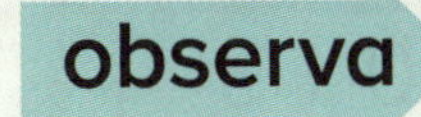

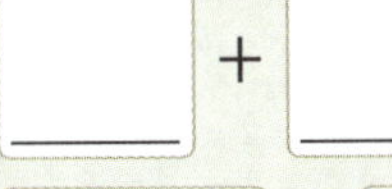

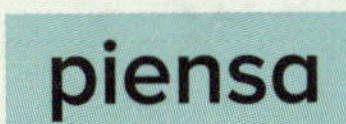

d. Dibuja 5 más.

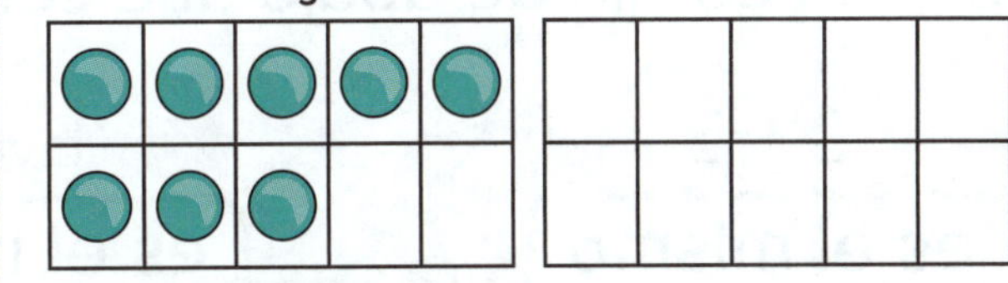

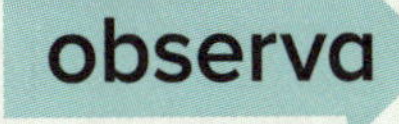

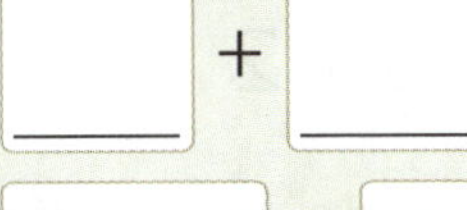

Avanza Imagina **seis** maneras diferentes en que este tren de cubos se podrá separar en dos grupos. Completa las ecuaciones correspondientes.

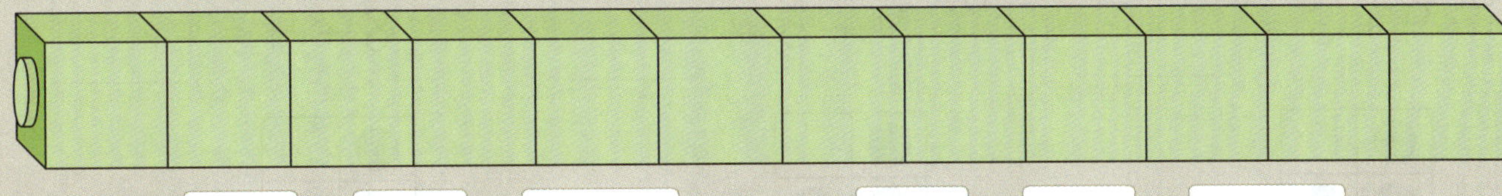

___ + ___ = ___   ___ + ___ = ___

___ + ___ = ___   ___ + ___ = ___

___ + ___ = ___   ___ + ___ = ___

Suma: Reforzando la estrategia de hacer diez

Conoce **Observa esta imagen de contadores.**

¿Cuántos contadores hay **en** el marco de diez?
¿Cuántos contadores hay **afuera** del marco de diez?

¿Cómo podrías utilizar el marco de diez para calcular el total?

Podría mover dos contadores para llenar el marco de diez.

Encierra la casilla de abajo que corresponda al razonamiento de arriba.

8 + 5	8 + 5	8 + 5
es el mismo valor que	**es el mismo valor que**	**es el mismo valor que**
10 + 2	10 + 5	10 + 3

¿Cómo podrías utilizar un marco de diez para calcular 9 + 4?

Intensifica

1. Dibuja más contadores para calcular el total. Llena primero el marco de diez. Luego escribe las operaciones básicas del diez que correspondan a la imagen.

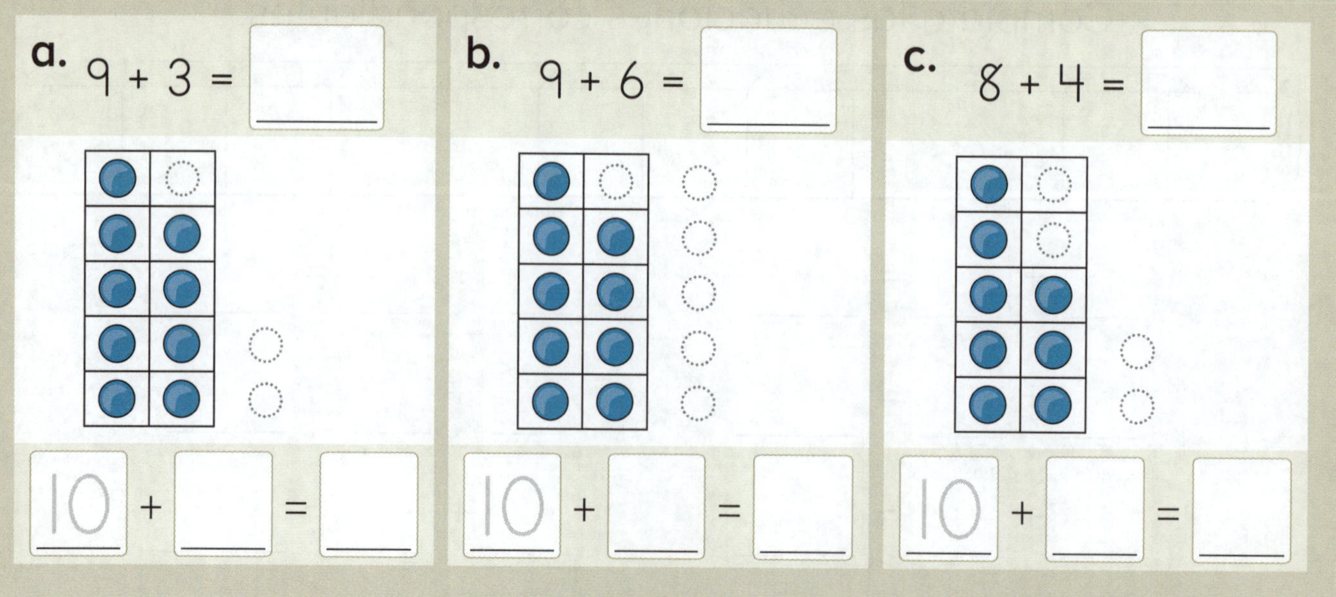

2. Dibuja más contadores para calcular el total. Llena primero el marco de diez. Luego escribe las operaciones básicas del diez que correspondan a la imagen.

a. 9 + 5 = ____

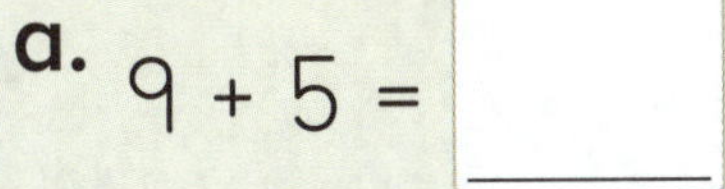

____ + ____ = ____

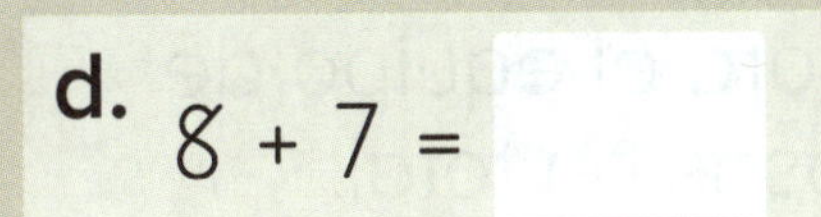

b. 7 + 5 = ____

____ + ____ = ____

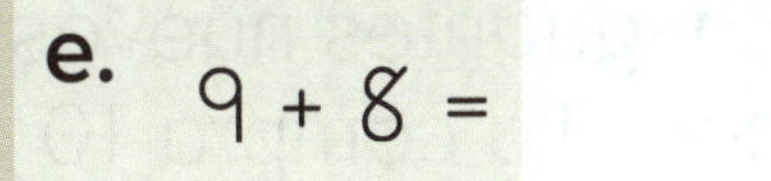

c. 9 + 7 = ____

____ + ____ = ____

d. 8 + 7 = ____

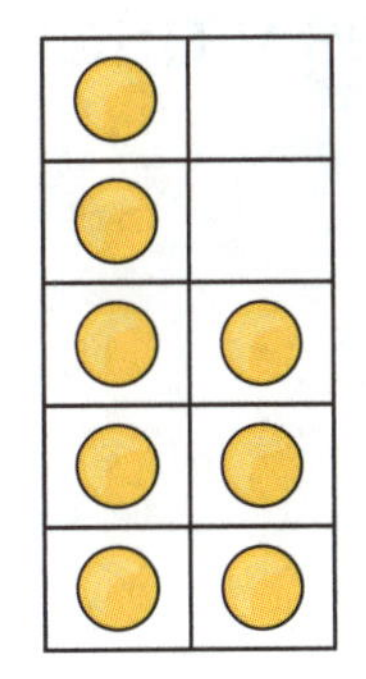

____ + ____ = ____

e. 9 + 8 = ____

____ + ____ = ____

f. 8 + 3 = ____

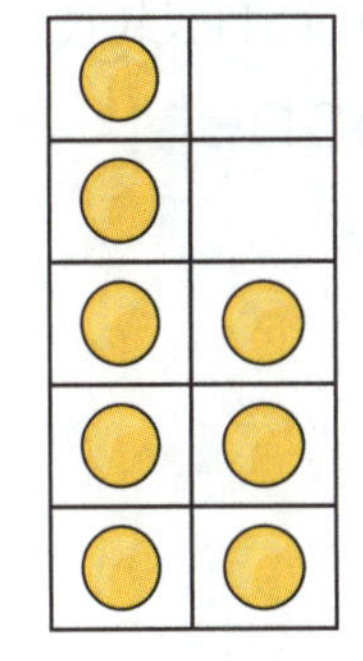

____ + ____ = ____

Avanza Encierra las operaciones básicas que tengan el mismo total que los contadores en la imagen.

9 + 3   8 + 5   7 + 5

8 + 4   8 + 3

8.4 Reforzando conceptos y destrezas

Piensa y resuelve

Imagina que solo te puedes mover en esta dirección → o esta ↑.

•——• es 1 unidad.

¿Cuántas unidades habrá en el camino **más corto** desde **A** hasta **B**?

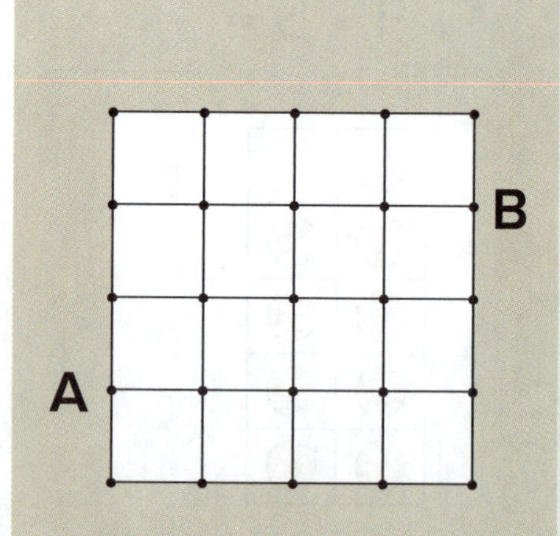

Palabras en acción

Una entrenadora compra algunas pelotas, bates y guantes nuevos para el equipo de béisbol. Ella compra 10 cosas en total.

a. Dibuja una imagen para indicar cuántas pelotas, bates y guantes podrían haber.

b. Escribe un enunciado para describir tu imagen.

Práctica continua

1. Observa los bloques. Escribe los números correspondiente en los expansores.

a.

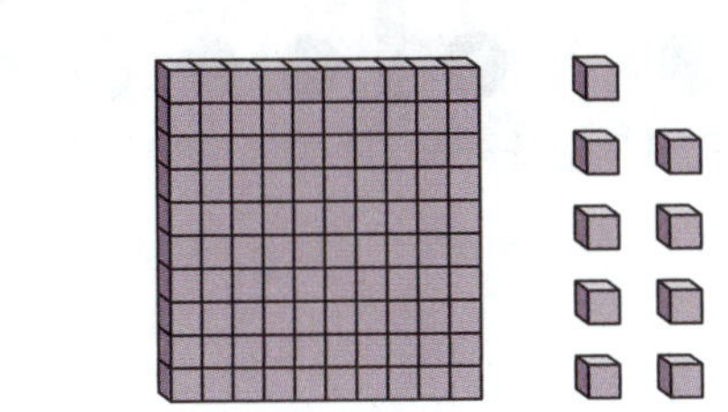

centenas | decenas | unidades

centenas

DE 1.7.2

b.

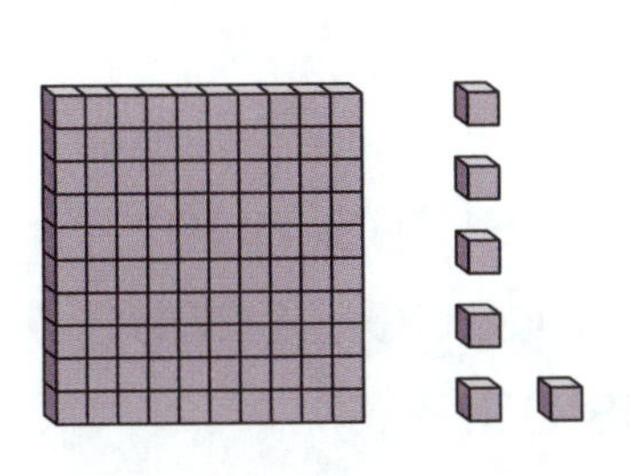

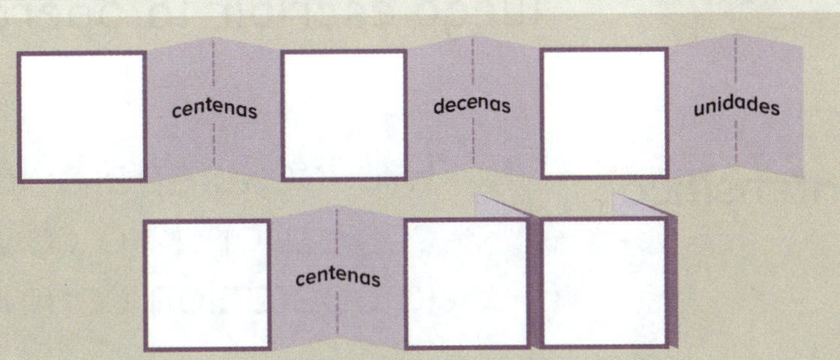

2. Dibuja ⌒ para indicar dos números que hagan 10. Escribe una ecuación para indicar cómo sumas para encontrar el total.

DE 1.8.2

a.

___ + ___ + ___ = ___

b.

___ + ___ + ___ = ___

Prepárate para el módulo 9

Escribe los numerales que faltan en estas partes de una cinta numerada.

a.

b.

Suma: Reforzando la propiedad conmutativa

Conoce

¿Qué dos operaciones básicas de suma corresponden a esta imagen?

¿Cuál operación básica piensas que es más fácil de calcular? ¿Por qué?

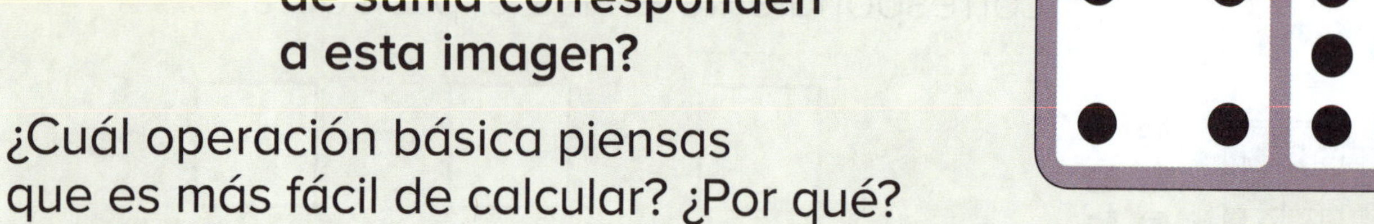

Intensifica

1. Escribe la operación básica de suma que corresponda a cada imagen. Luego escribe la operación conmutativa básica.

a.

___ + ___ = ___

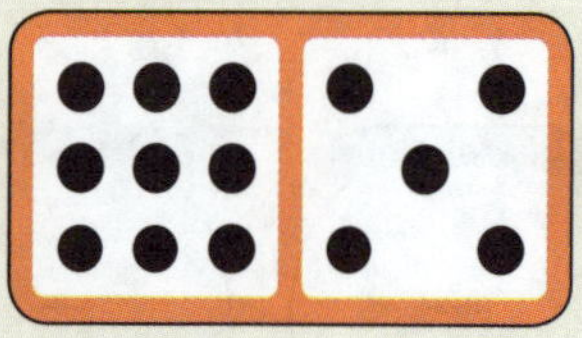

___ + ___ = ___

b.

___ + ___ = ___

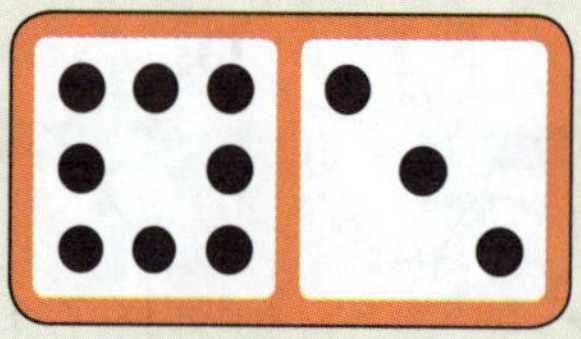

___ + ___ = ___

c.

___ + ___ = ___

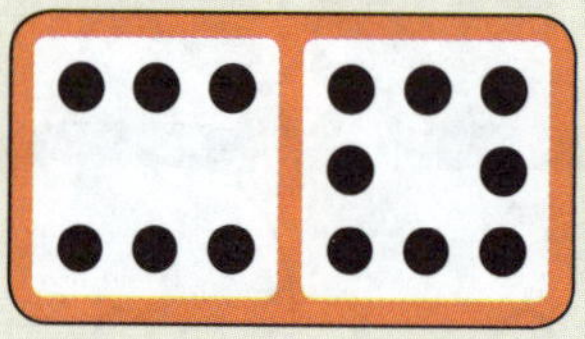

___ + ___ = ___

d.

___ + ___ = ___

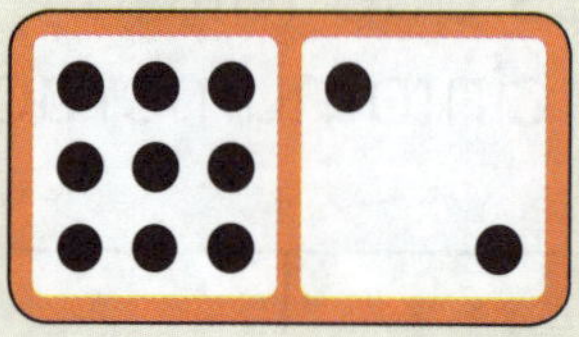

___ + ___ = ___

e.

___ + ___ = ___

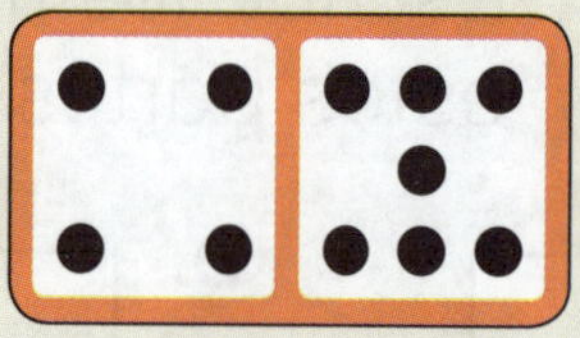

___ + ___ = ___

f.

___ + ___ = ___

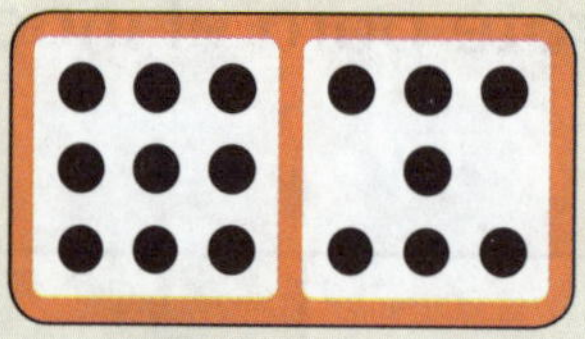

___ + ___ = ___

2. Escribe la operación básica de suma que corresponda a cada imagen. Luego escribe la operación conmutativa básica.

a.

___ + ___ = ___

5 | 8

___ + ___ = ___

b.

___ + ___ = ___

9 | 8

___ + ___ = ___

c.

___ + ___ = ___

8 | 6

___ + ___ = ___

d.

___ + ___ = ___

9 | 3

___ + ___ = ___

e.

___ + ___ = ___

7 | 6

___ + ___ = ___

f.

___ + ___ = ___

4 | 9

___ + ___ = ___

Avanza

a. Suma los números en cada fila. Luego suma los números en cada columna. Escribe los totales en las casillas de afuera.

8	1	6	___
3	5	7	___
4	9	2	___
___	___	___	

b. Escribe una ecuación para indicar otros tres números que sumarían el mismo total.

___ + ___ + ___ = ___

Suma: Reforzando todas las estrategias

Conoce

Observa estas imágenes.
¿Cómo podría cada imagen indicar suma?

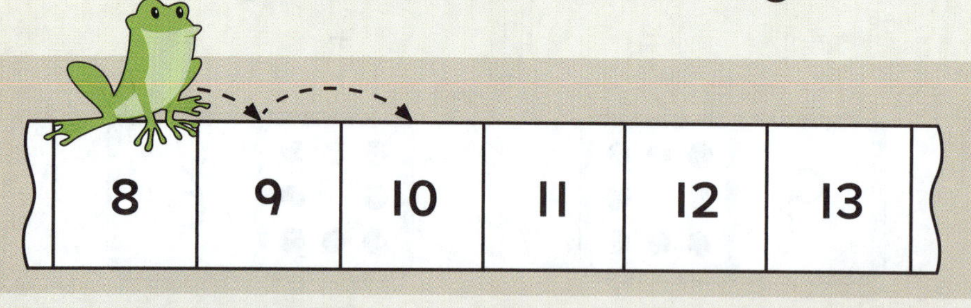

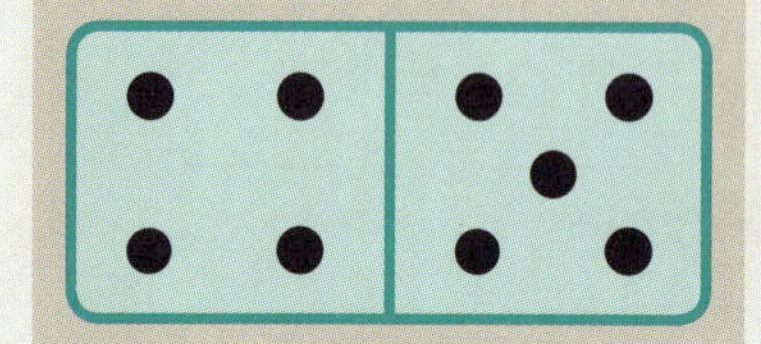

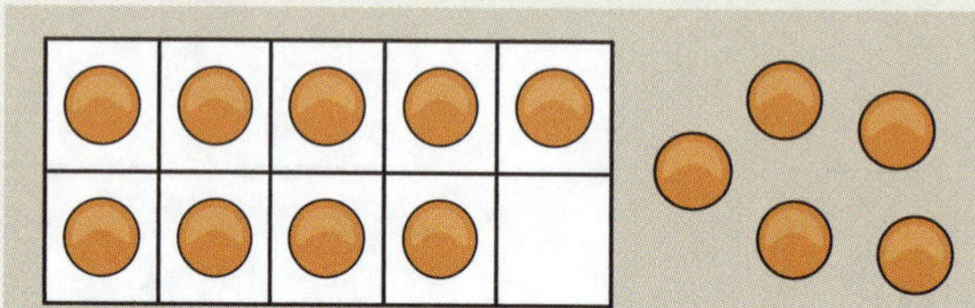

¿Cómo podrías calcular el total en cada imagen?

¿Cuál estrategia de suma utilizarías?

¿Cuál estrategia de suma utilizarías para resolver cada una de estas operaciones básicas?

6 + 7 = ____ 2 + 9 = ____ 5 + 8 = ____

¿Cómo se podrían utilizar estrategias diferentes para resolver las mismas operaciones básicas?

Intensifica

1. Escribe el total. Luego escribe **C**, **D**, o **H** en el círculo para indicar la estrategia que utilizaste para calcularlo.

Estrategia de suma
- (C) contar hacia delante
- (D) dobles
- (H) hacer diez

◯ 8 + 0 = ____	◯ 9 + 5 = ____	
◯ 5 + 6 = ____	◯ 3 + 9 = ____	◯ 2 + 5 = ____
◯ 8 + 8 = ____	◯ 9 + 2 = ____	◯ 7 + 9 = ____

2. Escribe la respuesta. Luego traza una línea hasta la estrategia que utilizaste para calcularla.

$2 + 6 =$ ____

$9 + 3 =$ ____

$7 + 8 =$ ____

$9 + 9 =$ ____

$9 + 6 =$ ____

contar hacia delante

dobles

hacer diez

$3 + 1 =$ ____

$7 + 5 =$ ____

$1 + 7 =$ ____

$6 + 8 =$ ____

$5 + 9 =$ ____

Avanza Puedes utilizar más de una estrategia para resolver la misma operación básica. Completa estas operaciones básicas para indicar las maneras diferentes en que se pueden calcular estos totales.

a. Utiliza la estrategia de hacer diez

$9 + 8 =$ ____

es el mismo valor que

10 + ____ = ____

Utiliza la estrategia de dobles

$9 + 8 =$ ____

es el mismo valor que

doble 8 más ____ = ____

b. Utiliza la estrategia de hacer diez

$8 + 6 =$ ____

es el mismo valor que

10 + ____ = ____

Utiliza la estrategia de dobles

$8 + 6 =$ ____

es el mismo valor que

doble 6 más ____ = ____

Reforzando conceptos y destrezas

Práctica de cálculo

★ Completa las ecuaciones.

★ Utiliza el mismo color para indicar la llave y el candado que tienen respuestas correspondientes. Sobra una llave.

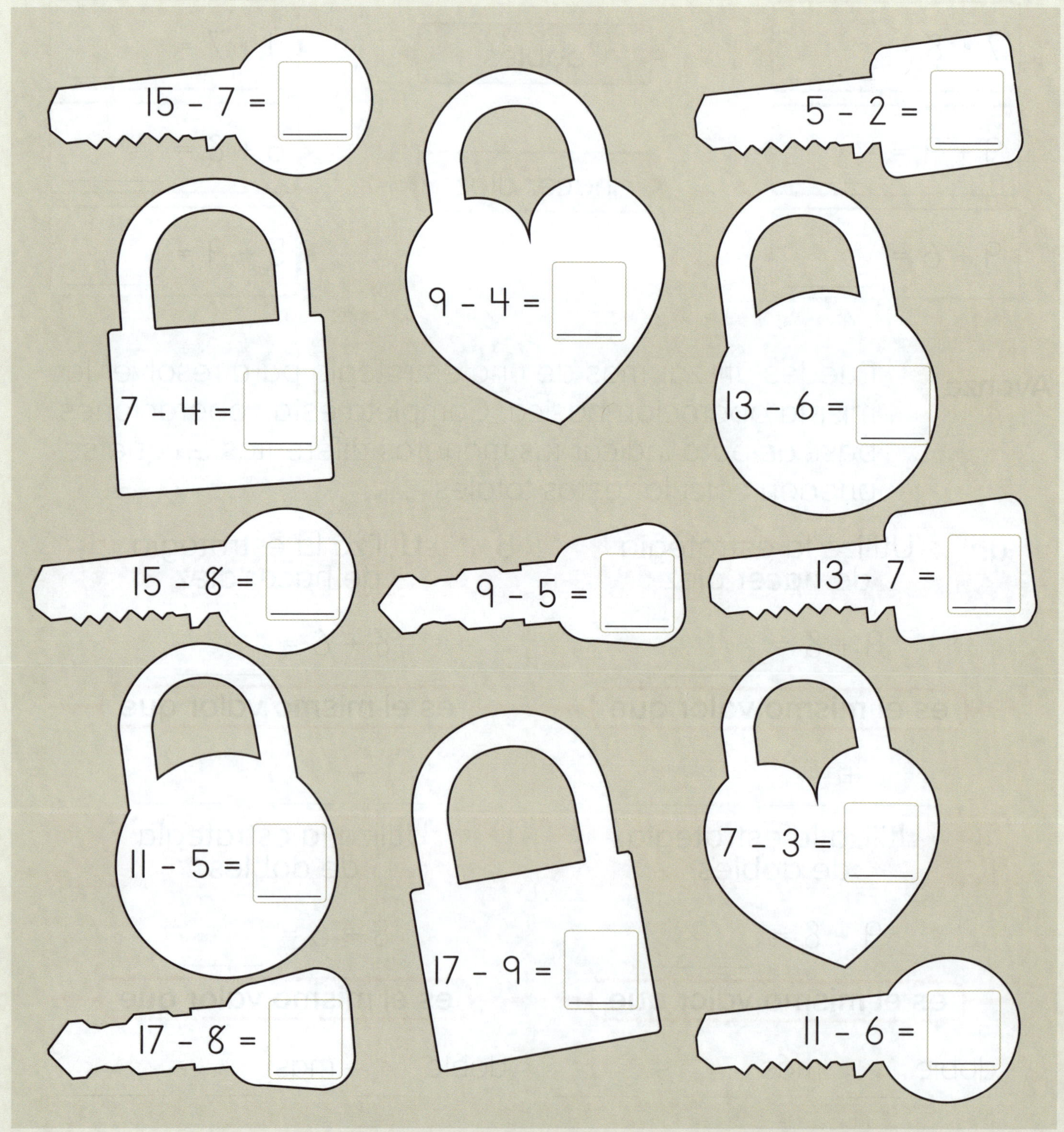

Práctica continua

1. Calcula el número de puntos que están cubiertos. Luego completa las operaciones básicas.

a. $16 - 7 =$ ____

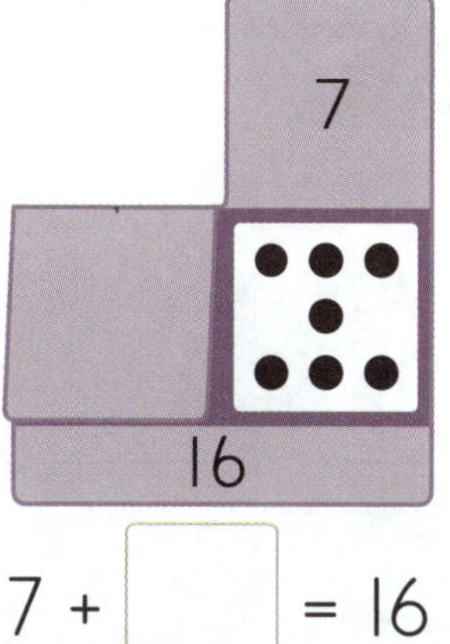

$7 +$ ____ $= 16$

b. $12 - 5 =$ ____

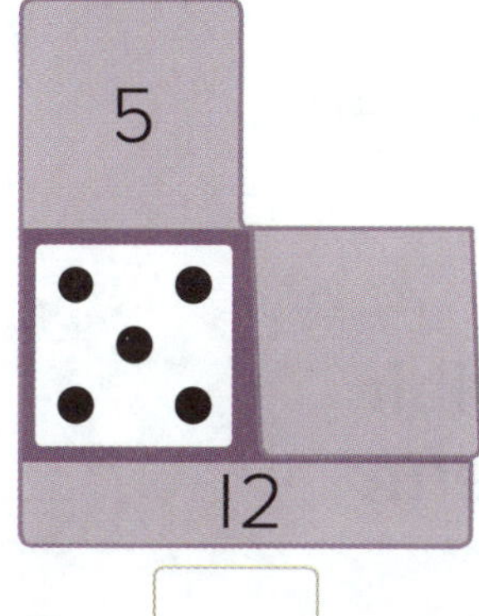

$5 +$ ____ $= 12$

c. $14 - 6 =$ ____

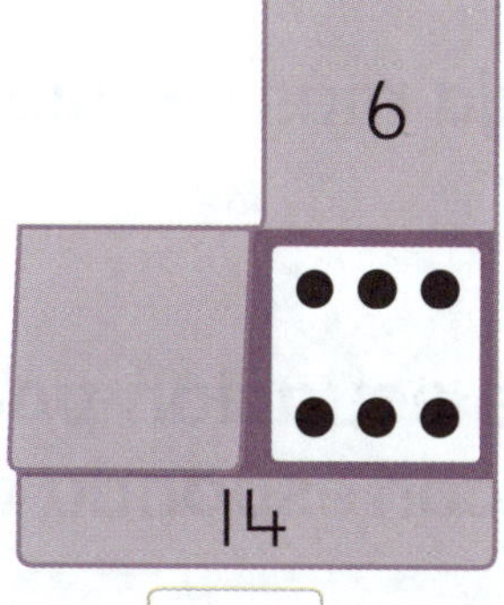

$6 +$ ____ $= 14$

DE 1.7.8

2. Dibuja más contadores. Luego escribe los números correspondientes.

a. Dibuja 6 más.

observa ____ + ____

piensa ____ + ____

b. Dibuja 4 más.

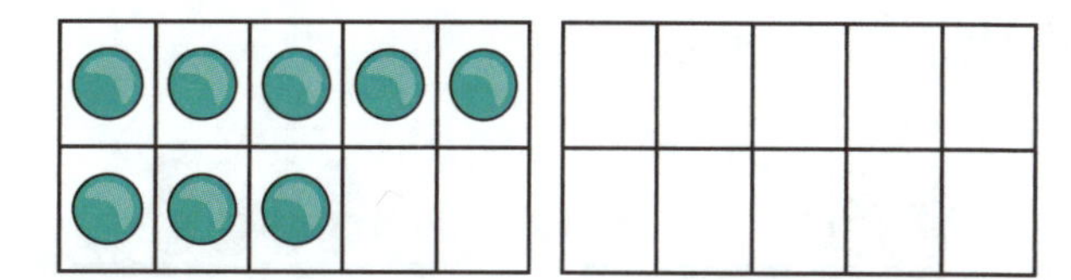

observa ____ + ____

piensa ____ + ____

DE 1.8.3

Prepárate para el módulo 9

Dibuja saltos como ayuda para contar hacia delante. Escribe dos operaciones básicas de suma correspondientes.

Cuenta **2** hacia delante.

____ + ____ = ____

____ + ____ = ____

Igualdad: Repasando conceptos

Conoce **¿Qué está mal en esta balanza?**

¿Cuántos círculos más necesitas dibujar para hacer la balanza verdadera?

Dibuja más círculos en la imagen.

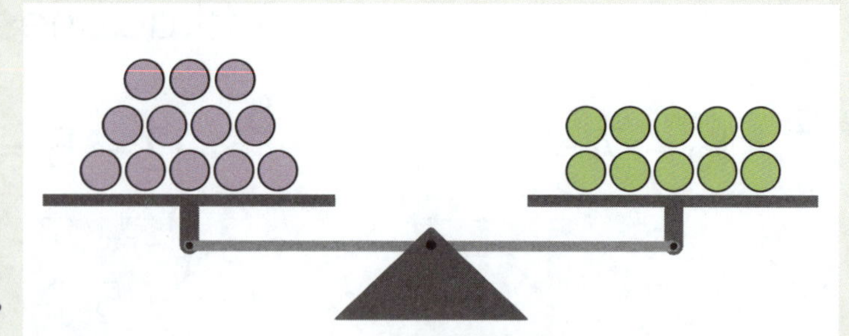

¿Qué ecuación podrías escribir que corresponda a la imagen?

___ = ___ + ___

Intensifica

1. Dibuja **más círculos** en un lado de cada balanza de platillos para hacer la balanza verdadera. Luego escribe la ecuación correspondiente.

a.

6 + ___ = 8

b.

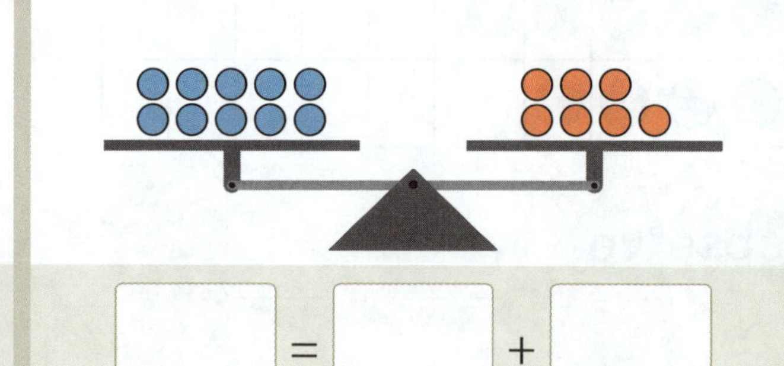

___ = ___ + ___

c.

___ = ___ + ___

d.

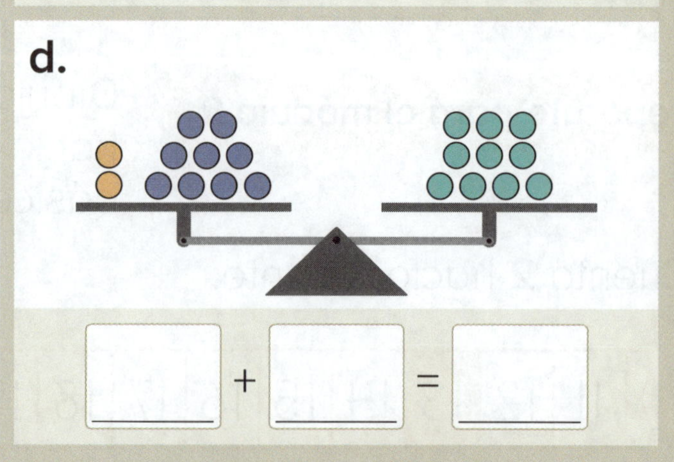

___ + ___ = ___

2. Escribe el numeral que falta para hacer cada balanza verdadera. Luego escribe la ecuación correspondiente.

a.

13 2 ___

___ + ___ = ___

b.

___ = ___ + ___

c.

14 1 ___

___ = ___ + ___

d.

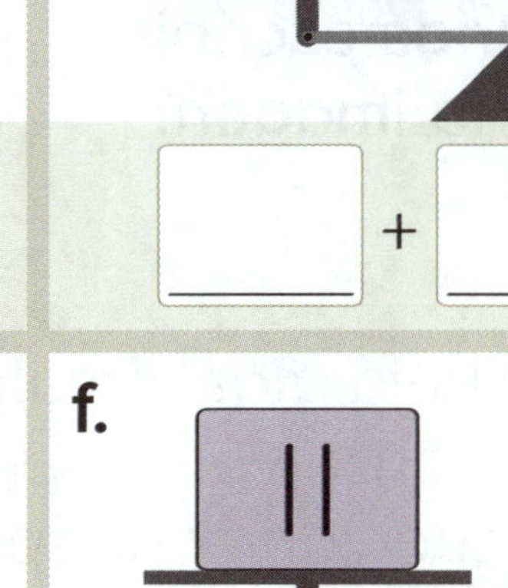

___ + ___ = ___

e.

___ + ___ = ___

f.

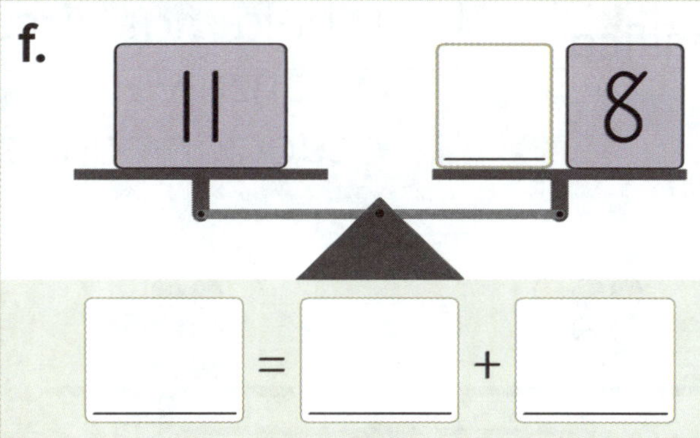

___ = ___ + ___

Avanza Escribe tres ecuaciones diferentes que harían esta balanza verdadera.

___ + ___ = ___

___ + ___ = ___

___ + ___ = ___

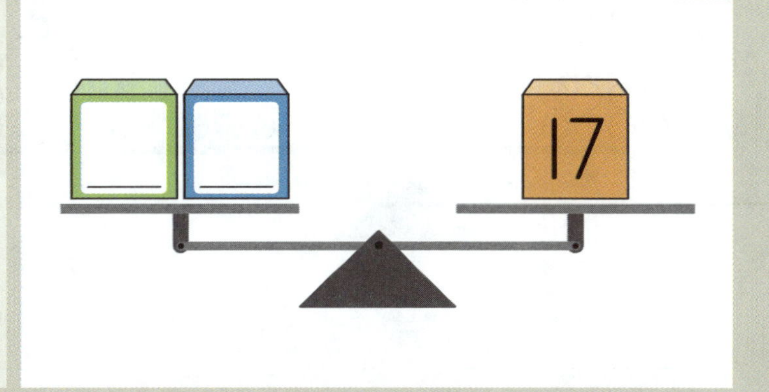

8.8 Igualdad: Trabajando con situaciones de equilibrio

Conoce **Observa los círculos en esta balanza.**

¿Cuántos círculos más necesitas dibujar para hacer la balanza verdadera?

¿Cómo lo sabes?

Dibuja los círculos en la balanza.

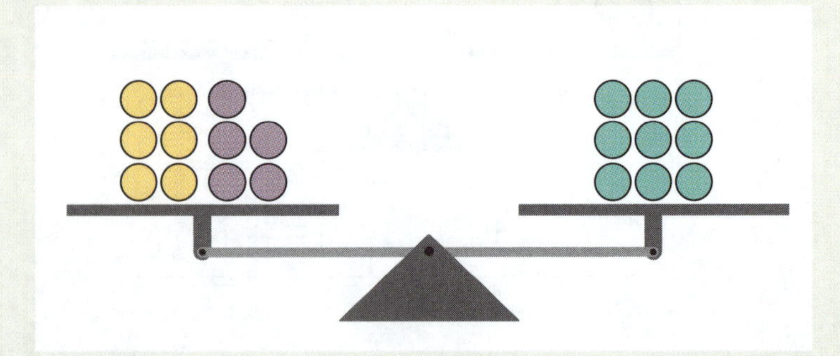

¿Qué ecuación podrías escribir que corresponda a la imagen?

___ + ___ = ___ + ___

Intensifica

1. Dibuja **más círculos** para hacer cada balanza verdadera. Luego escribe la ecuación correspondiente.

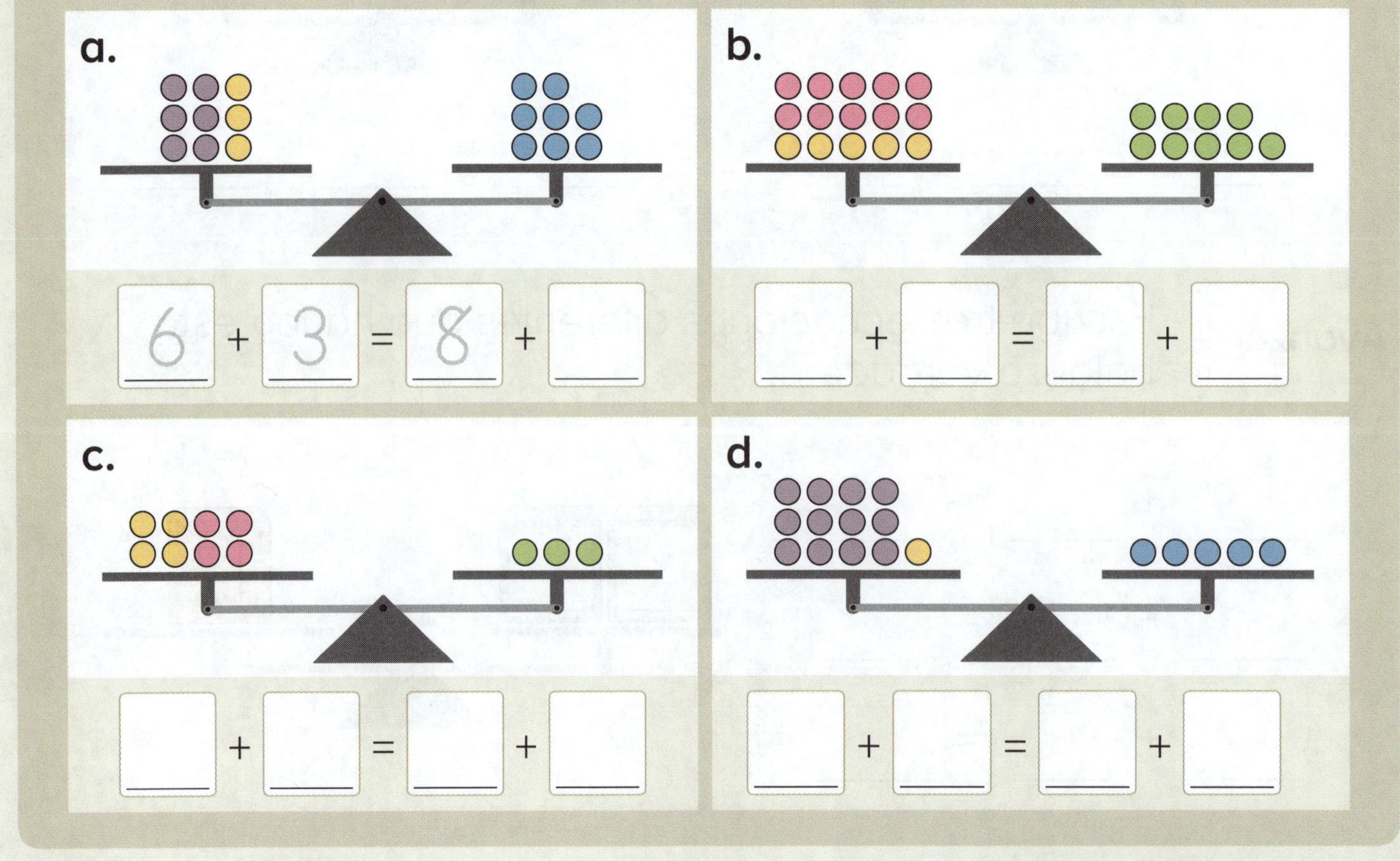

2. Escribe números para hacer cada balanza verdadera. Luego escribe la ecuación correspondiente.

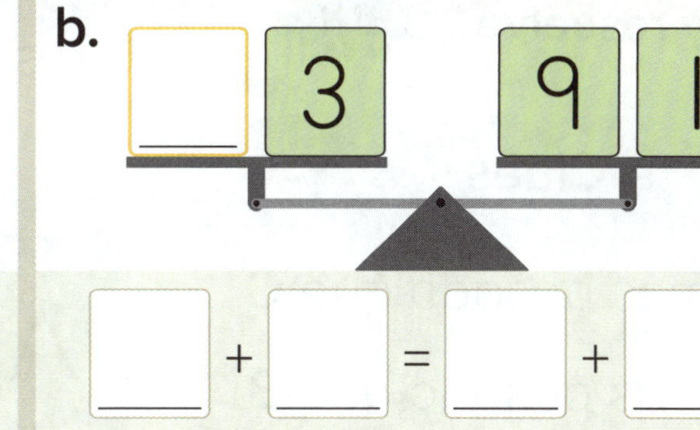

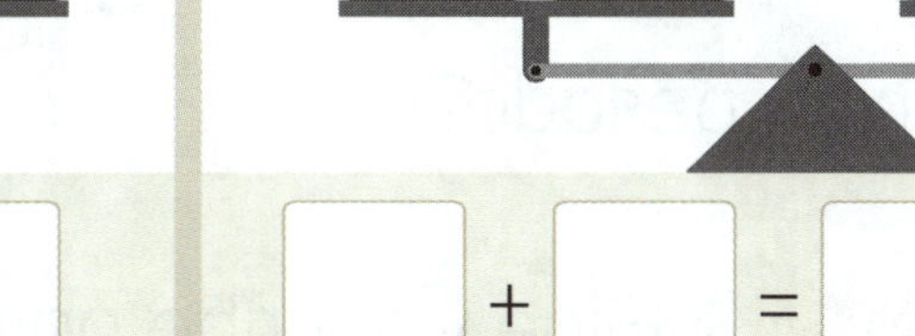

Avanza Utiliza estos números para hacer cada balanza verdadera. Cada número solo se puede utilizar una vez.

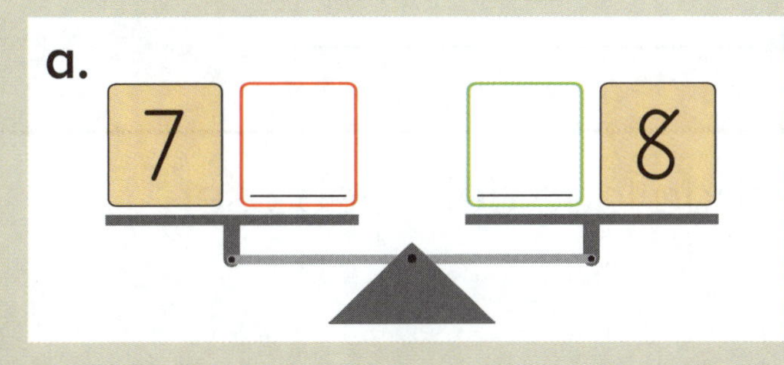

8.8 Reforzando conceptos y destrezas

Piensa y resuelve 

Lee las pistas. Utiliza las letras para responder.

Clues

A es más pesado que **C**.

C es más pesado que **B**.

A es más liviano que **D**.

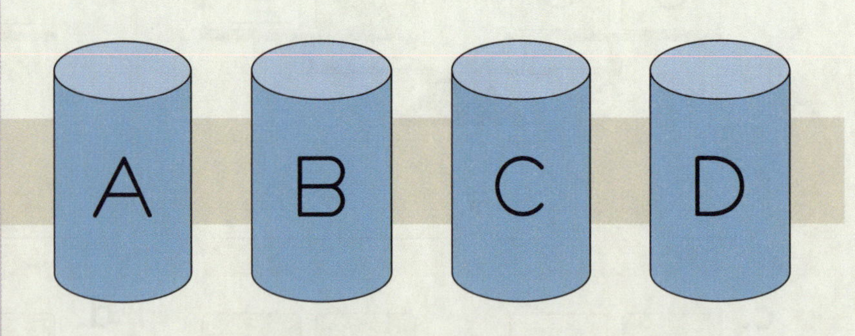

a. ¿Cuál es el más pesado? ______

b. ¿Cuál es el más liviano? ______

Palabras en acción

Elige y escribe palabras de la lista para completar los enunciados de abajo. Una palabra se repite. Sobran algunas palabras.

mismo
más
entre
equilibran
no
quita

a. Nueve y seis ______________ 15.

b. Cuando a ocho le sumas cinco equivale a diez ______________ tres.

c. Cuando a once le quitas dos ______________ a cuatro más cinco.

d. Cuando a doce le quitas cuatro ______________ equilibra a diez.

e. En una ecuación el valor total a cada lado del = debe ser el ______________.

Práctica continua

1. Completa las ecuaciones. Luego escribe **S** en la ecuación que resolviste pensando en suma.

a. 9 − 8 = ___	b. 10 − 4 = ___	c. 7 − 2 = ___	d. 4 − 4 = ___
e. 5 − 1 = ___	f. 6 − 5 = ___	g. 9 − 6 = ___	h. 11 − 8 = ___

DE 1.7.9

2. Escribe el número que falta para hacer cada balanza verdadera. Luego escribe la ecuación correspondiente.

a.

___ + ___ = ___

b.

___ = ___ + ___

DE 1.8.7

Prepárate para el módulo 9

Observa la imagen de bloques. Escribe el número correspondiente en la tabla de valor posicional. Luego escribe el numeral sin la tabla.

a.

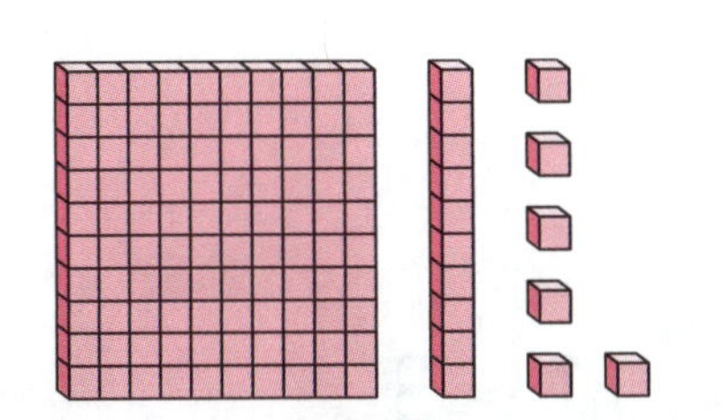

Centenas	Decenas	Unidades
___	___	___

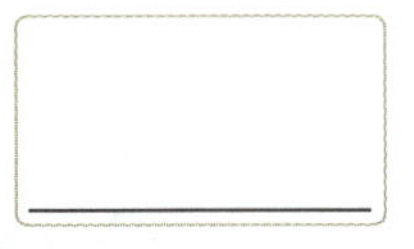

b.

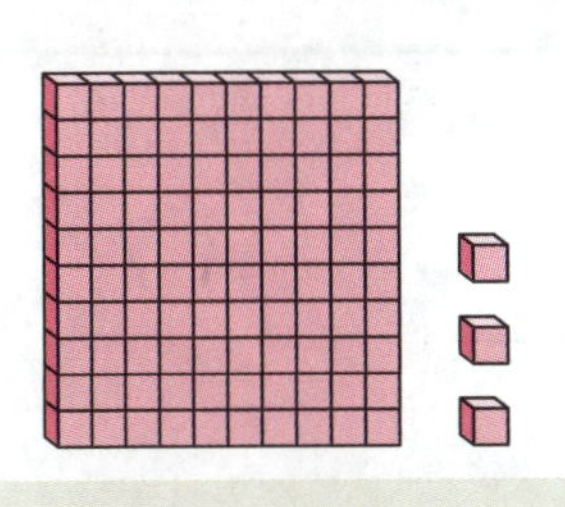

Centenas	Decenas	Unidades
___	___	___

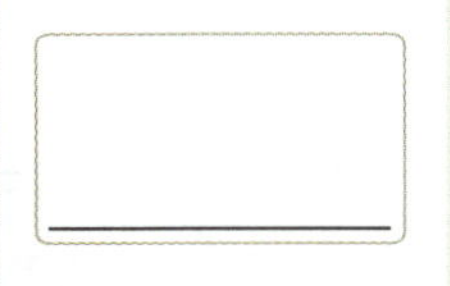

Igualdad: Equilibrando ecuaciones

Conoce **Observa la imagen de la balanza.**

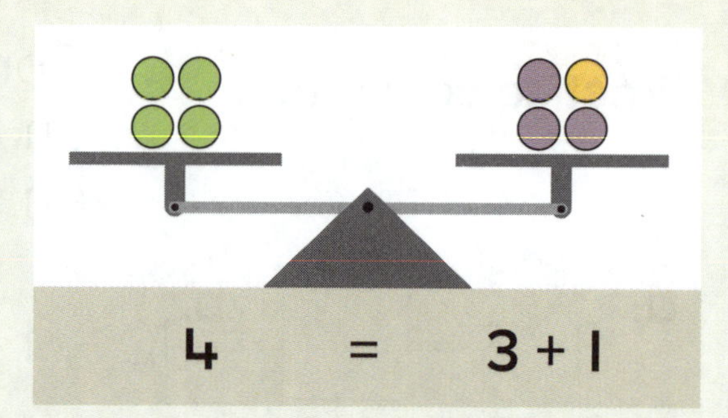

¿De qué manera corresponde la imagen a la ecuación?

Dibuja ◯ en esta balanza de platillos de manera que corresponda a la ecuación.

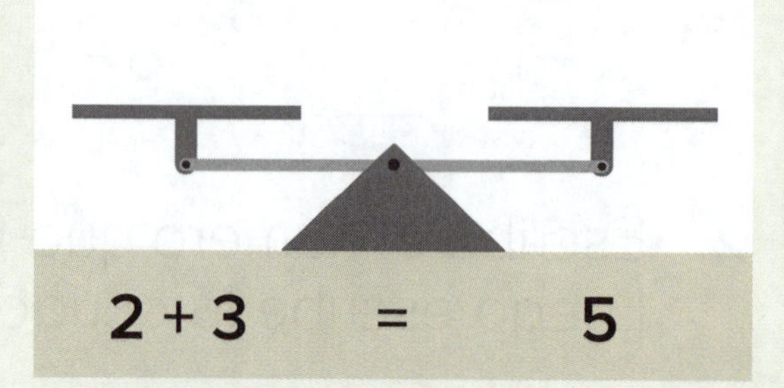

¿Qué significa = ?

El valor a cada lado del símbolo = es el mismo.
4 es igual a 3 más 1.
2 más 3 es igual a 5.

Escribe el numeral que falta para equilibrar cada ecuación.

4 + 2 = ___ 9 = 4 + ___ ___ + 3 = 6

Intensifica **1.** Escribe el numeral que falta.

a. 2 + 5 = ___

b. 6 + 1 = ___

c. 11 - 3 = ___

d. ___ = 4 + 4

e. ___ = 5 - 0

f. ___ = 8 + 7

2. Escribe **verdadero** o **falso** junto a cada ecuación.

a. $4 + 2 = 3 + 3$ ______

b. $9 = 5 + 4$ ______

c. $12 - 3 = 8$ ______

d. $7 = 9 - 2$ ______

3. Completa cada ecuación.

a. $7 + \square = 9$

b. $\square + 4 = 12$

c. $15 - 8 = \square$

d. $5 = \square - 5$

e. $11 = \square + 9$

f. $7 = 0 + \square$

4. Escribe el número que falta para hacer cada ecuación verdadera.

a. $3 + \square = 4 + 1$

b. $6 + 3 = 5 + \square$

c. $\square - 2 = 1 + 8$

d. $2 + \square = 5 + 6$

e. $\square + 1 = 0 + 7$

f. $3 + 5 = 14 - \square$

Avanza Utiliza estos números para equilibrar cada ecuación. Cada número solo se puedes utilizar una vez.

a. $3 + \square = 7 + \square$

b. $\square + 11 = 8 + \square$

0

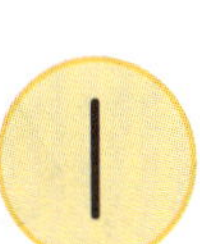

3

5

8.10 Datos: Registrando en una tabla de conteo

Conoce Estos botones están clasificados en grupos.

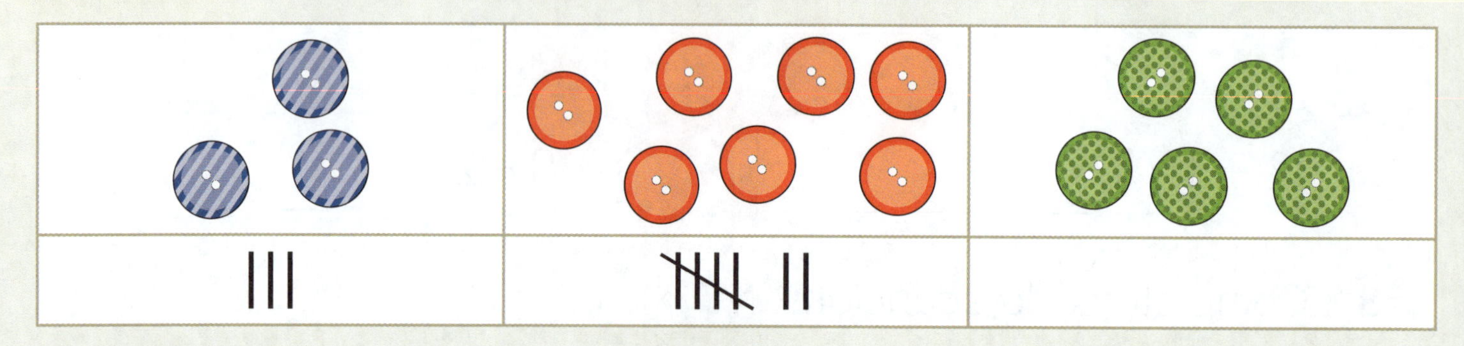

¿Cómo se han clasificado los botones?

¿Qué te dicen las marcas debajo de cada grupo?

Traza marcas de conteo para indicar el número de botones de puntos.

¿Cuántos botones hay en total?

Las **marcas de conteo** se pueden organizar en grupos de cinco.

¿Cuántos botones lisos más que de puntos hay? Escribe una ecuación que podrías utilizar para calcularlo.

____ – ____ = ____

Intensifica

1. Clasifica estos botones de acuerdo a su **forma**. Traza marcas de conteo en la tabla de la parte superior de la página 309 para indicar el número de botones en cada grupo.

Forma	Conteo	Total
(botón cuadrado)		
(botón triángulo)		
(botón círculo)		

2. Escribe el número total de marcas de conteo junto a cada grupo.

3. Utiliza los resultados en la tabla para responder cada pregunta.

a. ¿Cuál forma de botón es la más común? ______

b. ¿Cuántos botones tienen forma de **cuadrado** o **triángulo**? ______

c. ¿Cuántos botones tienen forma de **triángulo** o **círculo**? ______

d. ¿Cuántos botones más tienen forma de **círculo** que de **cuadrado**? ______

e. ¿Cuál es el número total de botones? ______

Avanza Completa la información que falta en esta tabla.

Forma	Conteo	Total
(botón hexágono)	𝍸 𝍸 IIII	
(botón cuadrado)		12

Reforzando conceptos y destrezas

Práctica de cálculo

- Completa las ecuaciones.
- Encuentra cada total en el rompecabezas y colorea esa parte de café.
- Colorea todas las otras partes numeradas de verde.
  Dos partes no tienen números. Déjalas en blanco.

4 + 5 = ____ = 5 + 4	8 + 7 = ____ = 7 + 8	2 + 4 = ____ = 4 + 2
3 + 1 = ____ = 1 + 3	6 + 7 = ____ = 7 + 6	5 + 3 = ____ = 3 + 5
8 + 6 = ____ = 6 + 8	7 + 5 = ____ = 5 + 7	7 + 9 = ____ = 9 + 7
9 + 8 = ____ = 8 + 9	6 + 4 = ____ = 4 + 6	3 + 4 = ____ = 4 + 3

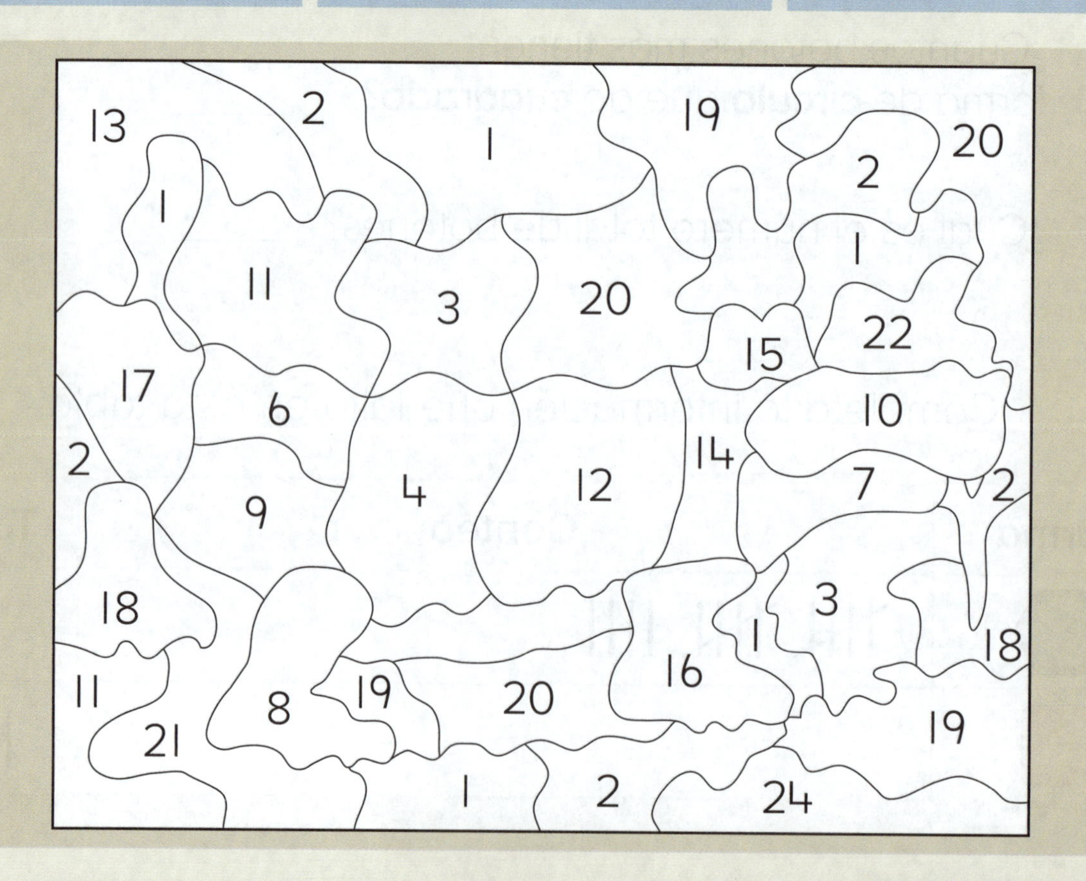

Práctica continua

1. Escribe cada hora con palabras.

a.

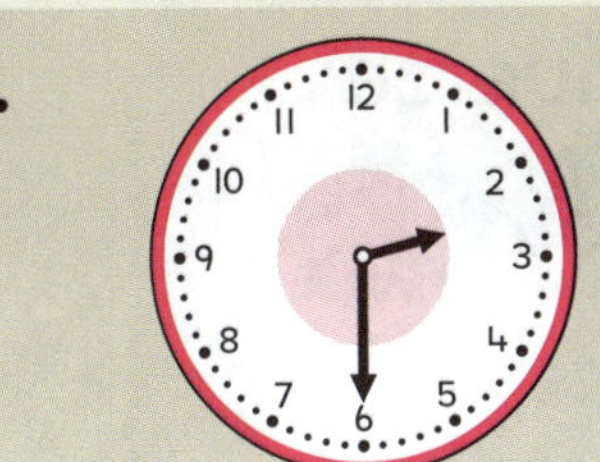

____

____

b.

____

____

c.

____

____

DE 1.7.10

2. Escribe el numeral que falta para hacer cada balanza verdadera. Luego escribe la ecuación correspondiente.

a.

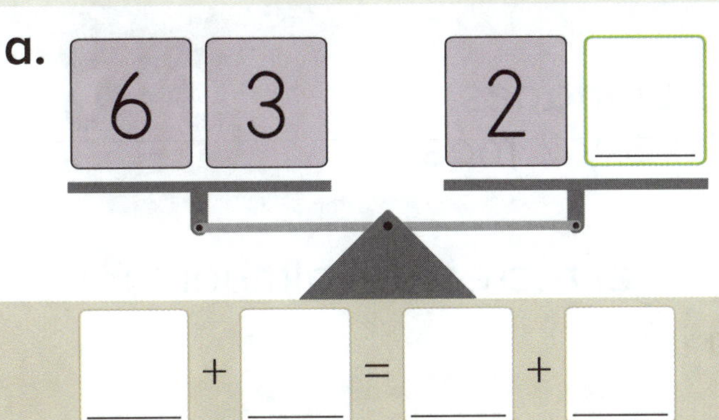

____ + ____ = ____ + ____

b.

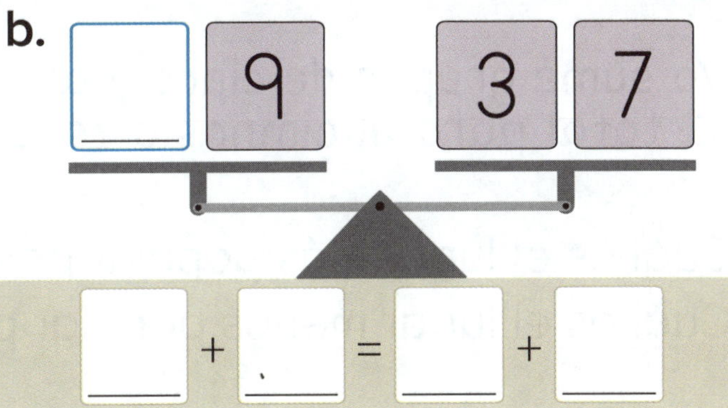

____ + ____ = ____ + ____

DE 1.8.8

Prepárate para el módulo 9

Dibuja más contadores para calcular el total. Luego escribe las operaciones básicas del diez correspondientes.

a. 9 + 5 = ____

____ + ____ = ____

b. 8 + 5 = ____

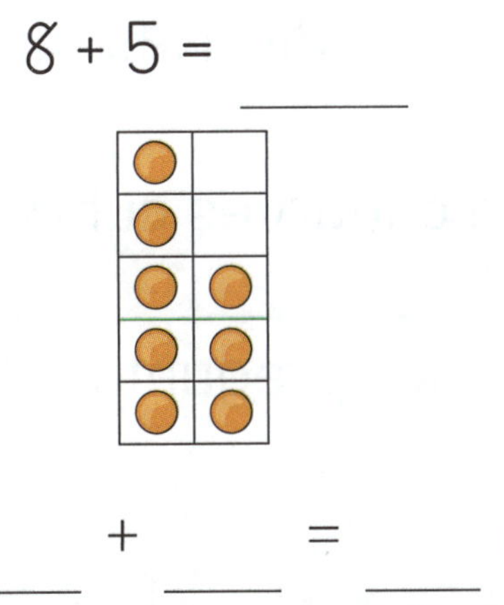

____ + ____ = ____

c. 9 + 7 = ____

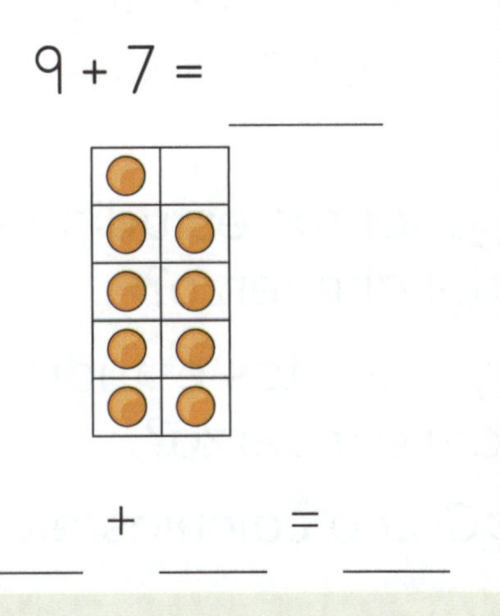

____ + ____ = ____

Datos: Recolectando en una tabla de conteo

Conoce **¿Qué indica esta tabla?**

Lugares donde vamos en el recreo del almuerzo

Lugar	Conteo	Total
Gimnasio	卌 卌 卌 II	
Área de juegos	卌 卌	
Biblioteca	卌 II	

¿Qué significan las marcas en la columna **Conteo**?

¿Cómo podrías calcular qué números escribir en la columna **Total**?

Yo sumé grupos de cinco y algunas unidades.
El total para el gimnasio es 5 + 5 + 5 y 2 más.

¿Cuál es el lugar más popular para ir en el recreo del almuerzo?
¿Cuál es el lugar menos popular para ir?

¿Cuántos estudiantes más van al área de juegos que a la biblioteca?
¿Cómo lo sabes?

Yo comparé los grupos de marcas de conteo.
El área de juegos tiene 3 marcas de conteo
más, entonces había 3 estudiantes más ahí.

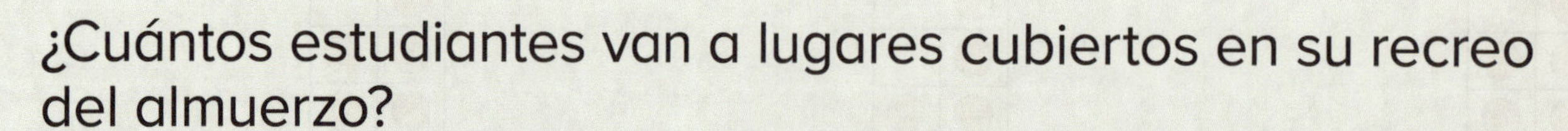

¿Cuántos estudiantes van a lugares cubiertos en su recreo del almuerzo?

¿A cuántos estudiantes se les preguntó adónde van en el recreo del almuerzo?

¿Cómo calculaste el tota?

Intensifica

a. Escribe el nombre de tres lugares a los que a tus amigos les gusta ir en el recreo del almuerzo.

b. Escribe en esta tabla el nombre de los lugares que escribiste arriba.

Lugar	Conteo	Total

c. Pregunta a otros estudiantes a cuáles de estos lugares les gusta ir en el recreo del almuerzo. Traza marcas de conteo en la tabla para indicar sus respuestas.

d. Escribe los totales en la tabla.

e. ¿Cuál fue el lugar más popular?

f. ¿Cuántos estudiantes votaron en total?

g. ¿Cuántos estudiantes más votaron por el lugar más popular que por el lugar menos popular?

Avanza

Observa esta tabla de conteo.
Encuentra y corrige los dos errores que se cometieron.

Lugares donde vamos en el recreo del almuerzo

Lugar	Conteo	Total
Gimnasio	IIII IIII IIII IIII III	23
Área de juegos	IIII IIII III	13
Biblioteca	IIII	6

8.12 Datos: Interpretando una tabla de conteo

Conoce **Tres estudiantes registraron el número de vehículos en el estacionamiento durante el juego de béisbol del fin de semana.**

Vehículos en el estacionamiento

Vehículo	Conteo	Total
Auto	卌 卌 卌 卌 ǀǀ	22
Camioneta	卌 卌	10
Motocicleta	卌	5

Ricado dijo: "Había más camionetas que autos en el estacionamiento."

Jessica dijo: "Había más autos en el estacionamiento que camionetas y motocicletas juntas."

Calab dijo: "Había más de 30 vehículos en el estacionamiento."

Observa la tabla de conteo y decide cuáles declaraciones son verdaderas.

¿Qué otra información te dicen los datos en la tabla de conteo?

Intensifica 1. Observa esta tabla de conteo.
Colorea el ⬭ junto a las declaraciones verdaderas.

Vehículos en el estacionamiento

Vehículo	Conteo	Total
Camioneta	卌 ǀǀǀ	8
Auto	卌	5
Motocicleta	ǀǀ	2

⬭ Había más de 10 vehículos en el estacionamiento.

⬭ Había más motocicletas que camionetas en el estacionamiento.

⬭ Había más autos que motocicletas en el estacionamiento.

2. Lee cada pista. Luego escribe **Auto**, **Camioneta** y **Motocicleta** para completar cada tabla de conteo.

Pista 1
Había menos de 10 camionetas en el estacionamiento.

Pista 2
Había más autos que motocicletas en el estacionamiento.

a. **Vehículos en el estacionamiento**

Vehículo	Conteo	Total
	𝍸 𝍸 𝍸 I	16
	𝍸 𝍸 𝍸 𝍸 𝍸 IIII	29
	𝍸 I	6

Pista 1
Había 25 autos en el estacionamiento.

Pista 2
Había menos camionetas que motocicletas en el estacionamiento.

b. **Vehículos en el estacionamiento**

Vehículo	Conteo	Total
	𝍸 I	6
	𝍸 𝍸 𝍸 𝍸 𝍸	25
	𝍸 𝍸 III	13

Avanza Traza marcas de conteo para indicar que en el estacionamiento había 10 camionetas más que motocicletas.

Vehículo	Conteo	Total
Camioneta		
Motocicleta	𝍸 II	7

Reforzando conceptos y destrezas

Piensa y resuelve 

a. Colorea del mismo color los pares de números que **sumen 10**.

5	6	2	8	0	4	5	7	10

b. Encierra el número que sobra.

c. Utiliza el número que encerraste para completar esta ecuación.

___ + ___ = 10

d. Escribe un par de números que **no** se indican arriba para completar esta ecuación.

___ + ___ = 10

Palabras en acción

Observa esta tabla de conteo. Escribe dos enunciados acerca de los datos que indica. Puedes utilizar palabras de la lista como ayuda.

Flores que nos gustan		
Flor	**Conteo**	**Total**
Margarita	𝍸 III	8
Rosa	𝍸	5
Lirio	𝍸 𝍸	10

más popular
menos popular
más
menos
cuántas
votos

Práctica continua **1.** Escribe estas horas en los relojes digitales.

DE 1.7.12

a.

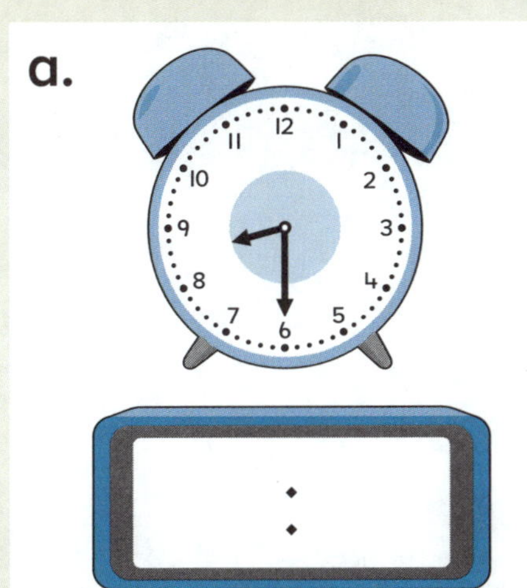

b.

c.

2. Utiliza la tabla de conteo para responder las preguntas.

DE 1.8.10

Nuestra fruta favorita

Naranja	卌 卌 卌 卌 I
Banano	卌 卌 卌 III
Manzana	卌 卌 IIII

a. ¿Cuál fruta es la más popular? ____________

b. ¿Cuál fruta es la menos popular? ____________

Prepárate para el módulo 9 Escribe la operación básica de suma que corresponda a cada imagen.

a.

___ + ___ = ___

b.

___ + ___ = ___

c.

___ + ___ = ___

Espacio de trabajo

© ORIGO Education

9.1 Suma: Ampliando la estrategia de contar hacia delante

Conoce **Observa esta parte de una cinta numerada.**

50	51	52	53	54	55	56	57	58	59	60	61	62

Imagina que estabas en el 53 y diste un salto hasta el 55.
¿Cómo puedes indicar el salto en la cinta numerada?

Podrías dibujar una flecha como esta.

50	51	52	53	54	55	56	57	58	59	60	61	62

¿Qué ecuación podrías escribir para indicar lo que hiciste?

___ + ___ = ___

¿Qué otros saltos podrías dar en esta cinta numerada?
¿Qué ecuación podrías escribir para indicar lo que hiciste?

Intensifica **1.** Escribe los totales.

23	24	25	26	27	28	29	30	31	32	33

a. 24 + 1 = ___

b. 27 + 1 = ___

c. 31 + 1 = ___

2. Escribe los totales. Dibuja saltos en la cinta numerada como ayuda.

47	48	49	50	51	52	53	54	55	56	57

a. 49 + 1 = ____

b. 51 + 2 = ____

c. 54 + 3 = ____

65	66	67	68	69	70	71	72	73	74	75

d. 66 + 1 = ____

e. 69 + 2 = ____

f. 72 + 3 = ____

3. Utiliza esta cinta numerada para completar las diferentes ecuaciones.

84	85	86	87	88	89	90	91	92	93	94

a. ____ + 2 = ____

b. ____ + 1 = ____

c. ____ + 3 = ____

d. ____ + 2 = ____

e. ____ + 1 = ____

f. ____ + 3 = ____

Avanza

Utiliza la cinta numerada de la pregunta 3 como ayuda para calcular la respuesta.

Valentina tiene 87 centavos.
Noah tiene 2 centavos más que Valentina.
Mary tiene 3 centavos más que Noah.
Ryan tiene 2 centavos más que Mary.

¿Cuánto dinero tiene Ryan?

 centavos

Suma: Identificando uno o diez mayor o menor (tabla de cien)

Conoce

Dos amigos juegan un juego.
Ellos se turnan para lanzar los cubos.
Luego ellos mueven sus contadores al número que obtuvieron.

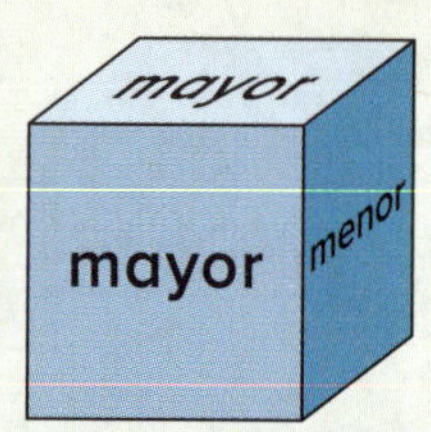

1	2	3	4	5	6	7	8	9	10
11	12	13	14	15	16	17	18	19	20
21	22	23	24	25	26	27	28	29	30
31	32	33	34	35	36	37	38	39	40
41	42	43	44	45	46	47	48	49	50

Arianna tiene el contador amarillo. Ella obtiene **10 menor**.

¿A qué número debería mover su contador?

Max tiene el contador morado. Él obtiene **1 mayor**.

¿A qué número debería mover su contador?

Janice se une al juego.
Ella inicia en 17, obtiene **10 mayor** y luego obtiene **1 menor**.
¿En qué número termina ella?

Intensifica

1. Estas son partes de una tabla de cien.
Escribe los números que faltan.

a.

	37	

b.

	75	

c.

49	

d.

22

2. Escribe números que sean **1 mayor** y **1 menor**.

	45	
	13	
	68	
	50	
	25	
	97	

3. Escribe números que sean **10 mayor** y **10 menor**.

4. Resuelve cada problema.

a. 2 amigos están leyendo el mismo libro. Layla ha leído 10 páginas más que Cody. Cody ha leído 42 páginas. ¿Cuántas páginas ha leído Layla?

____ páginas

b. Víctor ha vendido 83 boletos para una caridad. Él ha vendido un boleto más que Nancy. ¿Cuántos boletos ha vendido Nancy?

____ boletos

Avanza

Observa esta parte de una tabla de cien. Utiliza la lista para escribir los números que faltan. Tacha los números que no aparecen en la tabla.

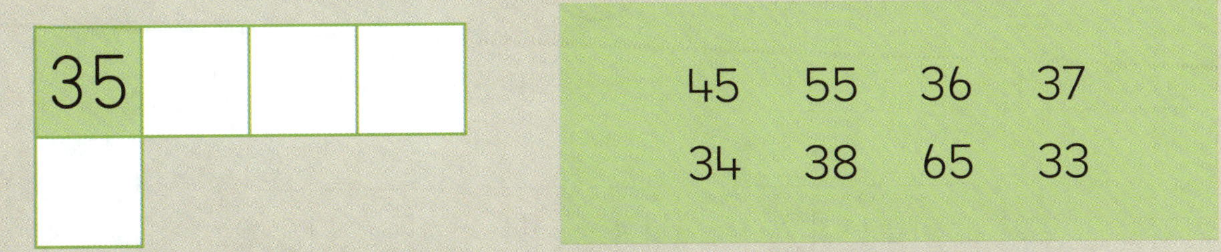

Práctica de cálculo

¿Qué tiene cuatro patas pero no puede caminar?

★ Completa las ecuaciones.

★ Traza una línea recta que una los totales iguales. Cada línea pasará por una letra.

★ Escribe la letra arriba del total correspondiente en la parte inferior de la página.

3 + 9 = ____

8 + 7 = ____

5 + 8 = ____

9 + 2 = ____

8 + 6 = ____

7 + 9 = ____

s

a

l

e

m

a

____ = 9 + 6

____ = 8 + 3

____ = 9 + 5

____ = 5 + 7

____ = 4 + 9

____ = 8 + 8

____	____		____	____	____	____
11	12		13	14	15	16

Práctica continua

1. Dibuja **más** contadores para calcular el total. Llena primero el marco de diez. Luego escribe las operaciones básicas del diez que correspondan a la imagen.

DE 1.8.4

a. 9 + 4 = ☐

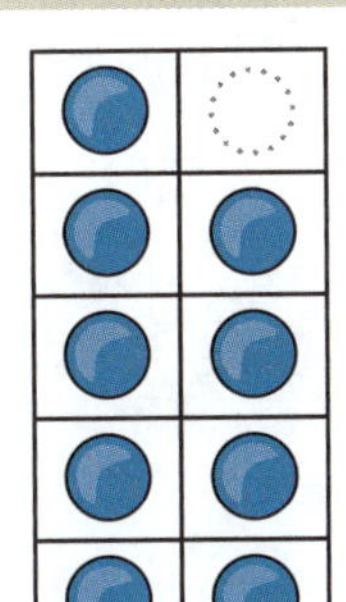

☐ + ☐ = ☐

b. 9 + 7 = ☐

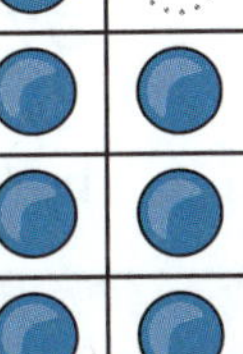
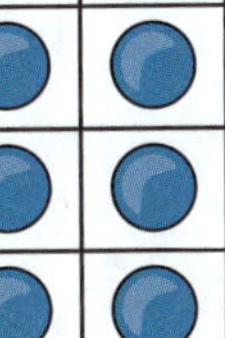

☐ + ☐ = ☐

c. 8 + 5 = ☐

☐ + ☐ = ☐

2. Escribe los totales. Dibuja saltos en la cinta numerada como ayuda.

DE 1.9.1

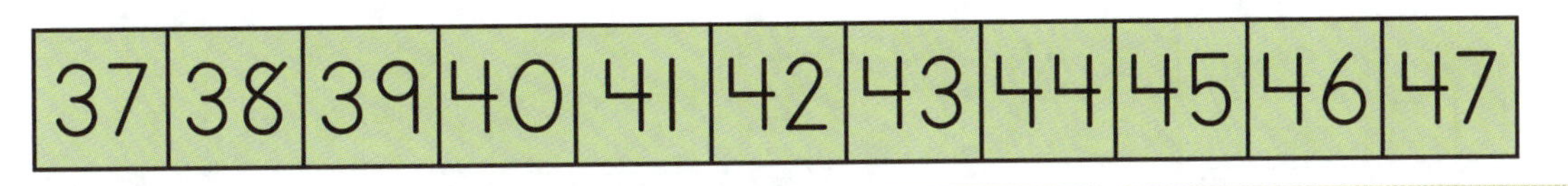

a. 38 + 1 = ☐

b. 40 + 2 = ☐

c. 42 + 3 = ☐

Prepárate para el módulo 10

Escribe las respuestas. Puedes dibujar saltos en la cinta numerada como ayuda.

a. 7 − 2 = ☐

b. 10 − 2 = ☐

c. 8 − 1 = ☐

9.3 Suma: Explorando patrones (tabla de cien)

Conoce **Observa estos números.**

1	2	3	4	5	6	7	8	9	10
11	12	13	14	15	16	17	18	19	20
21	22	23	24	25	26	27	28	29	30
31	32	33	34	35	36	37	38	39	40
41	42	43	44	45	46	47	48	49	50

¿Qué número es **1 más** que 37?
¿Cómo lo sabes?

¿Qué número es **2 más** que 25?
¿Cómo lo sabes?

¿Qué sabes acerca de los números que tienen un 9 en el lugar de las unidades?

Intensifica **1.** Escribe los totales.

a.

2 + 1 = ____

12 + 1 = ____

22 + 1 = ____

32 + 1 = ____

52 + 1 = ____

72 + 1 = ____

b.

14 + 2 = ____

24 + 2 = ____

34 + 2 = ____

44 + 2 = ____

64 + 2 = ____

84 + 2 = ____

c.

5 + 3 = ____

15 + 3 = ____

25 + 3 = ____

35 + 3 = ____

75 + 3 = ____

95 + 3 = ____

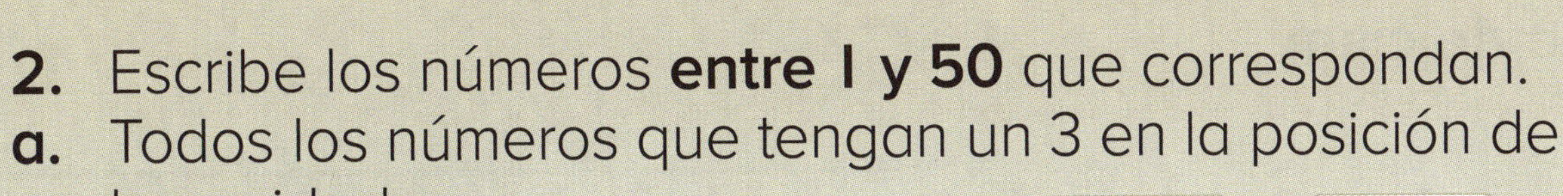

2. Escribe los números **entre 1 y 50** que correspondan.

a. Todos los números que tengan un 3 en la posición de las unidades.

b. Los números que sean **2 más** que cada número de arriba.

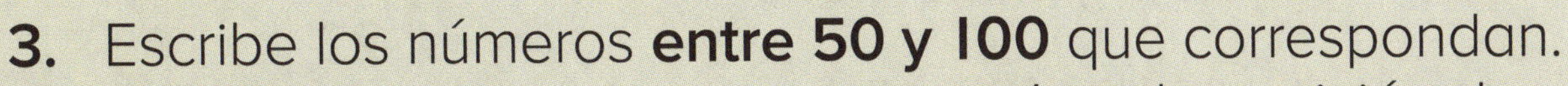

3. Escribe los números **entre 50 y 100** que correspondan.

a. Todos los números que tengan un 6 en la posición de las unidades.

b. Los números que sean **2 más** que cada número de arriba.

4. Escribe números diferentes **entre el 11 y el 50** para completar estas ecuaciones.

a. ____ + 3 = ____

b. ____ + 2 = ____

c. ____ + 1 = ____

Avanza

John tiene 55 centavos. Él encuentra 4 centavos más. Teresa tiene 56 centavos. Su mamá le da 2 centavos más. Riku tiene 58 centavos.

a. ¿Quién tiene más dinero en total? ____

b. Escribe las ecuaciones que utilizaste como ayuda.

Suma: Cualquier número de dos dígitos y 1, 2, 3 o 10, 20, 30 (tabla de cien)

Conoce

Observa esta parte de una tabla de cien.

1	2	3	4	5	6	7	8	9	10
11	12	13	14	15	16	17	18	19	20

¿Qué sucede con los números cuando te mueves hacia la derecha?

¿Qué sucede con los números cuando te mueves hacia adelante hasta la siguiente fila?

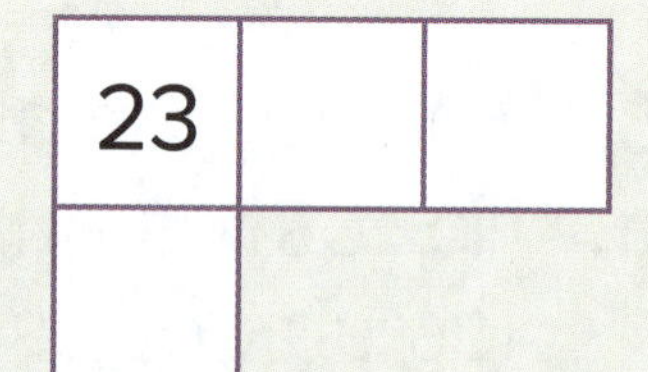

Observa esta parte de la misma tabla de cien.
¿Qué números faltan? ¿Cómo lo sabes?

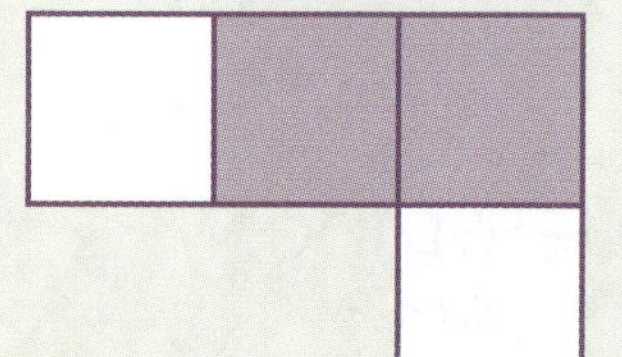

Observa esta parte de la tabla de cien.
¿Qué números escribirías en los espacios en blanco? ¿Cómo lo sabes?

Intensifica

1. Escribe los totales. Puedes utilizar la tabla como ayuda.

a. 63 + 1 = ____

b. 47 + 10 = ____

c.

41	42	43	44	45	46	47	48	49	50
51	52	53	54	55	56	57	58	59	60
61	62	63	64	65	66	67	68	69	70
71	72	73	74	75	76	77	78	79	80
81	82	83	84	85	86	87	88	89	90

d.

e. 74 + 10 = ____

f.

2. Calcula y escribe los totales.

a. 88 + 10 = ____

b. 27 + 2 = ____

c. 31 + 20 = ____

d. 16 + 10 = ____

e. 36 + 2 = ____

f. 73 + 20 = ____

g. 93 + 2 = ____

h. 42 + 30 = ____

i. 26 + 20 = ____

j. 49 + 0 = ____

k. 10 + 56 = ____

l. 30 + 61 = ____

Avanza Escribe los números que faltan a lo largo del camino.

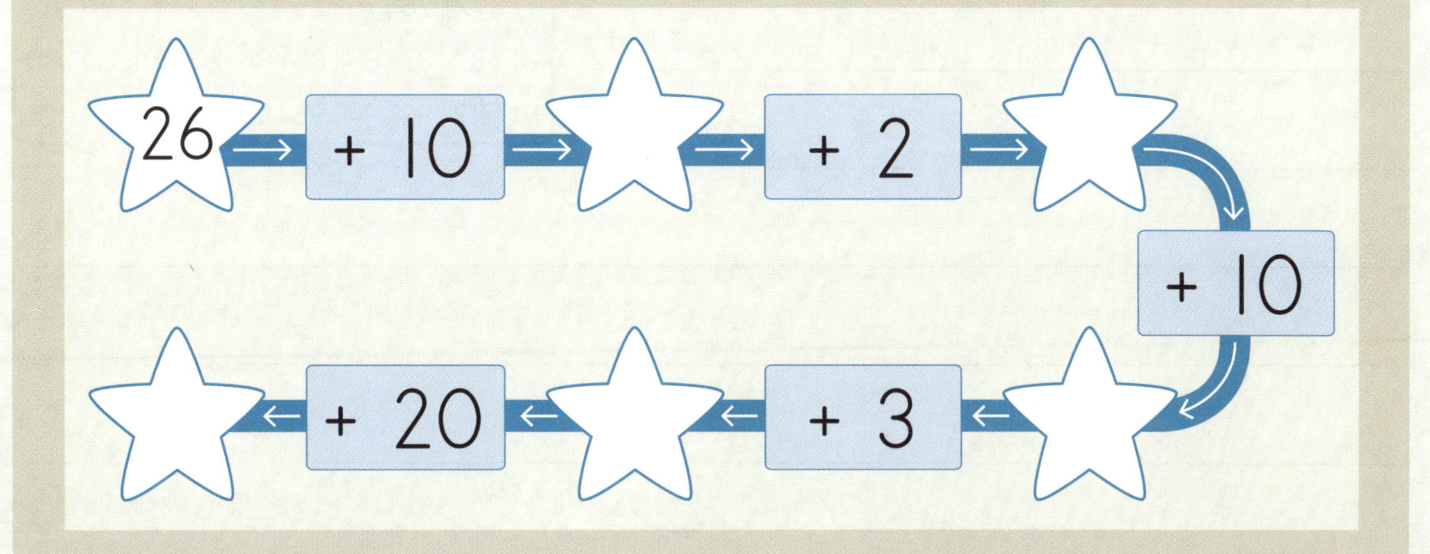

9.4 Reforzando conceptos y destrezas

Piensa y resuelve 

Escribe un número para hacer cada balanza verdadera.

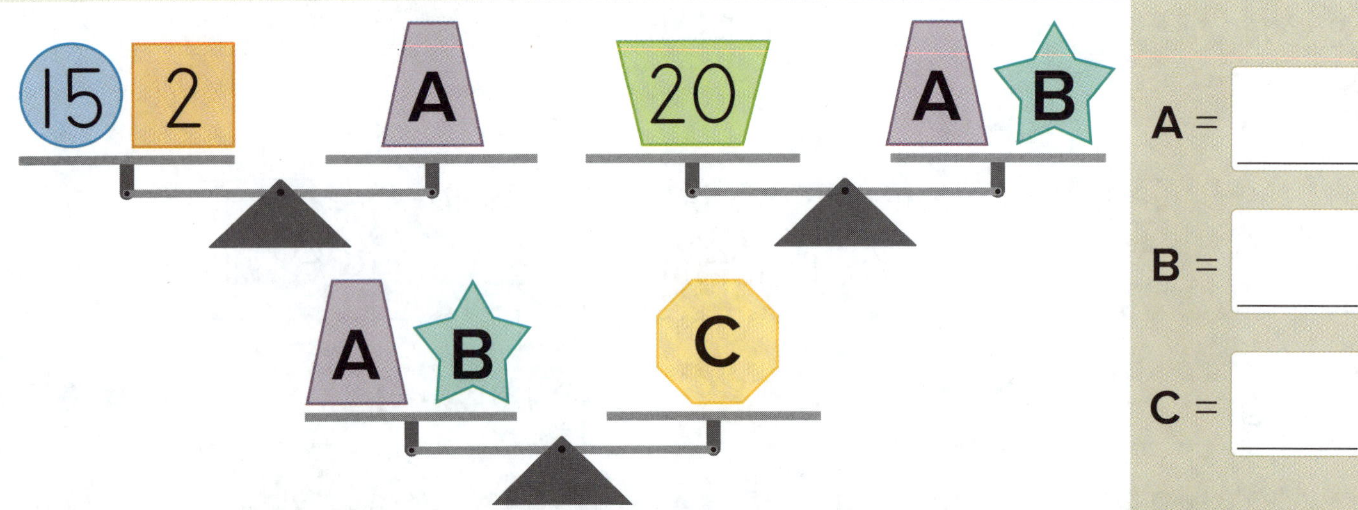

A = ______

B = ______

C = ______

Palabras en acción

Escribe acerca de **sumar en una tabla de cien**. Puedes utilizar palabras de la lista como ayuda.

arriba abajo derecha decenas
unidades sumas total mueves
contar hacia delante

1	2	3	4	5	6	7	8	9	10
11	12	13	14	15	16	17	18	19	20
21	22	23	24	25	26	27	28	29	30
31	32	33	34	35	36	37	38	39	40
41	42	43	44	45	46	47	48	49	50
51	52	53	54	55	56	57	58	59	60
61	62	63	64	65	66	67	68	69	70
71	72	73	74	75	76	77	78	79	80
81	82	83	84	85	86	87	88	89	90
91	92	93	94	95	96	97	98	99	100

____

____

____

____

____

____

____

Práctica continua

1. Escribe una operación básica de suma que corresponda a cada imagen. Luego escribe la operación conmutativa básica.

a.

b.

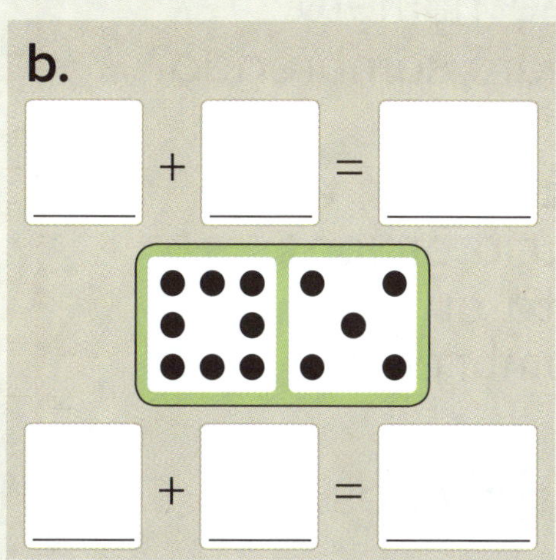

c.

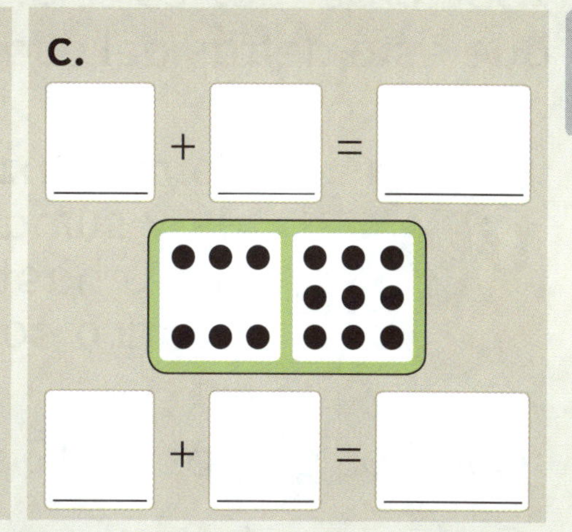

2. Estas son partes de una tabla de cien. Escribe los números que faltan.

a.

	57	

b.

	35	

c.

d.

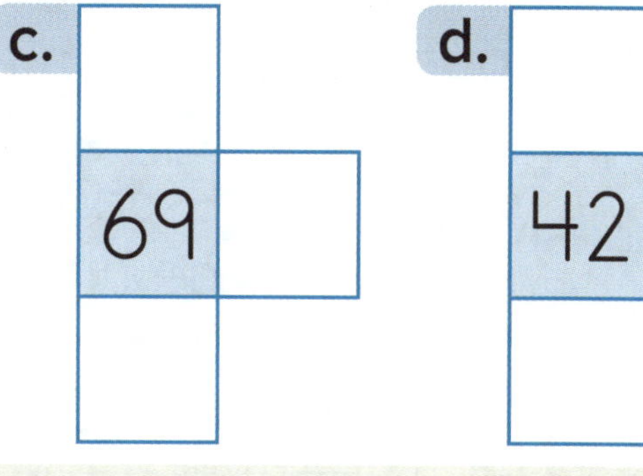

Prepárate para el módulo 10

Completa la operación básica de suma para calcular las zanahorias que se llevaron. Luego completa la operación de resta.

a. ____ + ____ = ____

____ − ____ = ____

b. ____ + ____ = ____

____ − ____ = ____

9.5 Suma: Cualquier número de dos dígitos y un múltiplo de diez (tabla de cien)

Conoce

Observa esta parte de una tabla de cien.

31	32	33	34	35
				45
	52			
			■	

¿Cómo puedes calcular el número que está detrás del cuadro sombreado?

Yo comenzaría en el 34 y sumaría grupos de 10 hasta el cuadro sombreado.

¿Cuántos grupos de 10 sumarías?

¿Qué ecuación correspondiente podrías escribir?

____ + ____ = ____

¿Cómo podrías utilizar la tabla de cien para calcular 52 + 20?

Intensifica

1. Escribe los totales. Puedes utilizar esta parte de una tabla de cien como ayuda.

1	2	3	4	5	6	7	8	9	10
11	12	13	14	15	16	17	18	19	20
21	22	23	24	25	26	27	28	29	30
31	32	33	34	35	36	37	38	39	40
41	42	43	44	45	46	47	48	49	50
51	52	53	54	55	56	57	58	59	60

a. 29 + 20 = ____

b. 16 + 30 = ____

c. 14 + 40 = ____

2. Escribe los totales. Utiliza esta parte de una tabla de cien como ayuda.

51	52	53	54	55	56	57	58	59	60
61	62	63	64	65	66	67	68	69	70
71	72	73	74	75	76	77	78	79	80
81	82	83	84	85	86	87	88	89	90
91	92	93	94	95	96	97	98	99	100

a. $87 + 10 =$ ____

b. $54 + 40 =$ ____

c. $69 + 30 =$ ____

d. $73 + 20 =$ ____

e. $47 + 50 =$ ____

f. $55 + 40 =$ ____

3. Escribe estos totales.

a. $33 + 50 =$ ____

b. $25 + 40 =$ ____

c. $38 + 60 =$ ____

d. $57 + 30 =$ ____

e. $15 + 70 =$ ____

f. $21 + 50 =$ ____

Avanza

Leila tiene 90 centavos. Ella quiere comprar dos frutas. Escribe ecuaciones para indicar todas las combinaciones de frutas que ella puede comprar.

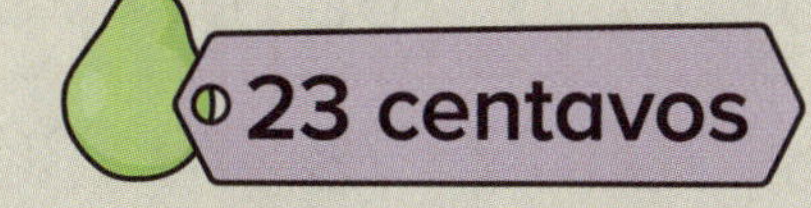

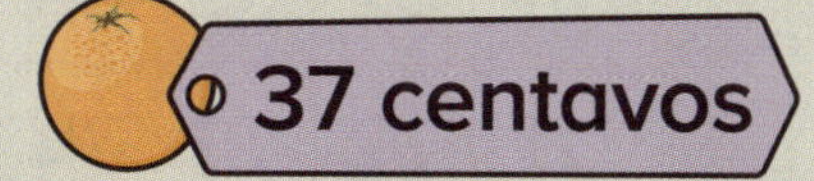

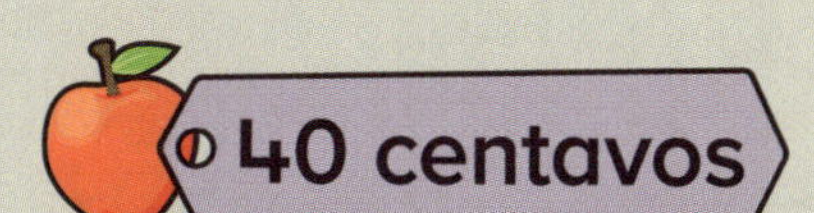

____ + ____ = ____ ____ + ____ = ____

____ + ____ = ____ ____ + ____ = ____

Suma: Números de dos dígitos (tabla de cien)

Conoce

Observa esta parte de la tabla de cien.

1	2	3	4	5	6
11	12	13	14	15	16
21	22	23	24	25	26
31	32	33	34	35	36
41	42	43	44	45	46

¿Cómo moverías el contador para indicar 12 + 10?

¿Cómo moverías el contador para indicar 12 + 2?

¿Cómo moverías el contador para indicar 12 + 12?

¿Cómo utilizarías la tabla de cien para calcular 23 + 21?

Intensifica

1. Dibuja flechas en esta tabla de cien para indicar la manera en que sumas. Luego escribe los totales. La primera se hizo como ejemplo.

a. 31 + 12 = 43

b. 52 + 21 = ____

c. 27 + 32 = ____

d. 45 + 11 = ____

e. 64 + 23 = ____

f. 57 + 21 = ____

g. 83 + 13 = ____

h. 69 + 21 = ____

1	2	3	4	5	6	7	8	9	10
11	12	13	14	15	16	17	18	19	20
21	22	23	24	25	26	27	28	29	30
31	32	33	34	35	36	37	38	39	40
41	42	43	44	45	46	47	48	49	50
51	52	53	54	55	56	57	58	59	60
61	62	63	64	65	66	67	68	69	70
71	72	73	74	75	76	77	78	79	80
81	82	83	84	85	86	87	88	89	90
91	92	93	94	95	96	97	98	99	100

2. Escribe el número al final de cada parte de una tabla de cien. Luego completa la ecuación correspondiente.

a.

37

37 + 22 = ____

b.

71

____ + ____ = ____

c.

45

____ + ____ = ____

d.

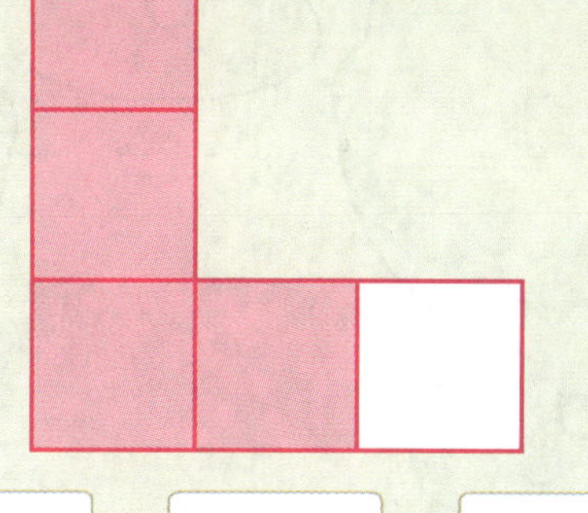

52

____ + ____ = ____

Avanza

Thomas sumó las decenas y luego las unidades para calcular 35 + 13. Utiliza su estrategia para calcular 46 + 21.

35 + 13 = 48		
35	45	
46	47	48

46 + 21 = ?		
46 	____ 	____ 
____ 		

9.6 Reforzando conceptos y destrezas

Práctica de cálculo **¿Qué hace un huevo si le cuentas un chiste?**

★ Completa las ecuaciones. Escribe cada letra arriba de la respuesta correspondiente en las casillas de abajo. Algunas letras se repiten.

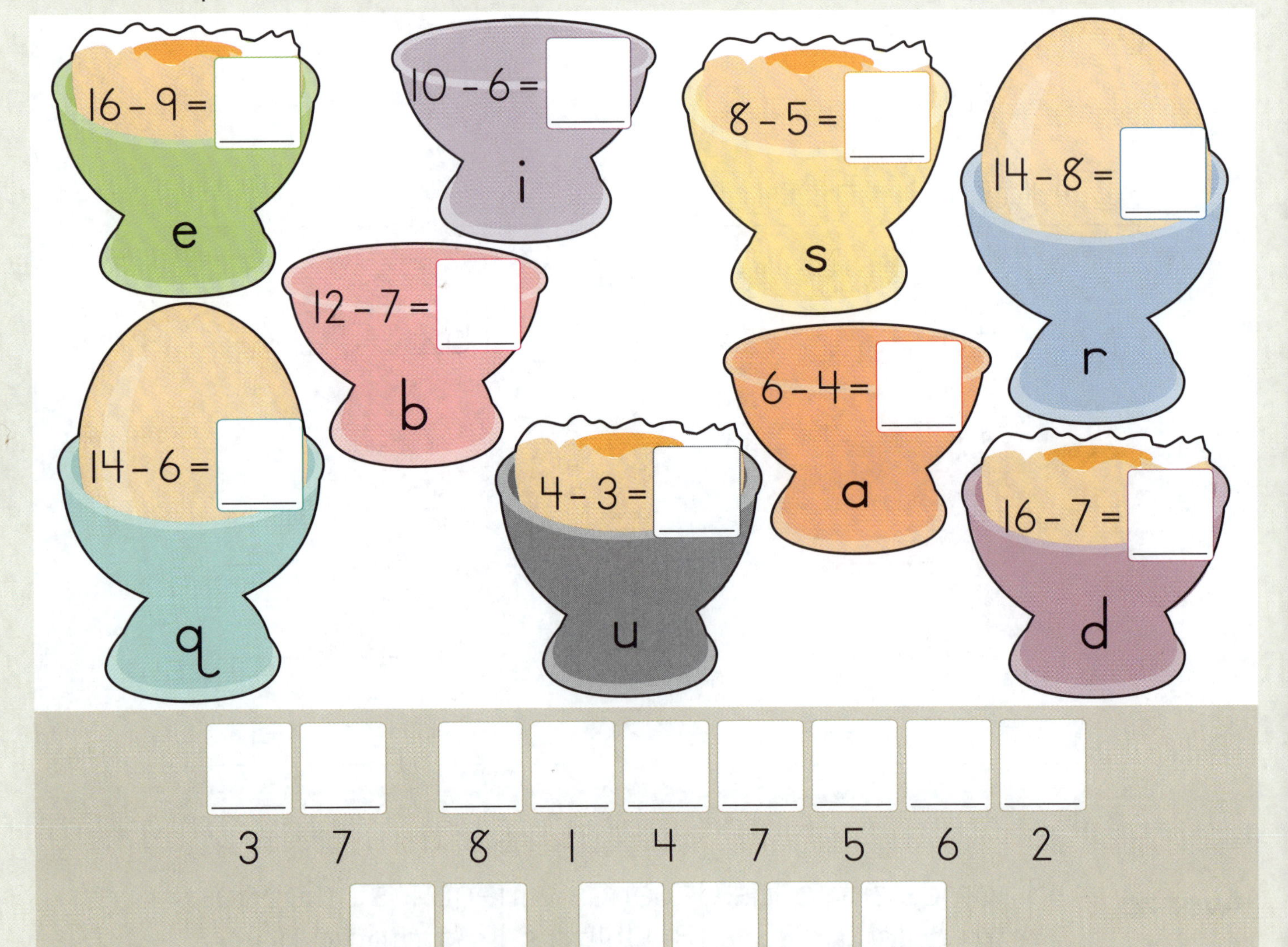

___	___		___	___	___	___	___	___	___
3	7		8	1	4	7	5	6	2

___	___		___	___	___	___
9	7		6	4	3	2

Completa las ecuaciones tan rápido como puedas.

10 - 7 = ___ 10 - 4 = ___ 8 - 3 = ___

9 - 5 = ___ 4 - 1 = ___ 6 - 2 = ___

Práctica continua

1. Escribe la operación básica de suma que corresponda a cada imagen. Luego escribe la operación conmutativa básica.

DE 1.8.5

a.

___ + ___ = ___

(5 puntos) | 9

___ + ___ = ___

b.

___ + ___ = ___

6 | (8 puntos)

___ + ___ = ___

c.

___ + ___ = ___

(9 puntos) | 3

___ + ___ = ___

2. Escribe los totales. Utiliza la tabla como ayuda.

DE 1.9.5

41	42	43	44	45	46	47	48	49	50
51	52	53	54	55	56	57	58	59	60
61	62	63	64	65	66	67	68	69	70
71	72	73	74	75	76	77	78	79	80
81	82	83	84	85	86	87	88	89	90

a. 65 + 10 = ___

b. 42 + 40 = ___

c. 59 + 20 = ___

d. 45 + 20 = ___

Prepárate para el módulo 10

Cuenta hacia delante o hacia atrás para calcular estas ecuaciones.

Dibuja saltos en la cinta numerada para indicar tu razonamiento.

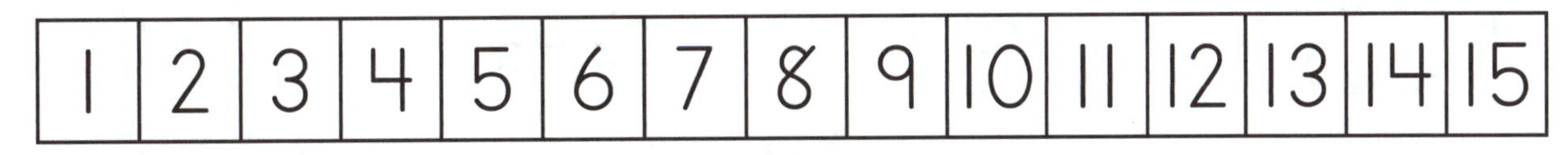

a. 4 - 1 = ___

b. 11 - 7 = ___

c. 15 - 3 = ___

Suma: Introduciendo métodos de valor posicional

Conoce

¿Cómo podrías calcular el costo total de estas dos frutas?

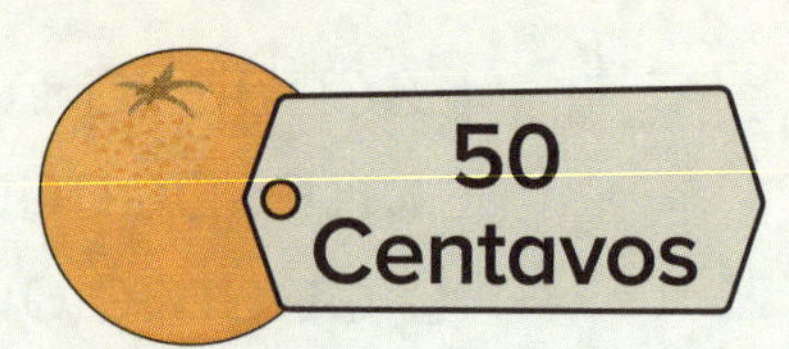

Mia utilizó esta tabla.

50 + 30 = → 50 + 30 = 80

¿Cómo corresponden los bloques a los precios en las etiquetas?

¿Cómo crees que ella calculó el costo total?

¿Cómo utilizarías esta tabla para calcular 42 + 5?

Dibuja bloques de decenas y unidades a la derecha para indicar el total.

Intensifica

1. Suma los dos grupos. Luego escribe la ecuación correspondiente. Utiliza bloques como ayuda.

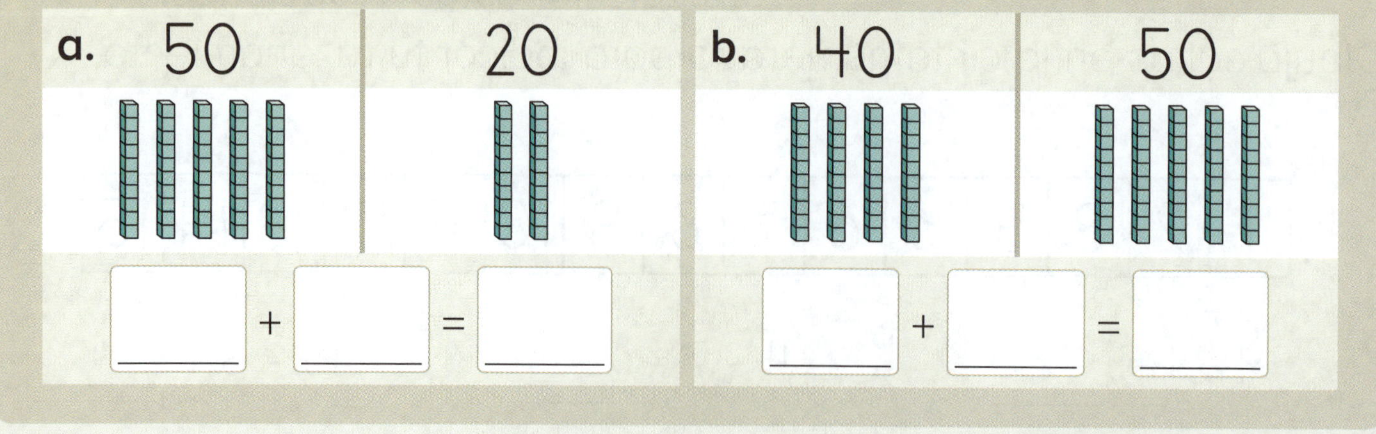

2. Suma los dos grupos. Luego escribe la ecuación correspondiente. Utiliza bloques como ayuda.

a. 30 | 4

___ + ___ = ___

b. 51 | 7

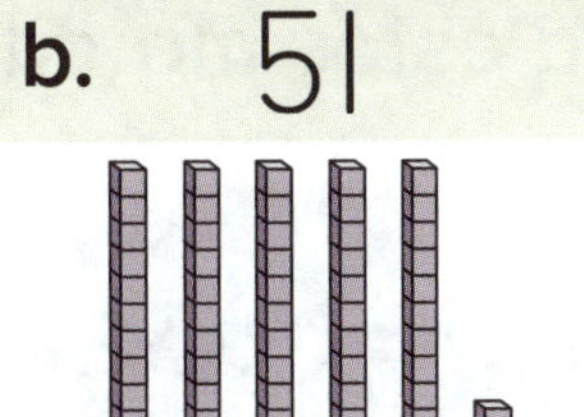

___ + ___ = ___

c. 63 | 5

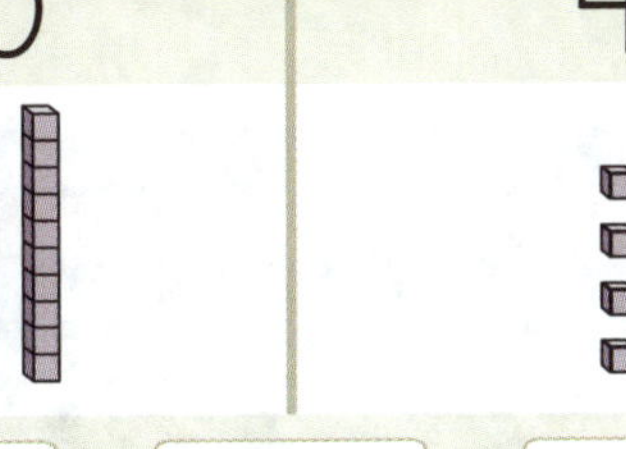

___ + ___ = ___

d. 6 | 21

___ + ___ = ___

3. Escribe cada total. Utiliza bloques como ayuda.

a. 30 + 30 = ___

b. 10 + 60 = ___

c. 40 + 9 = ___

d. 3 + 50 = ___

e. 25 + 3 = ___

f. 72 + 6 = ___

Avanza

Escribe ecuaciones para indicar cuatro maneras diferentes en que se podrían dividir estas monedas entre dos personas.

___ + ___ = 90

___ + ___ = 90

___ + ___ = 90

___ + ___ = 90

Suma: Números de dos dígitos

Conoce **Observa estos marcadores.**

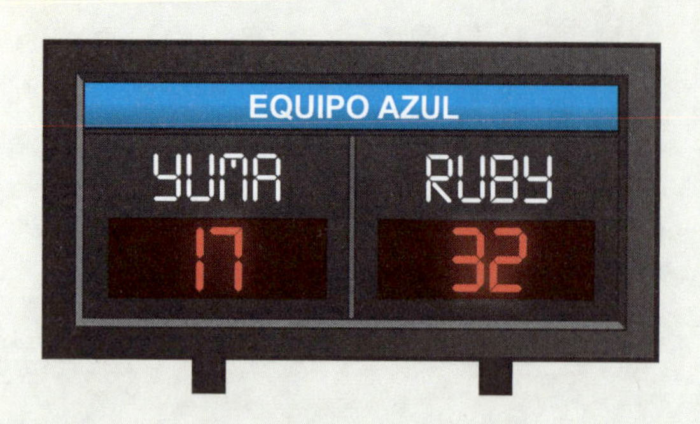

¿Cómo puedes calcular el número total de puntos marcados por el equipo azul?

Andrew utilizó esta tabla.

17 + 32 =

17 + 32 = 49

¿Qué pasos piensas que utilizó?

¿Cómo podrías utilizar la tabla para calcular el total del equipo rojo?

¿Cómo podrías calcular el total mentalmente?

Yo comenzaría con 23 y luego sumaría las decenas y las unidades del otro número. 23 + 25 **es el mismo valor que** 23 + 20 + 5.

Yo sumaría las decenas primero y luego las unidades. 23 + 25 **es el mismo valor que** 20 + 20 + 3 + 5.

¿De qué otra manera podrías sumar para encontrar el total?

Intensifica

1. Calcula el total de cada equipo. Utiliza bloques como ayuda. Luego escribe la ecuación correspondiente.

Equipo A		Equipo B		Equipo C	
Peta 51	Nathan 14	Oscar 45	Sheree 34	Carlos 26	Nicole 33
___ + ___ = ___		___ + ___ = ___		___ + ___ = ___	

2. Calcula el total de cada equipo mentalmente. Escribe una ecuación para indicar tu razonamiento.

Equipo A		Equipo B		Equipo C	
Stella 43	Dixon 24	Beatrice 31	Gabriel 32	Shiro 52	Grace 17
___		___		___	

Equipo D		Equipo E		Equipo F	
Owen 23	Camila 22	Allan 26	Ashley 12	Fiona 16	Hugo 11
___		___		___	

Avanza

Observa los puntos macados por estos equipos. Escribe un par de marcadores posibles en cada tabla. Luego escribe la ecuación correspondiente.

Equipo verde 84 puntos en total		Equipo azul 67 puntos en total		Equipo amarillo 76 puntos en total	
Mateo ___	Charlotte ___	Cathy ___	Carey ___	Carmen ___	Ethan ___
___ + ___ = ___		___ + ___ = ___		___ + ___ = ___	

Reforzando conceptos y destrezas

Piensa y resuelve 

Observa este rectángulo.

Traza una línea más para hacer 2 partes iguales.

¿Qué figura tiene cada parte?

Palabras en acción Escribe la respuesta para cada pista en la cuadrícula. Usa las palabras en **inglés** de la lista.

Pistas horizontales	Pistas verticales
1. 39 más 23 __ 62.	**2.** 47 __ 17 hacen un total de 64.
4. Puedes indicar __ en una tabla de cien.	**3.** 8 decenas y 14 unidades es el mismo número que __ decenas y 4 unidades.
6. Puedes dibujar __ en una cinta numerada para indicar cómo sumas.	**5.** Diez bloques de unidades pueden ser reagrupados para hacer un bloque de __.

add
más

addition
suma

jumps
saltos

equals
igualan

nine
nueve

tens
decenas

1 2 3

4 5

6

Práctica continua

1. Traza marcas de conteo en la tabla para indicar el número de calcetines en cada grupo. Escribe el número total de marcas junto a cada grupo.

DE 1.8.10

Calcetines	Conteo	Total
Lisos		
A rayas		
De puntos		

2. Suma los dos grupos. Escribe la ecuación correspondiente.

DE 1.9.7

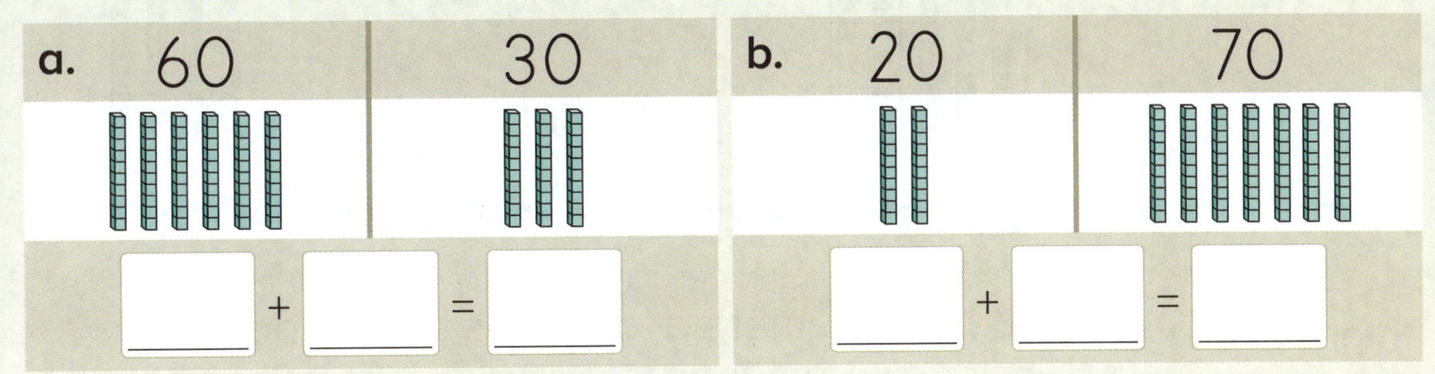

Prepárate para el módulo 10

Cuenta hacia delante hasta 10. Escribe la operación básica de suma.

a.

0	1	2	3	4	5	6	7	8	9	10

9 + ____ = 10

b.

0	1	2	3	4	5	6	7	8	9	10

7 + ____ = 10

Suma: Números de uno y dos dígitos (composición de decenas)

Conoce Jennifer utiliza esta tabla para calcular **39 + 3**.

39 + 3 =

39 + 3 =

¿Qué necesita hacer Jennifer para calcular el total?

Los 12 bloques de unidades se pueden reagrupar como 1 decena y 2 unidades.

Jennifer reagrupa los bloques de unidades.

39 + 3 =

39 + 3 = 42

¿Cómo reagrupa ella los bloques de unidades? ¿Cuál es el total?

Intensifica **1.** Escribe el número de bloques de unidades. Encierra 10 unidades. Luego escribe el número de decenas y unidades.

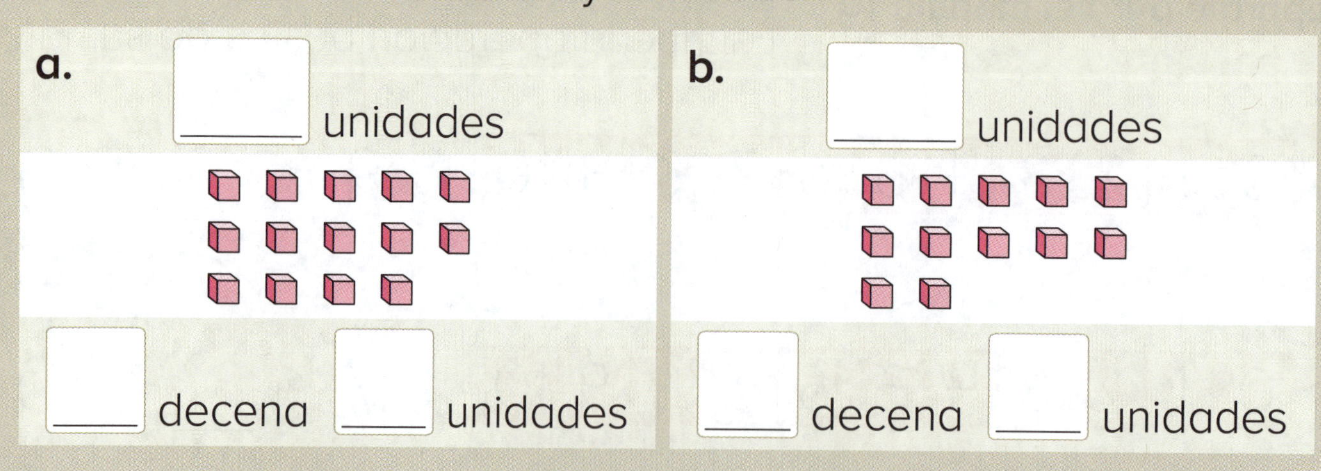

2. Suma los dos grupos. Escribe la ecuación correspondiente. Utiliza bloques como ayuda.

a. 29 | 2

___ + ___ = ___

b. 48 | 

___ + ___ = ___

c. 35 | 6

___ + ___ = ___

d. 4 | 57

___ + ___ = ___

3. Escribe cada total. Puedes utilizar bloques como ayuda.

a. 19 + 3 = ___

b. 47 + 5 = ___

c. 27 + 4 = ___

d. 6 + 55 = ___

e. 3 + 37 = ___

f. 79 + 5 = ___

Avanza Colorea las declaraciones verdaderas. Utiliza bloques como ayuda en tu razonamiento.

3 decenas 14 unidades **indican el mismo número que** 4 decenas y 4 unidades	5 decenas 12 unidades **indican el mismo número que** 7 decenas y 2 unidades
4 decenas 10 unidades **indican el mismo número que** 5 decenas y 0 unidades	7 decenas 17 unidades **indican el mismo número que** 9 decenas y 7 unidades

Suma: Números dos dígitos (composición de decenas)

Conoce Imagina que tienes 70 centavos.

¿Tienes suficiente dinero para comprar los dos juguetes?

¿Cómo podrías calcular el costo total de los dos juguetes?

Antonio utiliza esta tabla para calcular el total.

47 + 25 =

47 + 25 =

Hay 6 decenas y 12 unidades. Puedo calcular el total sumando 60 + 12, o puedo reagrupar algunos de los bloques de unidades.

Antonio reagrupa los bloques de unidades.

47 + 25 =

47 + 25 = 72

¿Cómo reagrupó Antonio los bloques de unidades? ¿Cuál es el total? ¿Cuál es otra forma de calcular el total?

Intensifica

1. Suma los dos grupos. Escribe la ecuación correspondiente. Utiliza bloques como ayuda.

a. 39 | 12

____ + ____ = ____

b. 17 | 45

____ + ____ = ____

c. 35

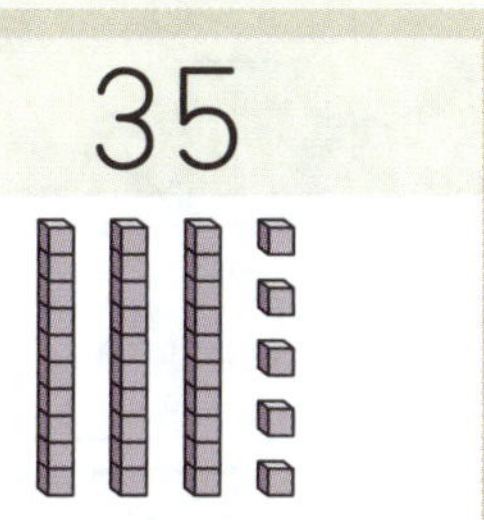

28

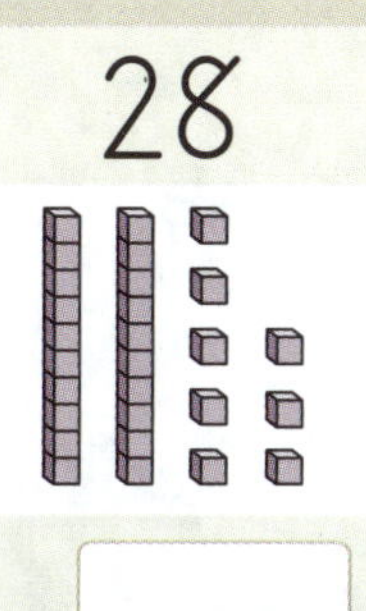

____ + ____ = ____

d. 38

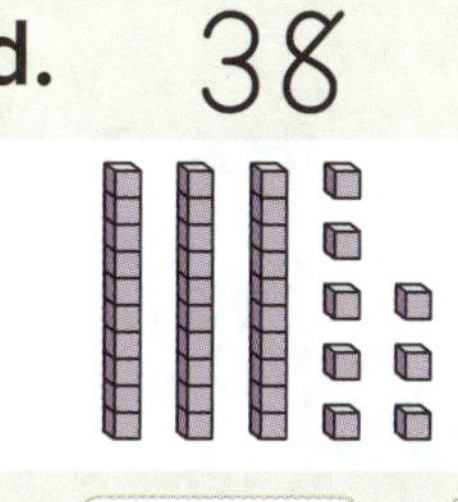

47

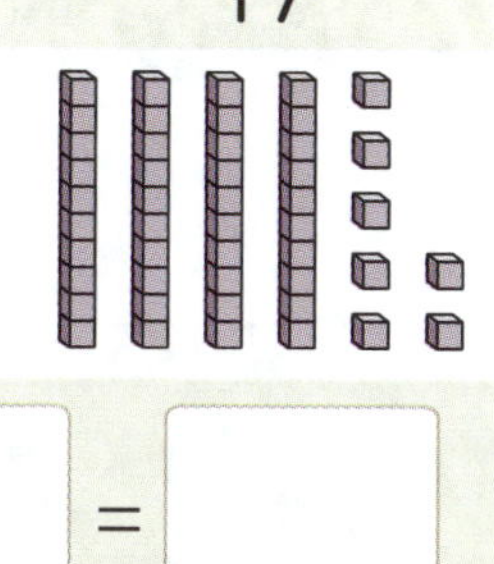

____ + ____ = ____

2. Escribe cada total. Puedes utilizar bloques como ayuda.

a. 29 + 22 = ____	**b.** 32 + 18 = ____	**c.** 46 + 26 = ____
d. 23 + 58 = ____	**e.** 37 + 24 = ____	**f.** 36 + 27 = ____

Avanza

Cada ladrillo en este muro indica el total de los dos números directamente debajo. Escribe los números que faltan.

9.10 Reforzando conceptos y destrezas

Práctica de cálculo

★ Completa cada ecuación. Colorea cada par correspondiente con un color diferente del de los demás.

★ Luego traza una línea desde cada barco hasta el ancla con la misma respuesta.

Práctica continua

1\. a. Escribe el número total de marcas de conteo para cada animal marino.

DE 1.8.11

Animal marino favorito		
Animal	**Conteo**	**Total**
Ballena	𝍸 III	
Pulpo	III	
Cangrejo	𝍸 𝍸 II	
Tiburón	𝍸 𝍸 𝍸 I	

b. ¿Cuál animal fue el más popular? ____________

c. ¿Cuántas personas votaron por la ballena? ____

2\. Dibuja bloques para indicar el total. Luego escribe la ecuación correspondiente.

DE 1.9.9

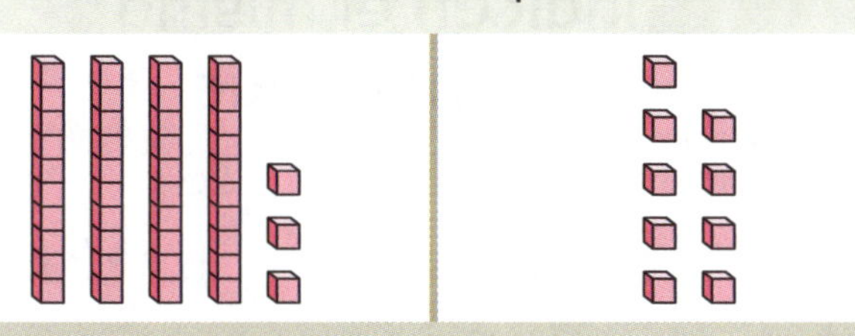

____ + ____ = ____

Prepárate para el módulo 10

Encierra las imágenes de los objetos 3D que tengan todas las superficies planas.

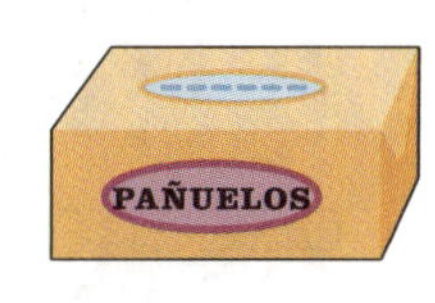

9.11 Suma: Reforzando las estrategias de valor posicional (composición de decenas)

Conoce

¿Qué numeral escribirías que corresponda a estos bloques?

Algunos de estos bloques de unidades pueden ser reagrupados en un bloque de decenas.

4 decenas 14 unidades

indican el mismo número que

___ decenas ___ unidades

Encierra 10 bloques de unidades. Luego completa esta declaración.

Esta tabla de valor posicional se utilizó para calcular 39 + 34.

Describe los pasos que se siguieron.

¿Cómo reagruparías los bloques de unidades para escribir el total?

Completa esta declaración.

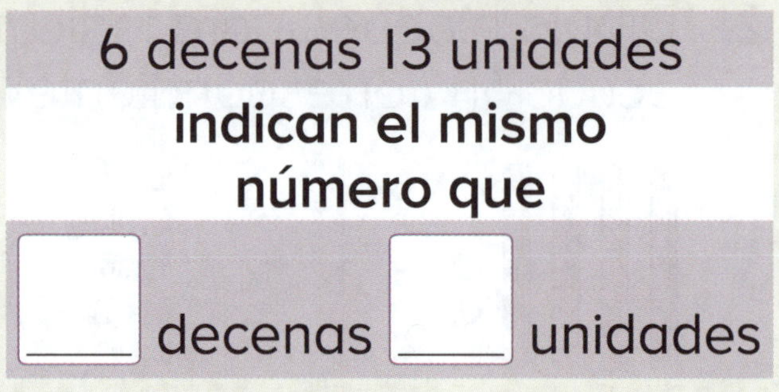

Intensifica

1. Completa cada declaración. Utiliza bloques como ayuda.

a. 5 decenas 12 unidades	**b.** 3 decenas 17 unidades
indican el mismo número que	**indican el mismo número que**
___ decenas ___ unidades	___ decenas ___ unidades

2. Suma los dos grupos. Escribe la ecuación correspondiente. Escribe el número mayor primero. Utiliza bloques como ayuda.

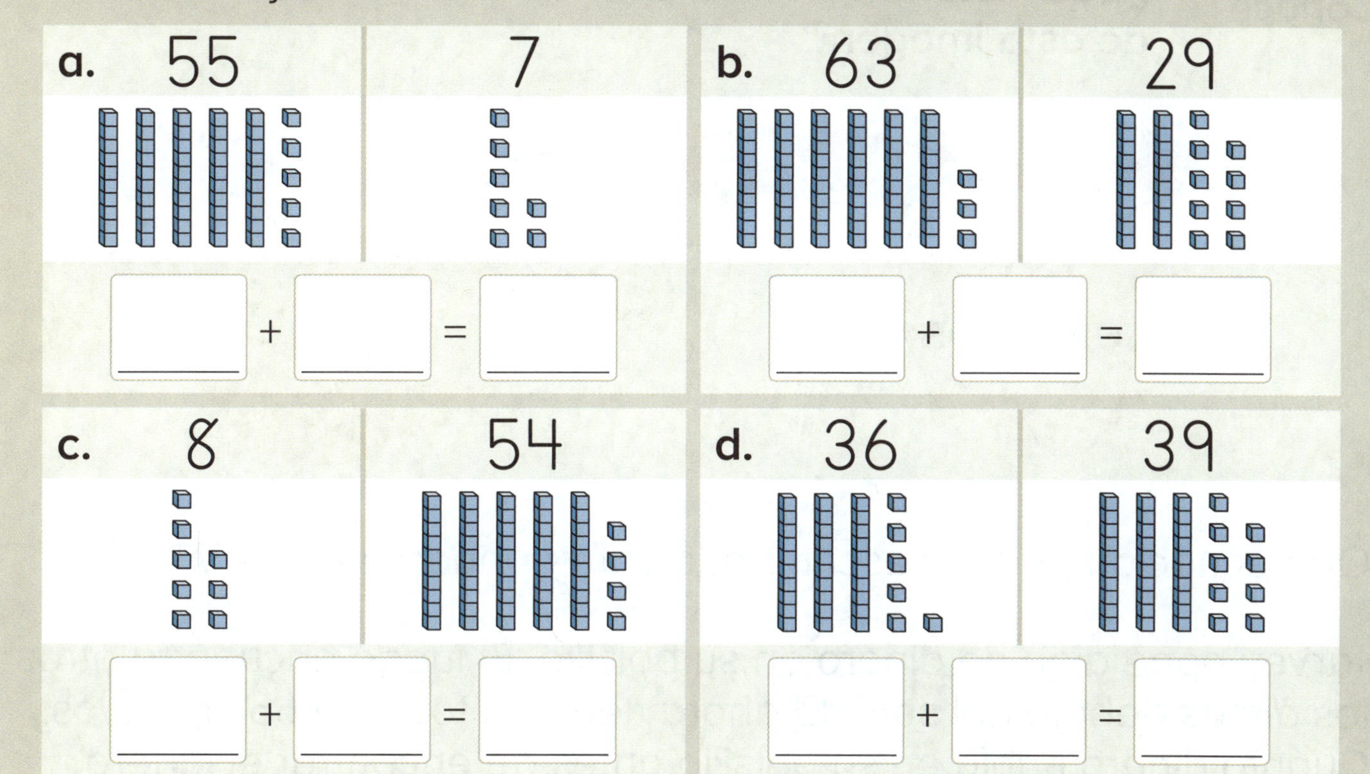

3. Escribe cada total. Utiliza bloques como ayuda.

a. 47 + 5 = ____

b. 29 + 15 = ____

c. 7 + 34 = ____

d. 61 + 19 = ____

e. 4 + 89 = ____

f. 27 + 25 = ____

Avanza Jacinta sumó estos dos grupos. Escribe el total correcto.

Luego conversa acerca del error que se cometió con el estudiante a tu lado.

Suma: Resolviendo problemas verbales

Conoce **¿Qué historia de suma podrías escribir acerca de esta imagen?**

¿Qué ecuación podrías escribir que corresponda a tu historia?

Harvey pone algo de dinero en su bolsillo. Él luego encuentra otros dos *dimes* debajo del sofá. Él ahora tiene un total de 65 centavos. ¿Cuánto dinero había en su bolsillo antes de encontrar el dinero?

Intensifica

1. Dibuja una imagen de monedas para representar esta historia. Luego escribe la ecuación correspondiente.

Emily tiene 6 *dimes*. Cada *dime* vale 10 centavos. Emily encuentra otro *dime* y 2 *pennies* más. ¿Cuánto dinero tiene ahora?

60 + ______

2. Resuelve cada problema. Indica tu razonamiento.

a. Michelle tiene 40 centavos. Ella encuentra más dinero debajo de la cama. Ella ahora tiene 90 centavos. ¿Cuánto dinero encontró ella?

_____ centavos

b. Juan tiene 48 centavos y su amigo tiene 27 centavos. La tía de Juan le da 30 centavos. ¿Cuánto dinero tiene Juan ahora?

_____ centavos

c. Ringo ha ahorrado 75 centavos. Su hermana ha ahorrado 40 centavos. ¿Cuánto más dinero ha ahorrado Ringo?

_____ centavos

d. Un lápiz pequeño cuesta 49 centavos. Un lápiz grande cuesta 25 centavos más. ¿Cuál es el costo del lápiz grande?

_____ centavos

Avanza

Corey encuentra dos *quarters* en el suelo. Cada *quarter* vale 25 centavos. Ahora tiene 90 centavos en total. ¿Cuánto dinero tenía antes?

_____ centavos

9.12 Reforzando conceptos y destrezas

Piensa y resuelve  Imagina que este patrón continúa.

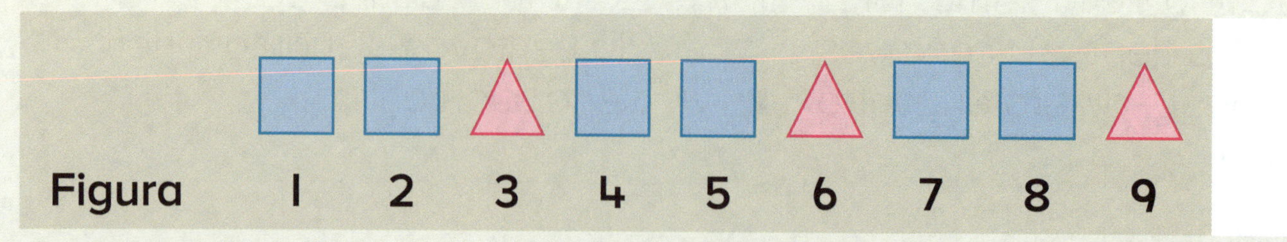

a. Dibuja la figura 18 en la casilla en blanco.

b. Encierra el patrón repetitivo.

c. Imagina que el patrón indica siete partes repetitivas. Escribe el número de cuadrados y triángulos que habría.

Palabras en acción

a. Escribe un problema verbal que se resuelva utilizando suma. Utiliza números que tengan algunas decenas y unidades.

b. Dibuja una imagen para indicar tu problema.

Práctica continua

1. Utiliza la tabla de conteo para responder las preguntas.

Nuestro color favorito	
Rojo	𝍸 𝍸 ||
Azul	𝍸 𝍸 𝍸 |
Morado	𝍸 |||

a. ¿Cuál color es el más popular? ____________

b. ¿Cuál color es el menos popular? ____________

DE 1.8.12

2. Calcula el total. Escribe una ecuación correspondiente.

a.

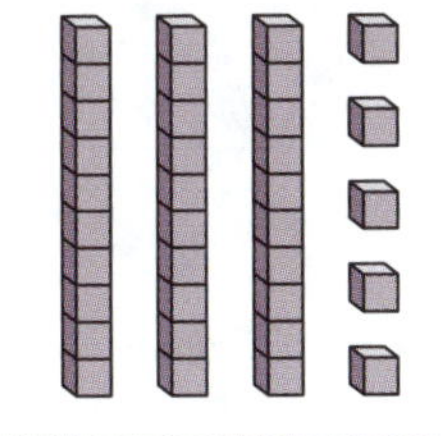

____

b.

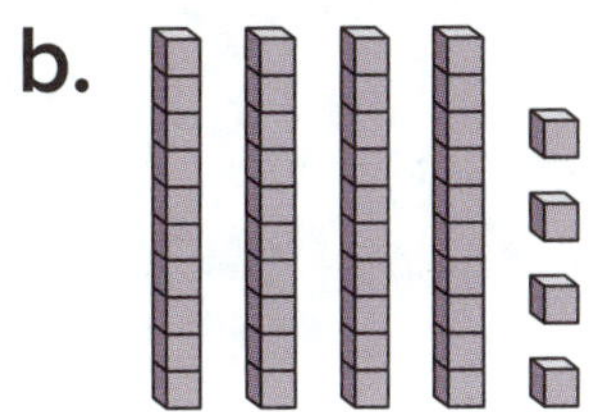

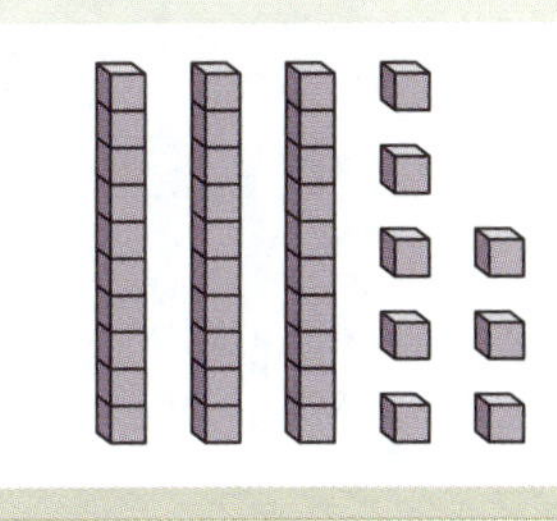

____

DE 1.9.10

Prepárate para el módulo 10

Traza una línea desde cada figura hasta el nombre correspondiente.

círculo

cuadrado

triángulo

Espacio de trabajo

Resta: Escribiendo operaciones básicas relacionadas

Conoce **Observa esta imagen. ¿Qué ves?**

6 - 1 = 5

6 - 5 = 1

¿Cómo corresponde cada ecuación a la imagen?
¿Qué te dicen los números en cada ecuación?
¿Qué permanece igual en cada ecuación?
¿Qué cambia?

Una operación básica de resta no tiene una operación básica conmutativa, tiene una operación básica **relacionada**.

Intensifica **1.** Escribe los números que correspondan a cada imagen.

a.

☐ ranas en total
☐ ranas están afuera
☐ ranas están adentro

7 - 2 = ☐

☐ ranas en total
☐ ranas están adentro
☐ ranas están afuera

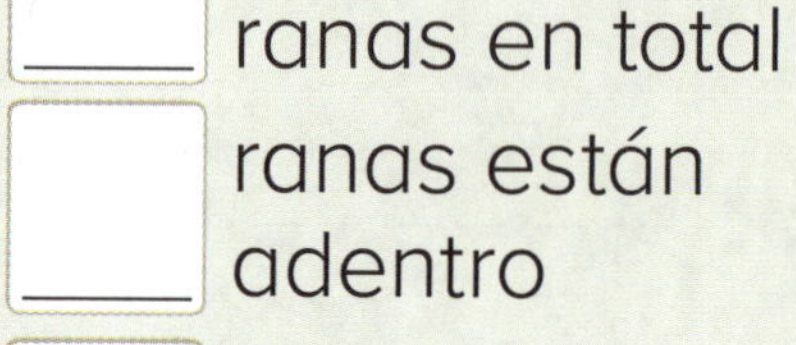

7 - 5 = ☐

b.

☐ ovejas en total
☐ ovejas están afuera
☐ ovejas están adentro

9 - 4 = ☐

☐ ovejas en total
☐ ovejas están adentro
☐ ovejas están afuera

9 - 5 = ☐

2. Escribe los números que faltan.

a.

$5 - 1 =$ ☐

$5 - 4 =$ ☐

b.

$8 - 5 =$ ☐

$8 - 3 =$ ☐

c.

$12 - 9 =$ ☐

$12 - 3 =$ ☐

d.

$11 - 4 =$ ☐

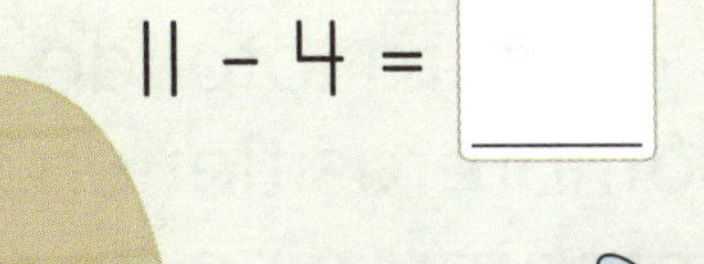

$11 - 7 =$ ☐

Avanza Dibuja una imagen de resta.
Luego escribe dos operaciones básicas
de resta correspondientes.

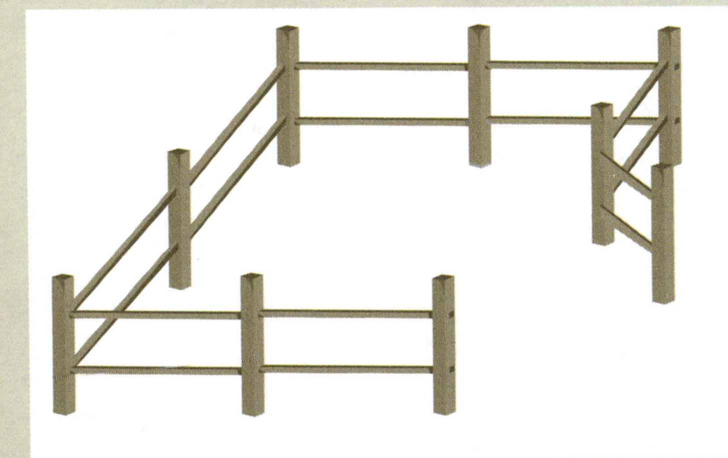

☐ − ☐ = ☐

☐ − ☐ = ☐

10.2 Resta: Reforzando operaciones básicas relacionadas

Conoce ¿Qué notas en esta imagen?

¿Cuál es el número total de sombreros?
¿Cuántos sombreros tienen una estrella?
¿Cuántos sombreros no tienen una estrella?

¿Cómo corresponde cada una de estas operaciones básicas a la imagen?

¿Qué te dice cada número en las ecuaciones?

$7 - 3 = 4$

$7 - 4 = 3$

Intensifica

1. Escribe dos operaciones básicas de resta que correspondan a cada imagen.

a.

$5 - 2 = 3$

$5 - 3 = 2$

b.

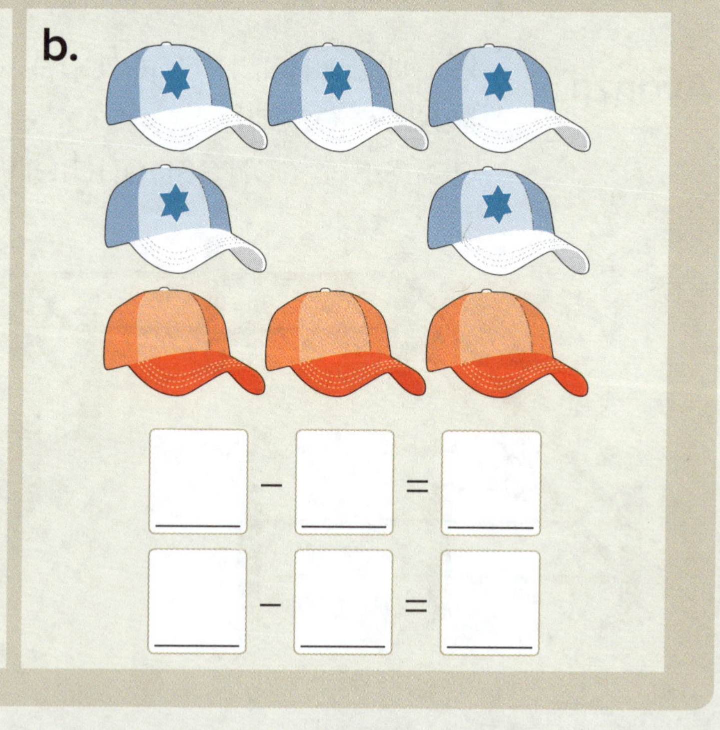

2. Colorea algunas de las imágenes. Luego escribe las dos operaciones de resta correspondientes.

a.

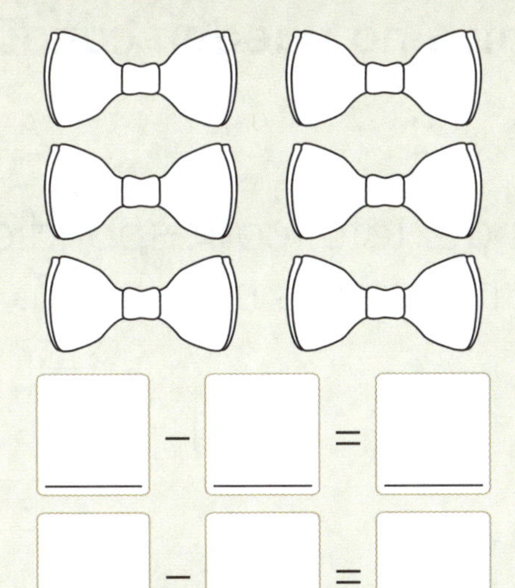

☐ – ☐ = ☐

☐ – ☐ = ☐

b.

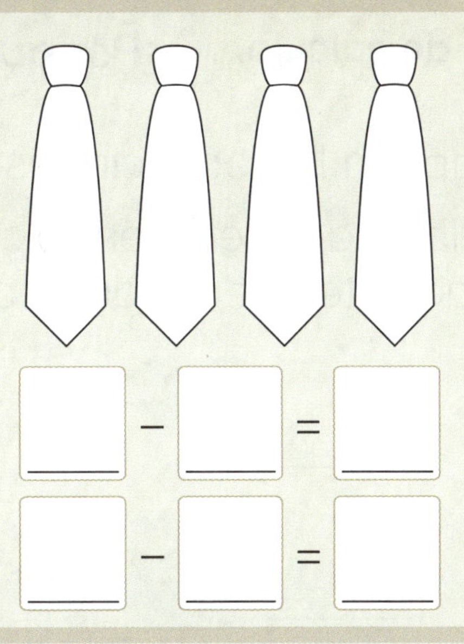

☐ – ☐ = ☐

☐ – ☐ = ☐

c.

☐ – ☐ = ☐

☐ – ☐ = ☐

d.

☐ – ☐ = ☐

☐ – ☐ = ☐

Avanza Escribe las operaciones básicas de resta relacionadas para cada una de estas ecuaciones.

a. 9 - 7 = 2

9 – 2 = 7

b. 5 - 1 = 4

☐ – ☐ = ☐

c. 9 - 3 = 6

☐ – ☐ = ☐

d. 10 - 4 = 6

☐ – ☐ = ☐

e. 6 - 0 = 6

☐ – ☐ = ☐

f. 13 - 6 = 7

☐ – ☐ = ☐

Reforzando conceptos y destrezas

Práctica de cálculo

¿Por qué los elefantes no pueden conducir?

- Completa las ecuaciones.
- Escribe cada letra en la casilla arriba del total correspondiente en la parte inferior de la página. Algunas letras se repiten.

10 + 2 = ___ n	3 + 14 = ___ r	6 + 1 = ___ s
2 + 11 = ___ o	6 + 3 = ___ u	3 + 2 = ___ y
18 + 2 = ___ d	1 + 10 = ___ m	1 + 15 = ___ a
2 + 6 = ___ i	7 + 3 = ___ g	17 + 1 = ___ l
13 + 1 = ___ e	3 + 16 = ___ p	

Práctica continua

1. Escribe <, >, o = para hacer comparaciones verdaderas.

DE 1.5.11

a. 12 + 3 ◯ 2 + 14	b. 9 + 3 ◯ 6 + 8	c. 8 + 5 ◯ 9 + 2
d. 6 + 7 ◯ 7 + 8	e. 7 + 4 ◯ 9 + 2	f. 1 + 12 ◯ 9 + 9
g. 4 + 6 ◯ 7 + 3	h. 2 + 7 ◯ 5 + 1	i. 5 + 7 ◯ 8 + 8

2. Escribe los números que faltan.

DE 1.10.1

a.

6 - 1 = ☐

6 - 5 = ☐

b.

7 - 2 = ☐

7 - 5 = ☐

Prepárate para el módulo 11

Dibuja más contadores para calcular el total. Llena primero el marco de diez. Luego escribe las operaciones básicas del diez que correspondan a la imagen.

a. 9 + 4 = ☐

10 + ☐ = ☐

b. 9 + 7 = ☐

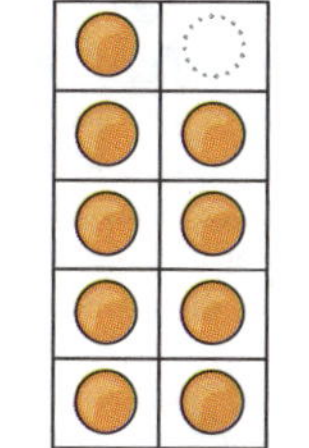

☐ + ☐ = ☐

c. 8 + 5 = ☐

☐ + ☐ = ☐

Resta: Escribiendo ecuaciones relacionadas (múltiplos de diez)

Conoce ¿Cómo podrías calcular 50 – 20?

Puedo utilizar operaciones básicas de resta. A 5 decenas le quitas 2 decenas quedan 3 decenas. 3 decenas es el mismo valor que 30.

Yo cuento hacia atrás en saltos de 10. A 50 le quitas 10 son 40... A 40 le quitas 10 son 30.

¿Cuáles son dos ecuaciones de resta que involucran 30 y 70?

¿Qué historia correspondería?

Podría escribir 70 – 30 = 40 y 70 – 40 = 30.
Bella tenía 70 centavos y le dio 30 centavos a Paul. Ahora a ella le quedan 40 centavos.

Intensifica 1. Escribe las dos ecuaciones de resta que correspondan a cada imagen.

a.

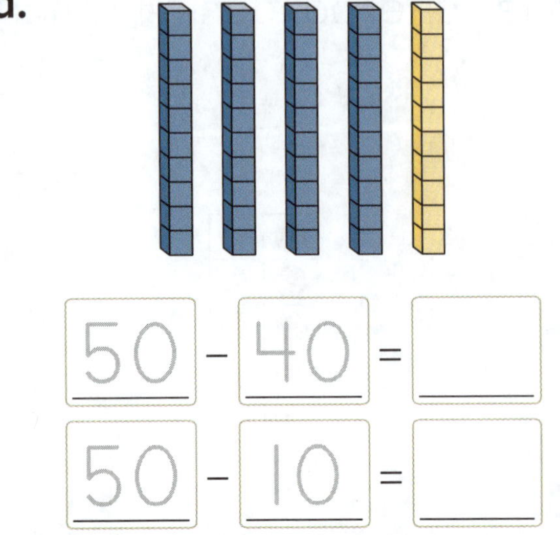

b.

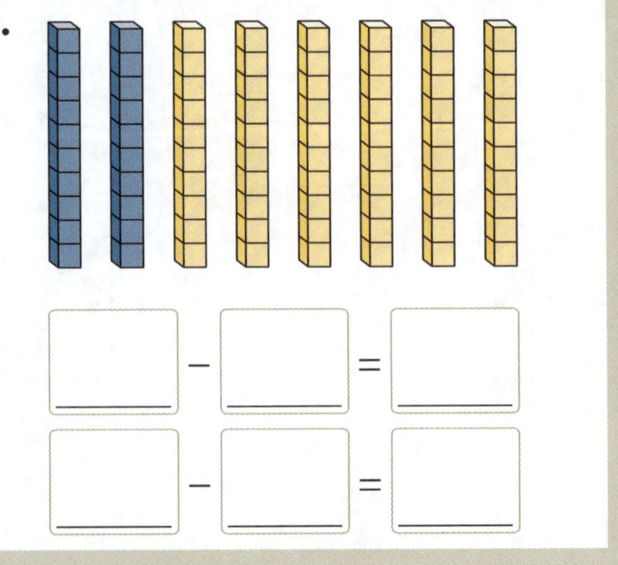

2. Colorea algunos de los bloques. Luego escribe las dos ecuaciones correspondientes.

a.

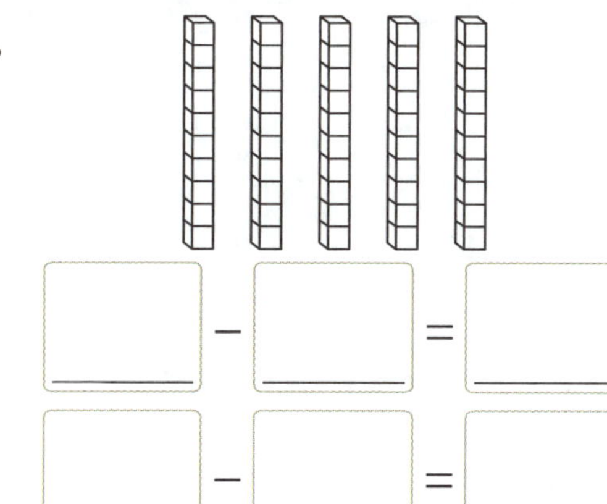

___ – ___ = ___

___ – ___ = ___

b.

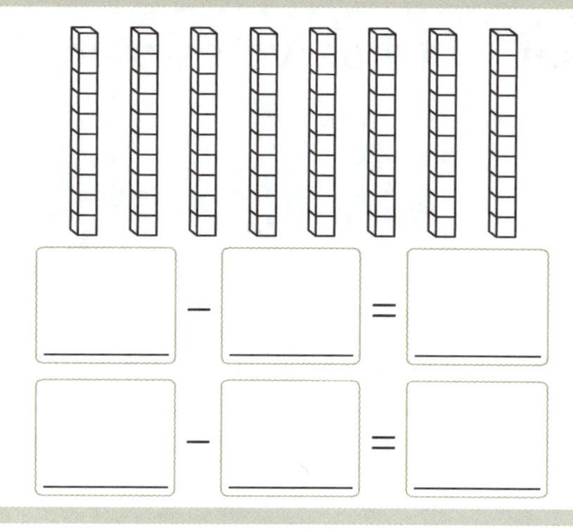

___ – ___ = ___

___ – ___ = ___

c.

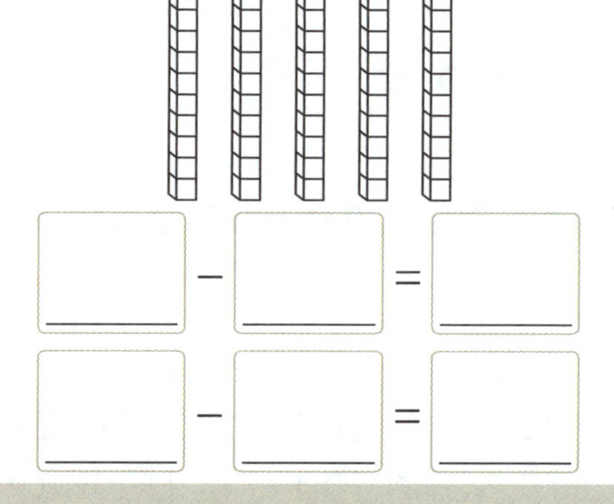

___ – ___ = ___

___ – ___ = ___

d.

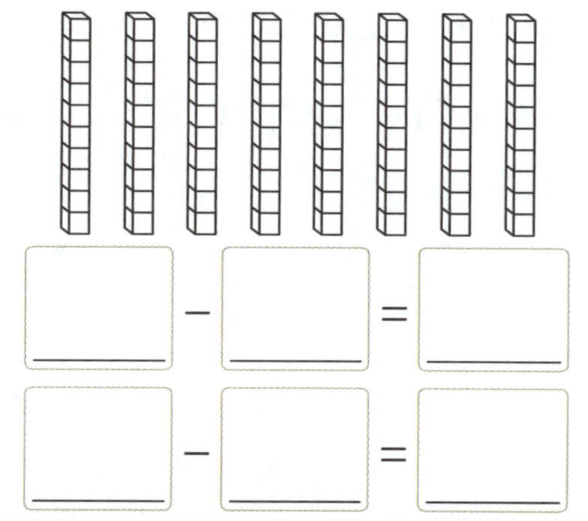

___ – ___ = ___

___ – ___ = ___

3. Completa cada ecuación.
Luego escribe la ecuación de resta relacionada.

a. 90 – 40 = ___

___ – ___ = ___

b. 80 – 70 = ___

___ – ___ = ___

Avanza Escribe los números que faltan a lo largo del sendero.

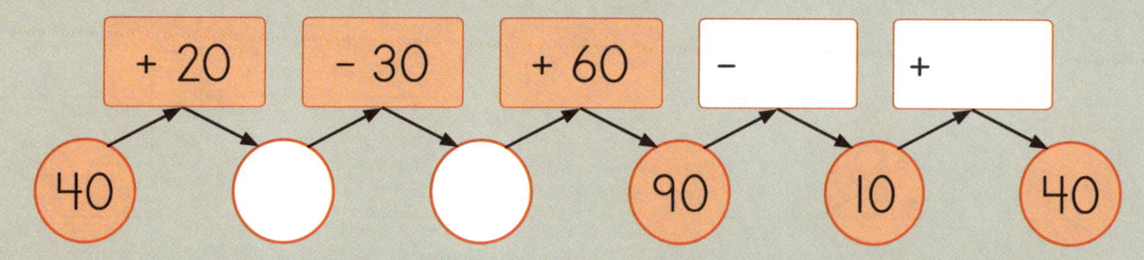

Resta: Escribiendo operaciones básicas de suma y de resta relacionadas

Conoce **Observa esta imagen.**

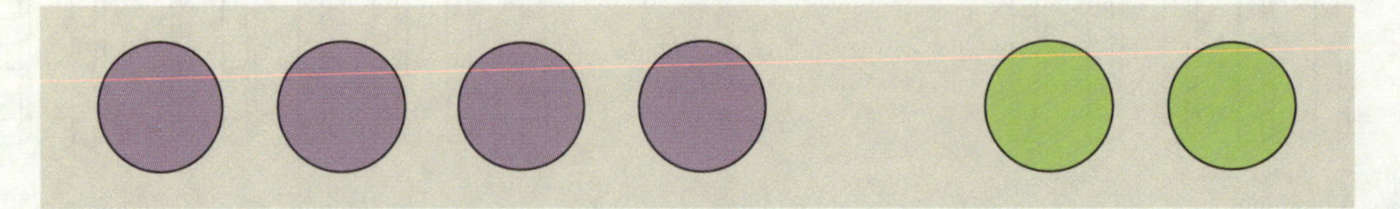

¿Qué operación básica de suma corresponde a la imagen?

¿Cuál es la operación básica **conmutativa**?

¿Cuál es una operación básica de resta correspondiente?

¿Cuál es la operación básica de resta **relacionada**?

6 - 2 = 4 está relacionada a 6 - 4 = 2.

Intensifica

1. Colorea los animales para indicar dos grupos. Luego escribe una operación básica de suma y otra de resta que correspondan a cada imagen.

a.

___ + ___ = ___

___ − ___ = ___

b.

___ + ___ = ___

___ − ___ = ___

2. Colorea los animales para indicar dos grupos. Luego escribe una operación básica de suma y otra de resta que correspondan a cada imagen.

a.

___ + ___ = ___

___ + ___ = ___

___ − ___ = ___

___ − ___ = ___

b.

___ + ___ = ___

___ + ___ = ___

___ − ___ = ___

___ − ___ = ___

Avanza Escribe dos operación básicas de suma y dos de resta que correspondan a esta imagen.

___ + ___ = ___

___ + ___ = ___

___ − ___ = ___

___ − ___ = ___

10.4 Reforzando conceptos y destrezas

Piensa y resuelve 

Las figuras iguales representan el mismo número. Escribe el número que falta dentro de cada triángulo para completar la ecuación.

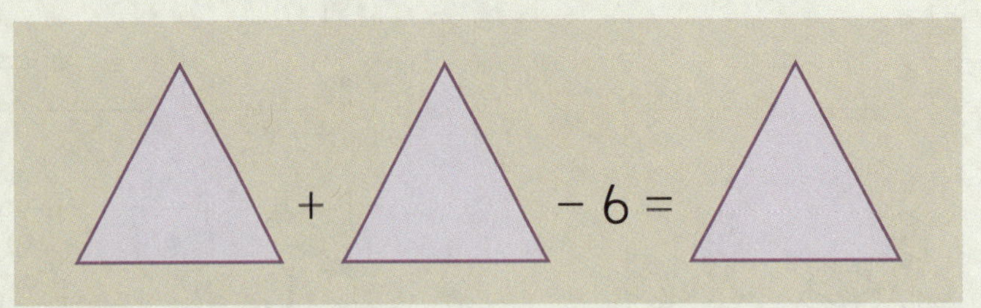

Palabras en acción

Imagina que tenías algo de dinero y luego gastaste 10 dólares.

a. Dibuja una imagen para indicar cuánto dinero pudiste haber tenido al inicio.

b. Escribe acerca de cómo lo calculaste.

c. Escribe una ecuación para indicar cuánto dinero te queda.

☐ − ☐ = ☐

Práctica continua **1.** Escribe los totales.

a.
$27 + 1 =$ ____
$37 + 1 =$ ____
$47 + 1 =$ ____

b.
$16 + 2 =$ ____
$26 + 2 =$ ____
$36 + 2 =$ ____

c.
$4 + 3 =$ ____
$14 + 3 =$ ____
$24 + 3 =$ ____

DE 1.9.3

2. Colorea algunos de los bloques. Luego escribe dos ecuaciones correspondientes.

a.

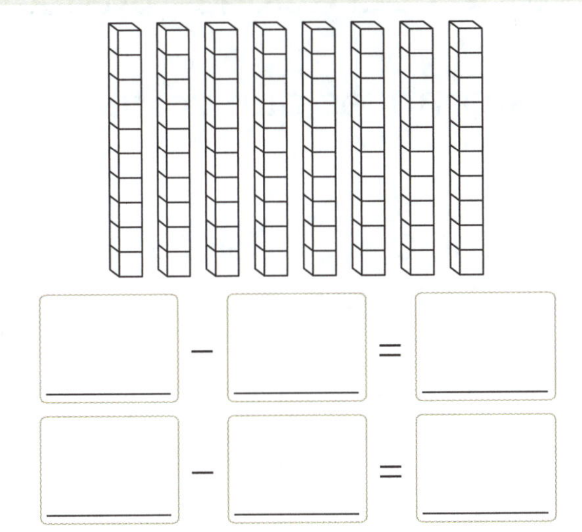

____ − ____ = ____
____ − ____ = ____

b.

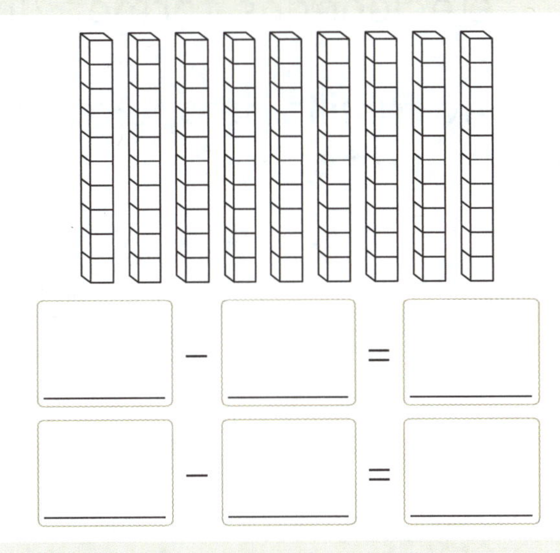

____ − ____ = ____
____ − ____ = ____

DE 1.10.3

Prepárate para el módulo 11 Completa cada operación básica. Luego coloréalas para indicar la estrategia que utilizaste.

Estrategia utilizada

Dobles (azul)
Contar hacia delante o hacia atrás (rojo)
Hacer diez (verde)
Pensar en suma (amarillo)

a. $6 + 1 =$ ____

b. $9 + 5 =$ ____

c. $7 - 3 =$ ____

d. $12 - 4 =$ ____

e. $8 - 2 =$ ____

f. $7 + 8 =$ ____

10.5 Resta: Escribiendo familias de operaciones básicas

Conoce Imagina que este tren de cubos se separa en dos partes.

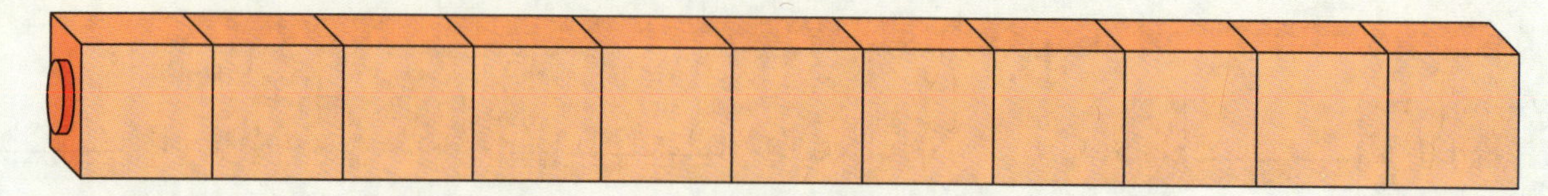

¿Cuáles dos operaciones básicas de suma podrías escribir acerca de las dos partes?

¿Cuáles dos operaciones básicas de resta correspondientes podrías escribir?

Las dos operaciones básicas de suma y las dos de resta relacionadas forman una **familia de operaciones básicas**.

¿Qué otra familia de operaciones básicas conoces que corresponda a este tren de cubos?

Intensifica 1. Escribe la familia de operaciones básicas que corresponda a cada imagen.

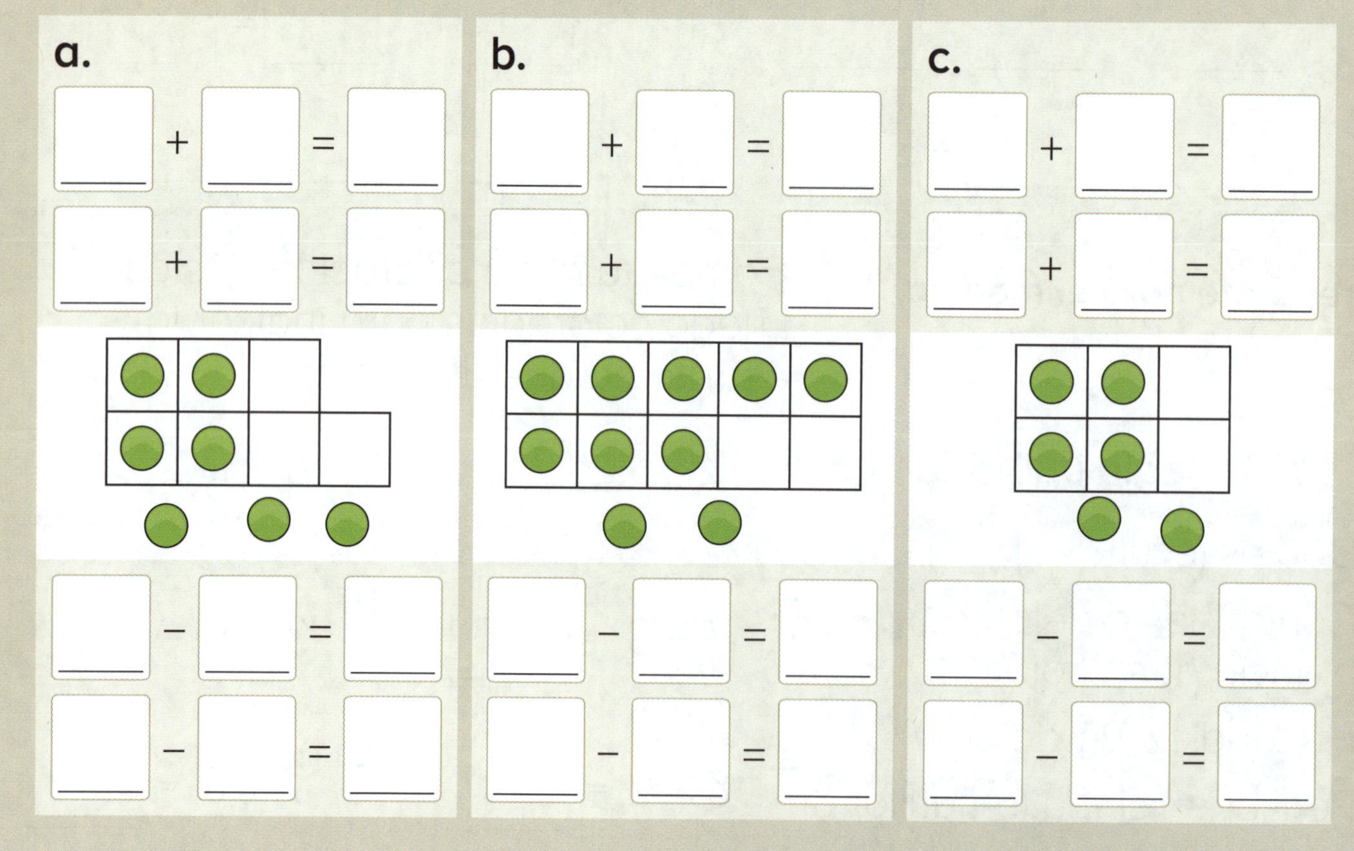

2. Traza una línea desde cada operación básica hasta la imagen correspondiente. Tacha las dos operaciones básicas que no tienen operaciones correspondientes.

$6 + 3 = 9$	$9 - 6 = 3$
$2 + 5 = 7$	$5 + 3 = 8$
$8 - 3 = 5$	$3 + 6 = 9$
$9 - 3 = 6$	$6 - 3 = 3$
$3 + 5 = 8$	$8 - 5 = 3$

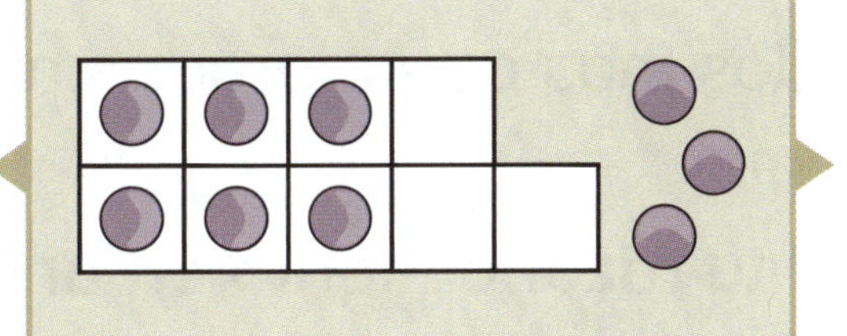

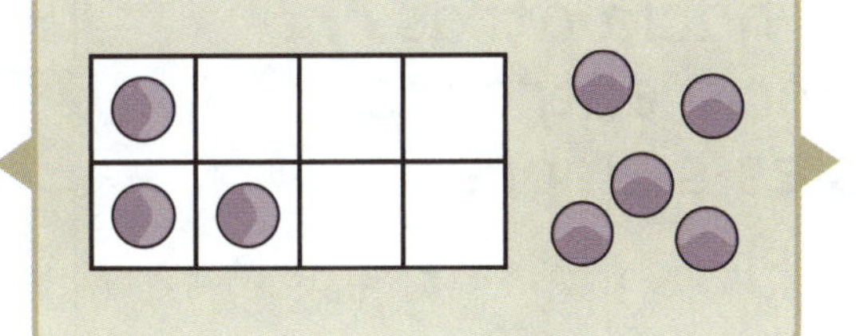

Avanza Escribe las operaciones básicas que faltan para completar cada familia de operaciones básicas.

a.

6 + 5 = 11

5 + 6 = 11

___ − ___ = ___

11 − 6 = 5

b.

___ + ___ = ___

6 + 7 = 13

___ − ___ = ___

13 − 7 = 6

c.

___ + ___ = ___

___ + ___ = ___

17 − 8 = 9

___ − ___ = ___

10.6 Resta: Explorando el modelo comparativo

Conoce **Observa esta imagen de cubos.**

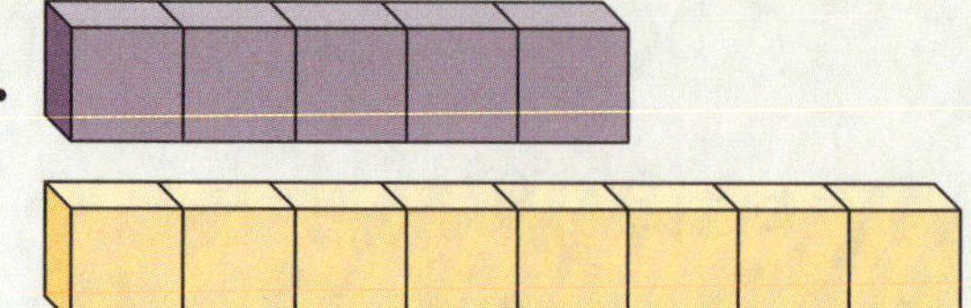

¿Cuántos cubos morados hay?
¿Cuántos cubos amarillos hay?

¿Cuántos cubos amarillos más que morados hay?
¿Cómo lo calculaste?

¿Cómo podrías indicar tu razonamiento en una cinta numerada?

Podría contar hacia delante o hacia atrás. La **diferencia** entre los números es siempre tres saltos.

Intensifica I. Calcula la **diferencia** entre cada par de tren de cubos. Luego completa la ecuación.

a.

La diferencia es ____

entonces 7 – 5 = ____

b.

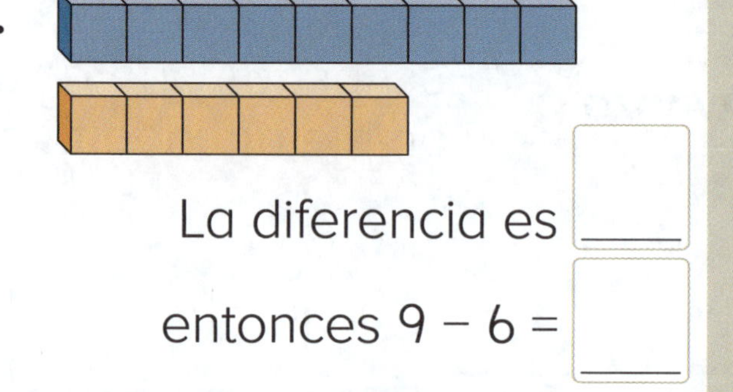

La diferencia es ____

entonces 9 – 6 = ____

c.

La diferencia es ____

entonces 17 – 9 = ____

2. Cuenta los saltos para calcular la diferencia entre cada par de números sombreados. Luego completa la ecuación.

a.

1	2	3	4	5	6	7

La diferencia es ___

entonces

___ – ___ = ___

b.

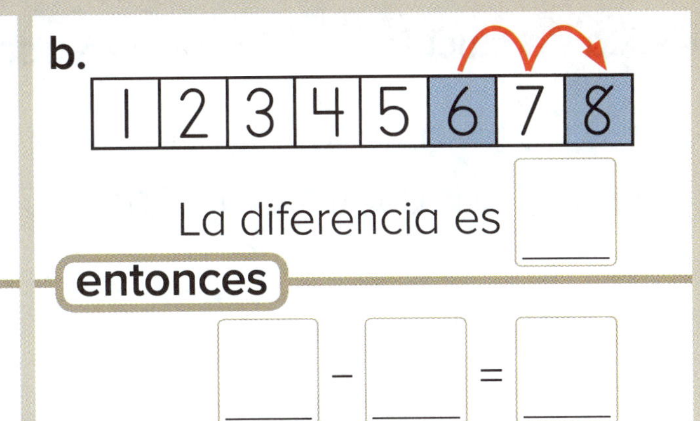

La diferencia es ___

entonces

___ – ___ = ___

3. Dibuja saltos para calcular la diferencia entre cada par de números sombreados. Luego completa la ecuación.

a.

La diferencia es ___ **entonces**

___ – ___ = ___

b.

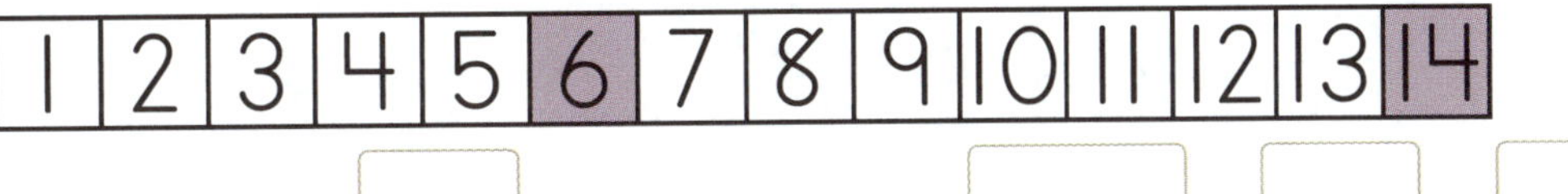

La diferencia es ___ **entonces** ___ – ___ = ___

c.

La diferencia es ___ **entonces** ___ – ___ = ___

Avanza Tres estudiantes encontraron y midieron un gusano. Encierra las dos longitudes que tienen la mayor diferencia.

13 bloques de largo	11 bloques de largo	4 bloques de largo

Práctica de cálculo

¿Con qué succiona un bebé elefante?

- ★ Completa las ecuaciones.
- ★ Escribe cada letra arriba del total correspondiente. Algunas letras se repiten.

		0 - 0 = ___ s
4 - 2 = ___ c	14 - 7 = ___ p	8 - 4 = ___ i
16 - 8 = ___ o	18 - 9 = ___ n	2 - 1 = ___ u
12 - 6 = ___ r	10 - 5 = ___ b	6 - 3 = ___ a

___ ___ ___   ___ ___   ___ ___ ___ ___

1 0 3   0 1   5 8 2 3

___ ___ ___ ___

7 3 6 3

___ ___ ___ ___ ___ ___ ___ ___ ___

0 1 2 2 4 8 9 3 6

Escribe estas respuestas tan rápido como puedas.

10 - 2 = ___

8 - 3 = ___   6 - 1 = ___   2 - 0 = ___   4 - 3 = ___

7 - 2 = ___   5 - 3 = ___   9 - 3 = ___   9 - 2 = ___

Práctica continua

1. Escribe las respuestas. Utiliza esta tabla como ayuda.

DE 1.9.5

a. 68 + 30 = ____

b. 75 + 20 = ____

c. 83 + 10 = ____

61	62	63	64	65	66	67	68	69	70
71	72	73	74	75	76	77	78	79	80
81	82	83	84	85	86	87	88	89	90
91	92	93	94	95	96	97	98	99	100

d. 79 + 20 = ____

e. 61 + 20 = ____

f. 89 + 10 = ____

2. Escribe la familia de operaciones básicas que corresponda a cada imagen.

DE 1.10.4

a. ____ + ____ = ____

____ + ____ = ____

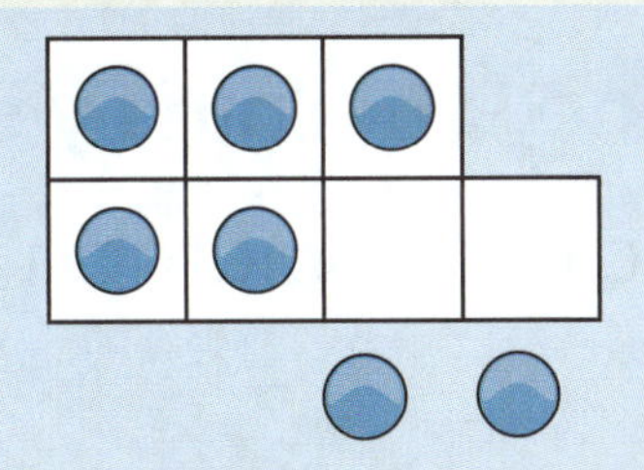

____ – ____ = ____

____ – ____ = ____

b. ____ + ____ = ____

____ + ____ = ____

____ – ____ = ____

____ – ____ = ____

Prepárate para el módulo 11

Traza líneas desde cada moneda hasta el valor correspondiente.

penny	10 centavos
dime	5 centavos
nickel	1 centavo

Resta: Contando hacia delante y hacia atrás

Conoce **Esta ardilla tiene 9 bellotas.**

Imagina que ésta se come 2 bellotas.

¿Cuántas bellotas le quedarán?

¿Cómo puedes utilizar esta cinta numerada para calcular la respuesta?

Comenzaría en 9 y saltaría 2 hacia **atrás**.
A 9 le quitas 2 son 7, entonces quedarían 7 bellotas.

Imagina que la ardilla tiene 9 bellotas y se come 6 de ellas.

¿Cómo podrías utilizar la cinta numerada para calcular el número de bellotas que queda?

Comenzaría en 6 y saltaría hacia **delante** hasta el 9. 6 más 3 son 9, entonces quedarían 3 bellotas.

Intensifica Escribe una ecuación para indicar cuántas bellotas quedarán. Utiliza una de las cintas numeradas de la página 376 como ayuda.

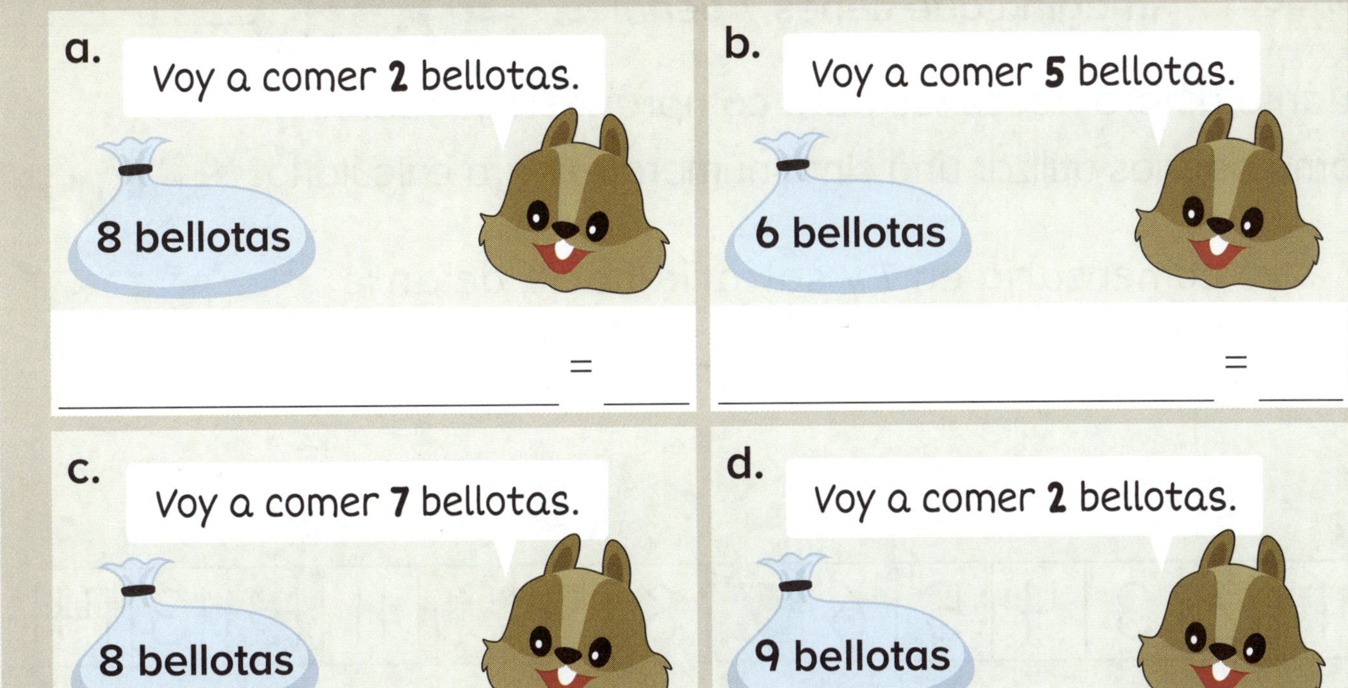

a. ______________ = ____

b. ______________ = ____

c. ______________ = ____

d. ______________ = ____

e. Voy a comer **5** bellotas.

7 bellotas

______________ = ____

f. Voy a comer **3** bellotas.

10 bellotas

______________ = ____

Avanza Resuelve el problema. Puedes dibujar una imagen en la página 394 como ayuda.

En el zoológico compramos 10 bolsas de alimento para animales. En la mañana le dimos 2 bolsas de alimento a las jirafas y 5 bolsas a los monos. ¿Cuántas bolsas de alimento nos quedan?

☐ bolsas

Resta: Descomponiendo un número para hacer puente hasta diez

Conoce Imagina que tienes 7 *pennies.*

¿Cuánto dinero necesitas para comprar este juguete?

¿Cómo podrías utilizar una cinta numerada para calcularlo?

Yo comenzaría en 7 y saltaría hacia delante hasta el 10. Luego saltaría del 10 al 12. 3 más 2 son 5, entonces necesitaría 5 centavos.

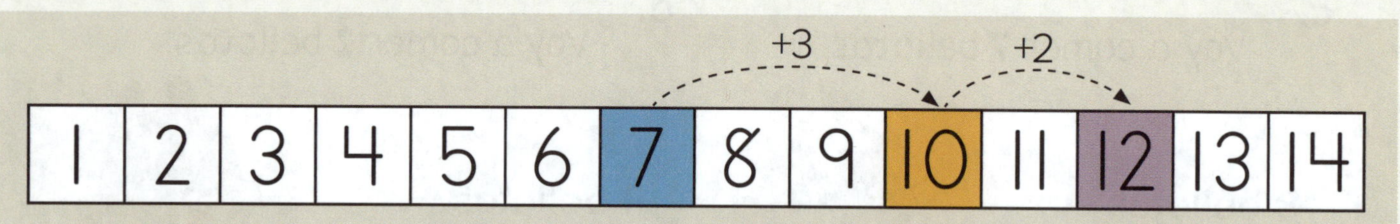

Yo comenzaría en 12 y saltaría hacia atrás hasta 10. Luego saltaría hacia atrás del 10 al 7. 2 más 3 son 5, entonces necesitaría 5 centavos.

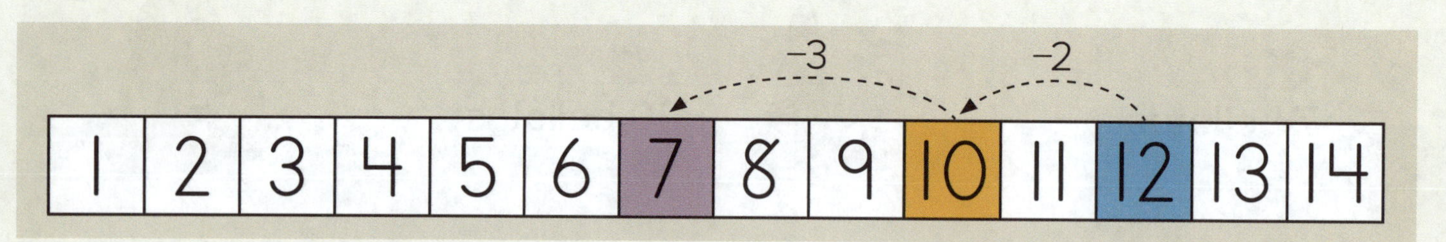

Intensifica

1. Escribe qué tan lejos está cada número del 10. Puedes utilizar la cinta numerada como ayuda.

2. Calcula cuánto dinero **más** se necesita para pagar el precio. Dibuja saltos en la cinta numerada para indicar tu razonamiento.

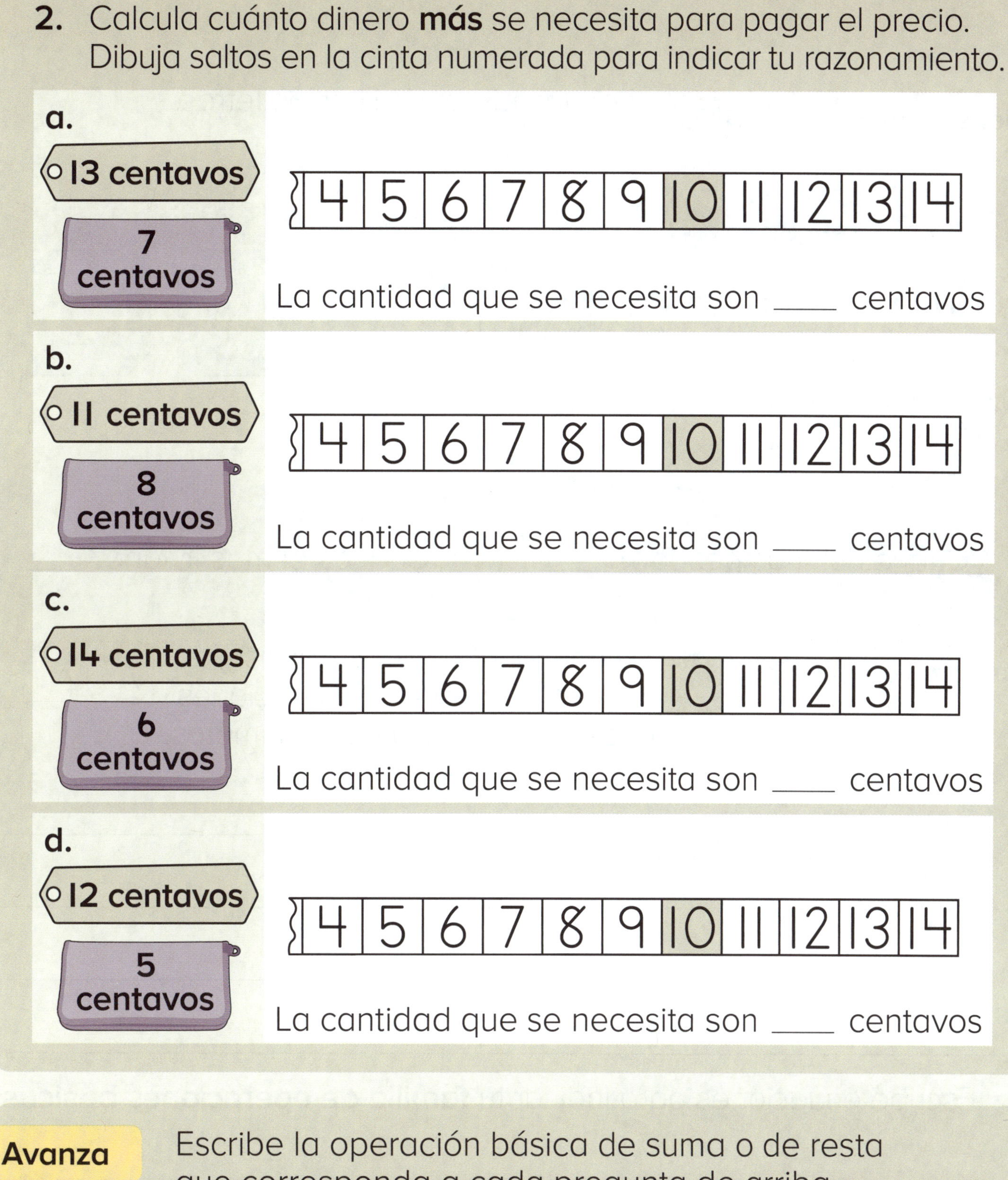

Avanza Escribe la operación básica de suma o de resta que corresponda a cada pregunta de arriba.

a. ____ = ____

b. ____ = ____

c. ____ = ____

d. ____ = ____

10.8 Reforzando conceptos y destrezas

Piensa y resuelve 

Lee las pistas. Utiliza las letras para responder.

Pistas

X es **más pesado** que **Y**.
Y es **más pesado** que **Z**.
W es **más liviano** que **Z**.

a. ¿Cuál es el más pesado? ______

b. ¿Cuál es el más liviano? ______

Palabras en acción

a. Escribe acerca de las partes y el total en la familia de operaciones básicas que utiliza estos números.

7 12 5

____

____

____

____

b. Escribe ecuaciones para indicar tu **familia de operaciones básicas**.

Práctica continua

1. Observa cada figura. Escribe **verdadero** o **falso** para cada declaración.

DE 1.4.10

Figura A

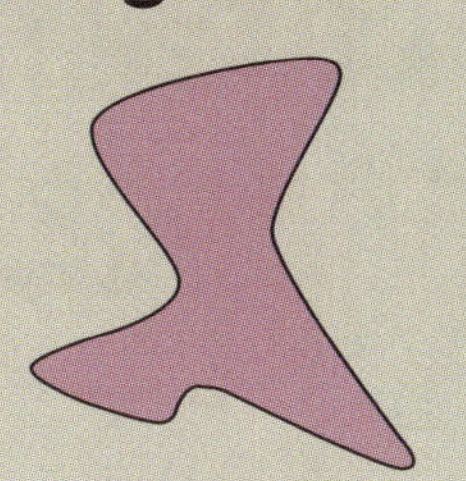

- No tiene vértices. ______________
- Es un triángulo. ______________
- Es una figura cerrada. ______________

Figura B

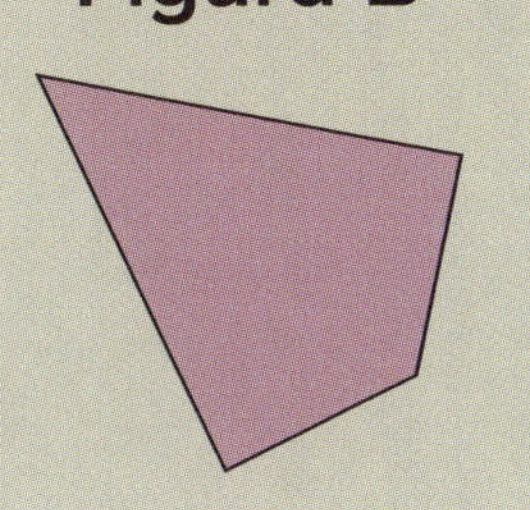

- Tiene 5 vértices. ______________
- Es un rectángulo. ______________
- Tiene 4 lados rectos. ______________

2. Escribe una ecuación para indicar cuántas bellotas quedarán.

DE 1.10.7

a.

______________ = ____

b.

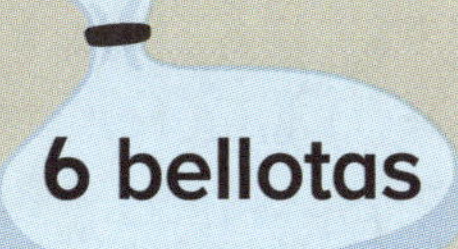

______________ = ____

Prepárate para el módulo 11

Encierra la parte que se repite en cada patrón.

a.

 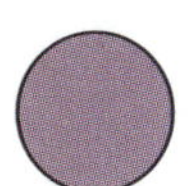 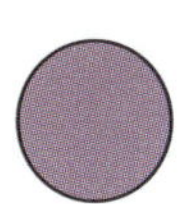   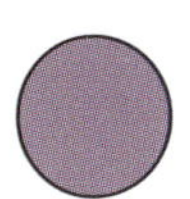  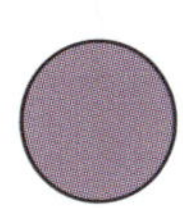 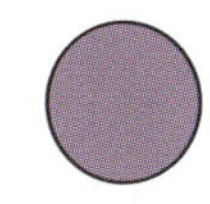

b.

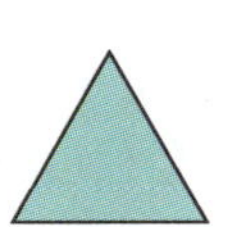  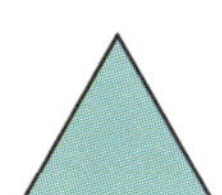 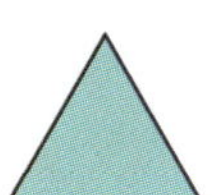 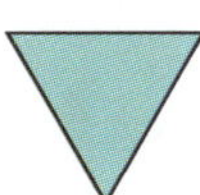 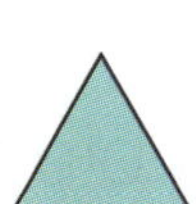 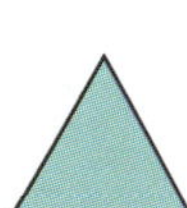 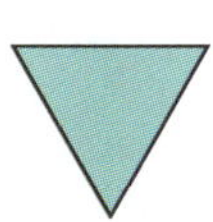 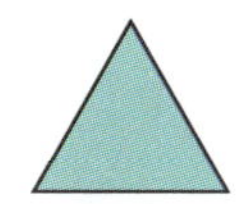

Resta: Resolviendo problemas verbales (con comparaciones)

Conoce **Manuel compara el número de bloques en cada caja.**

¿Cuántos bloques más contiene la caja grande? ¿Cuál ecuación podrías escribir para calcular la diferencia?

Hannah compra la caja de bloques más grande.
Ella saca 5 bloques.

¿Cuántos bloques quedan en la caja?
¿Qué ecuación podrías escribir?

Intensifica

1. Resuelve cada problema. Haz un dibujo o escribe ecuaciones para indicar tu razonamiento.

a. Hay 16 bloques en una caja. Se sacan 3 bloques. ¿Cuántos bloques quedan en la caja?

_____ bloques

b. Mika tiene 3 bloques. Megan tiene 10 bloques. ¿Cuántos bloques menos que Megan tiene Mika?

_____ bloques

2. Resuelve cada problema. Indica to razonamiento.

a. Una caja contiene 15 bloques. Jie utiliza algunos de los bloques. Quedan 7 bloques en la caja. ¿Cuántos bloques utilizó Jie?

____ bloques

b. Deon tiene 11 bloques. Andrea tiene 5 bloques menos que Deon. ¿Cuántos bloques tiene Andrea?

____ bloques

c. Una caja grande de bloques cuesta 13 dólares. Eso es 6 dólares más que que una caja pequeña de bloques. ¿Cuánto cuesta una caja pequeña de bloques?

____ dólares

d. Hay algunos bloques en la mesa. Hunter toma 4 bloques. Quedan 2 bloques. ¿Cuántos bloques había en la mesa antes?

____ bloques

Avanza Colorea el ⬭ junto al problema verbal que corresponda a esta ecuación.

$12 - 7 = 5$

- ⬭ Una caja contiene 15 bloques. Monique saca 7 bloques. ¿Cuántos bloques quedan?
- ⬭ Hay 12 bloques. Carter utiliza 5 bloques. ¿Cuántos bloques quedan?
- ⬭ Una caja grande de bloques contiene 12 bloques. Una caja pequeña contiene 7 bloques. ¿Cuál es la diferencia entre el número de bloques?

10.10 Objetos 3D: Identificando y clasificando objetos

Conoce **Observa estos objetos 3D.**

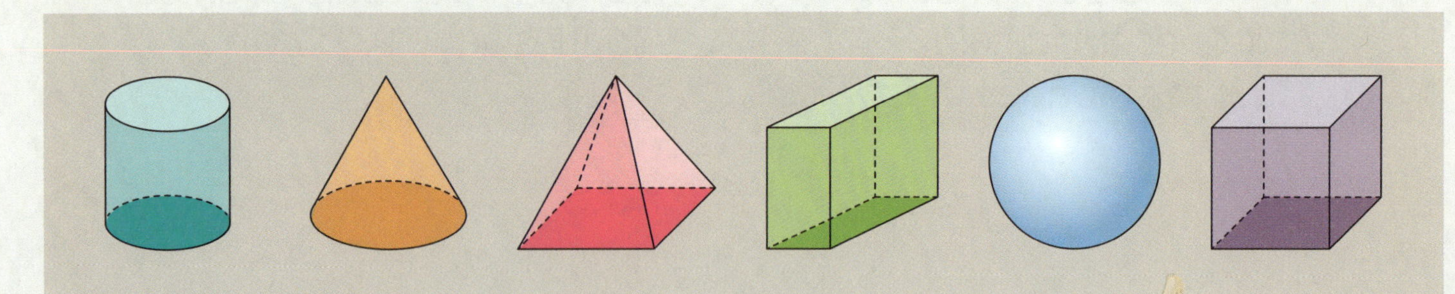

¿Qué figuras 2D se utilizaron para hacer estos objetos?

¿Qué otras cosas conoces acerca de estos objetos?

Intensifica **1.** Tu profesor te dará un objeto 3D. Dibuja tu objeto.

2. Escribe el nombre de otras **dos** cosas que luzcan como tu objeto.

a. ____________________

b. ____________________

3. Mi objeto tiene ____ superficies.

4. Colorea el ⬭ junto a cada declaración que describa tu objeto.

a.
⬭ Puede rodar.
⬭ Se puede apilar.
⬭ No puede rodar ni se puede apilar.

b.
⬭ Todas sus superficies son planas.
⬭ No tiene superficies planas.
⬭ Tiene algunas superficies planas y algunas superficies curvas.

5. Dibuja cada superficie plana de tu objeto.

Avanza Observa este objeto 3D.

a. ¿Cuántas superficies tiene este objeto? ____

b. ¿Qué figura tiene cada superficie? ____

Reforzando conceptos y destrezas

Práctica de cálculo

¿Cuál animal camina con los pies en la cabeza?

- Completa las ecuaciones.
- Traza una línea recta para unir los totales iguales. Cada línea pasará por una letra.
- Escribe la letra en la casilla arriba del total correspondiente en la parte inferior de la página.

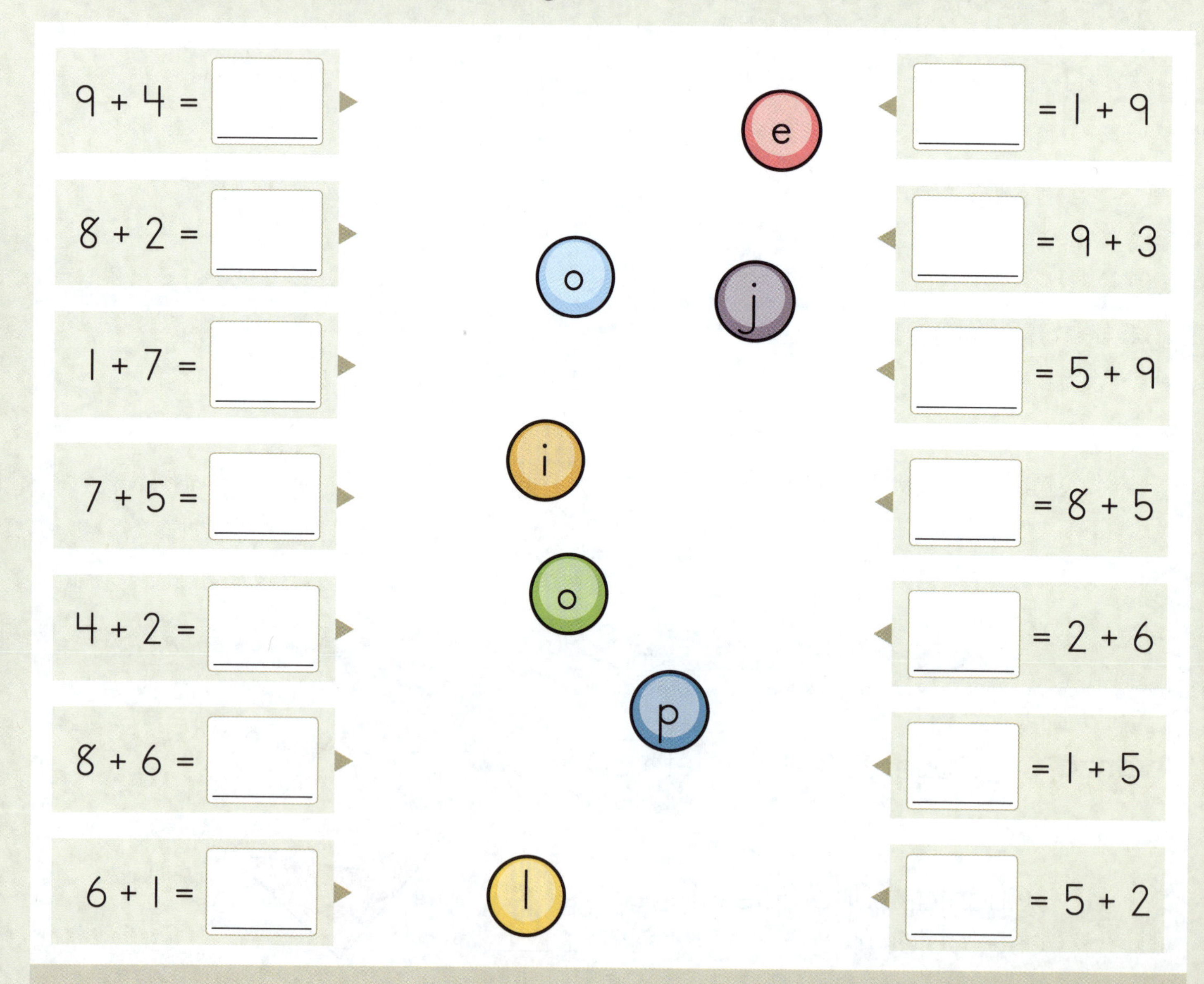

10 7 6 8 13 12 14

Práctica continua

1. Utiliza una regla para trazar uno o dos lados rectos para completar tres triángulos.

DE 1.4.10

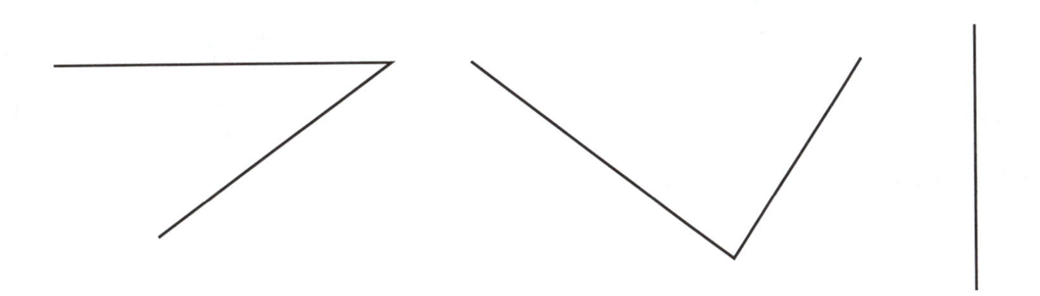

2. Colorea el ⬭ junto a cada declaración que describa el objeto.

DE 1.10.10

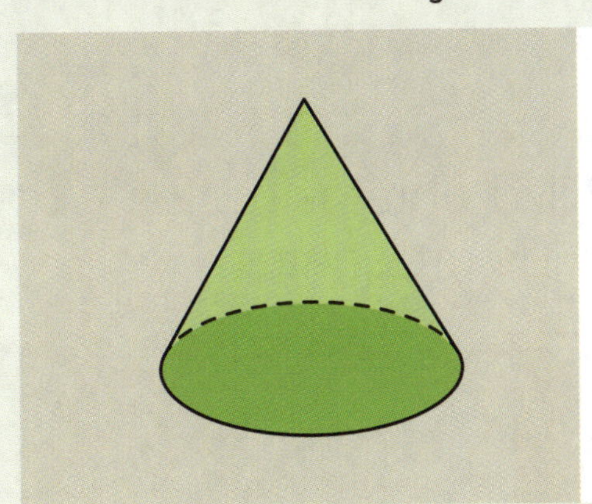

- ⬭ Puede rodar.
- ⬭ Tiene una superficie plana y una superficie curva.
- ⬭ No puede rodar ni se puede apilar.
- ⬭ No tiene superficies planas.

Prepárate para el módulo 11

Colorea las monedas para indicar la cantidad en el precio de cada etiqueta.

a.

b.

Objetos 3D: Analizando objetos

Conoce **Observa estos dos objetos.**

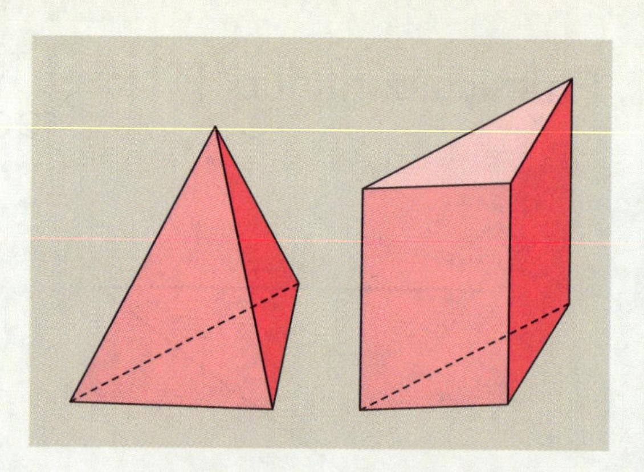

¿Qué figuras 2D se utilizaron para hacer estos objetos?

¿Qué es igual en estos dos objetos?

¿Qué es diferente en estos dos objetos?

Ambos objetos tienen superficies planas solamente. Un objeto se hizo con triángulos y el otro se hizo con triángulos y rectángulos no cuadrados

Intensifica

1. Observa estas imágenes. Utiliza objetos reales como ayuda para responder las preguntas.

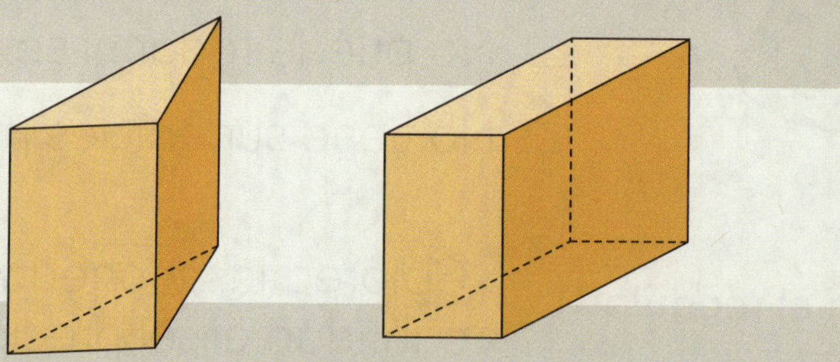

a. ¿En qué son iguales los objetos?

____

____

b. ¿En qué son diferentes los objetos?

____

____

2. Observa estas imágenes. Responde las preguntas.

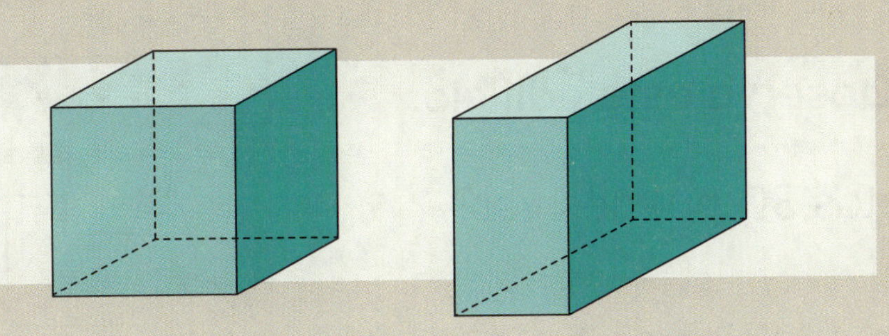

a. ¿En qué son iguales los objetos?

____

____

b. ¿En qué son diferentes los objetos?

____

____

Avanza Lee todas las pistas. Encierra el objeto correspondiente.

Pistas

- Tengo seis superficies.
- Me pueden apilar.
- Solo una de mis superficies es curva.

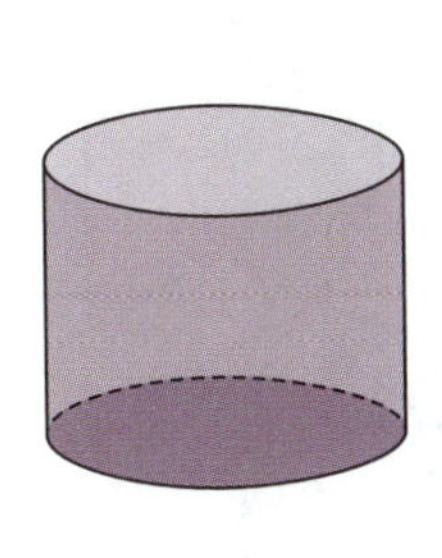
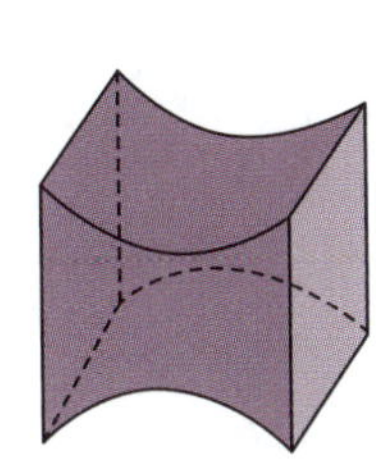
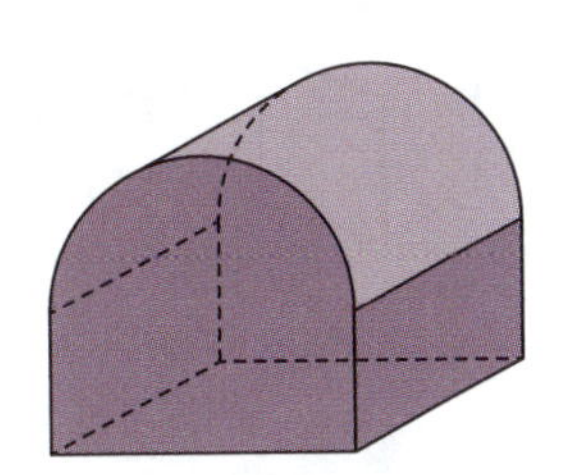
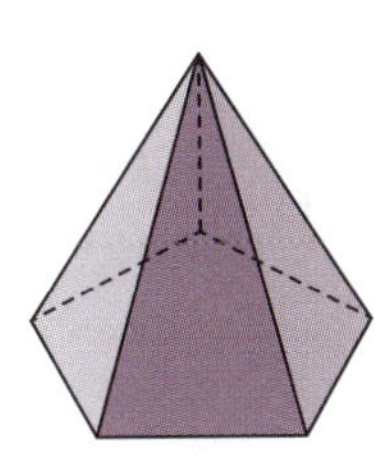

Objetos 3D: Creando objetos

Conoce **Observa este edificio.**

¿Cuáles objetos 3D puedes ver?

Piensa en los edificios de tu vecindario. ¿Cuáles objetos 3D puedes ver en esos edificios?

Piensa en los bloques que has utilizado en tu casa o en la escuela. ¿Cuáles bloques utilizas con más frecuencia? ¿Por qué?

Intensifica

1. Cuenta cuántos de cada uno de estos objetos se han utilizado para hacer cada pila. Los objetos pueden ser de tamaños diferentes. Escribe el número de cada objeto abajo.

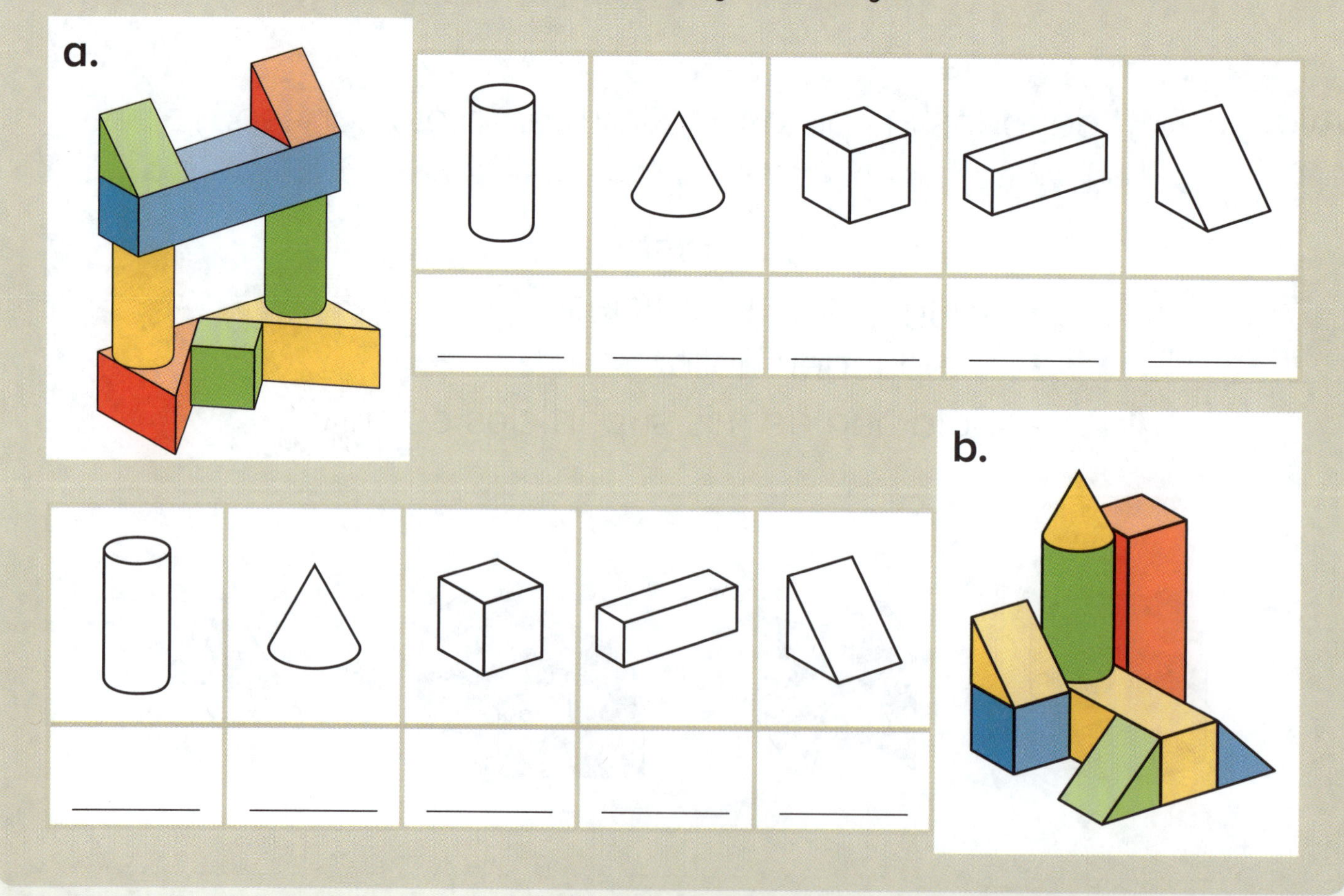

2. Encierra las pilas de abajo que se pueden hacer con estos números de objetos. Los objetos pueden ser de tamaños diferentes.

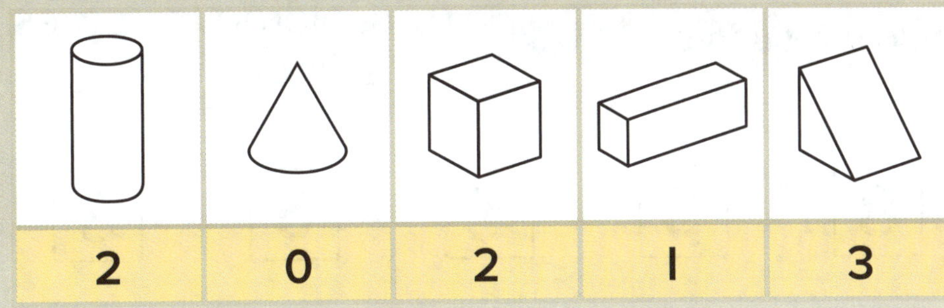

a.

b.

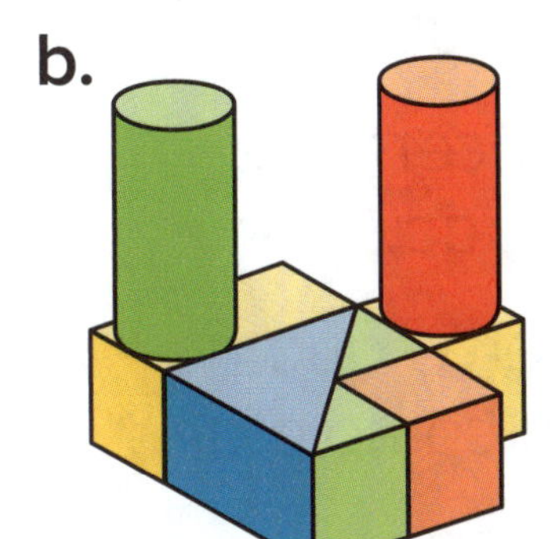

c.

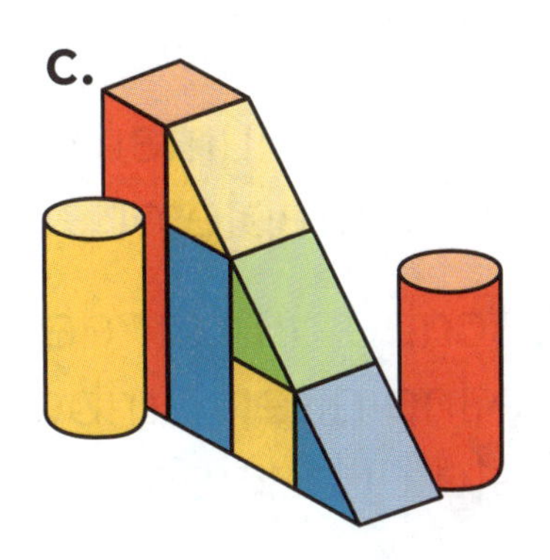

d.

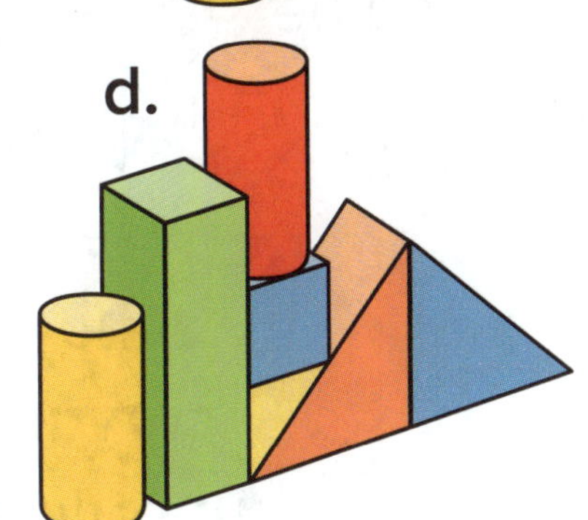

e.

f.

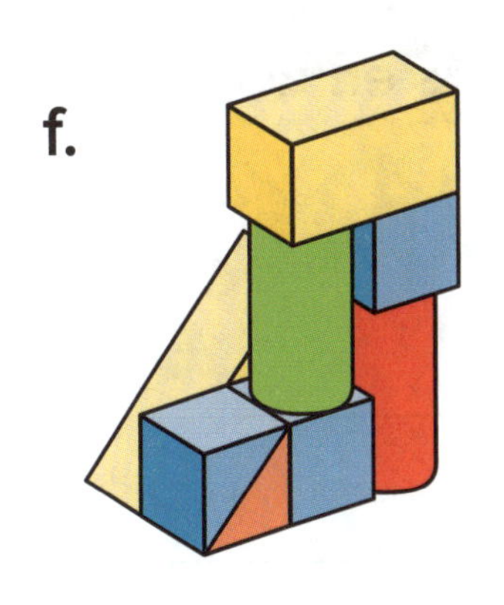

Avanza

Dos de las pilas de abajo corresponden a esta pila. Una no corresponde. Encierra la pila que **no** corresponde.

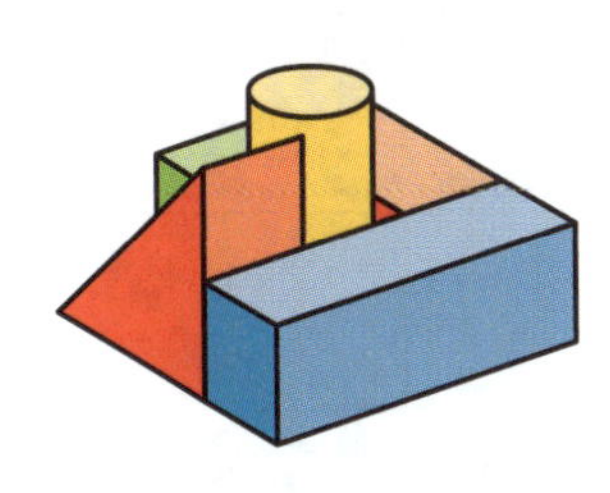

Reforzando conceptos y destrezas

Piensa y resuelve 

a. Colorea los pares de números que **suman 10**.

8	5	7	6	3	2	5

b. Encierra el número que sobra.

c. Utiliza el número que encerraste para completar esta ecuación.

$\square + \square = 10$

d. Escribe un par de números que no se indiquen arriba para completar esta ecuación.

$\square + \square = 10$

Palabras en acción

Escribe dos enunciados acerca de estos **objetos 3D**. Puedes utilizar palabras de la lista como ayuda.

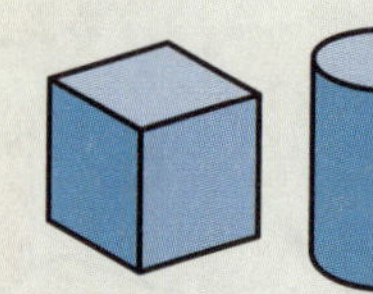

- cubo
- curva
- superficie
- plana
- arista
- cilindro
- igual
- diferente

Práctica continua

1. Dibuja dos rectángulos que luzcan diferentes.

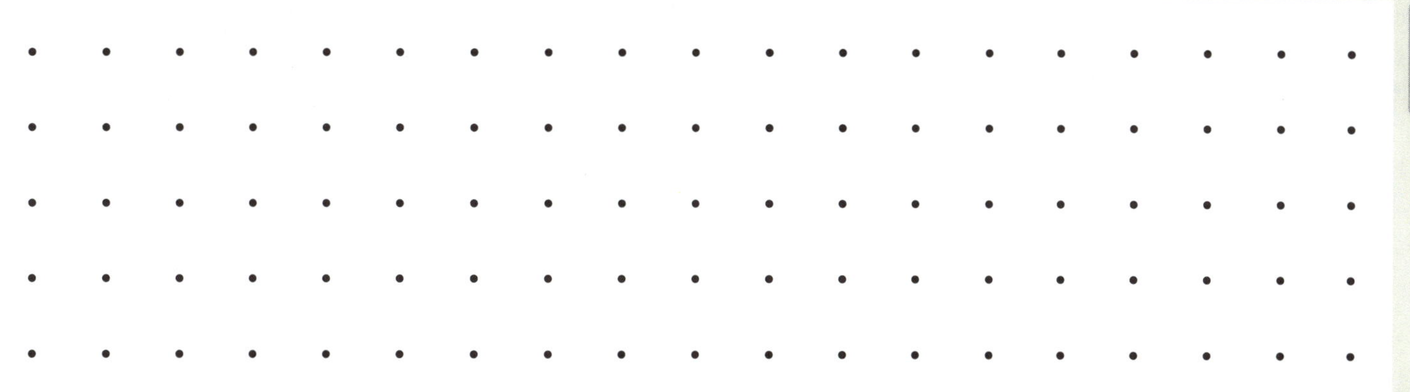

DE 1.4.11

2. Lee todas las pistas. Encierra el objeto correspondiente.

Pistas

- Tengo cuatro superficies.
- Una de mis superficies es un rectángulo.
- Solo una de mis superficies es curva.

DE 1.10.11

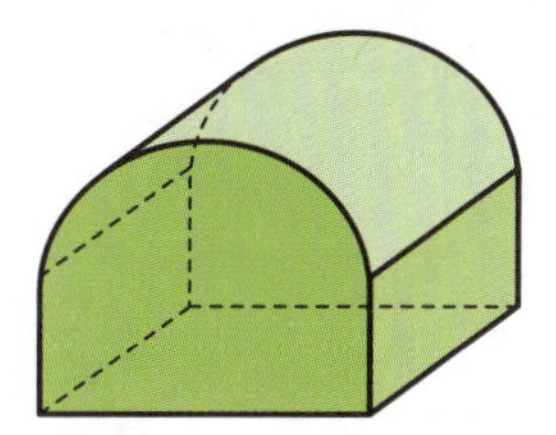

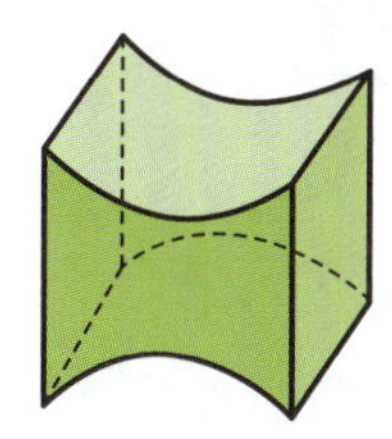

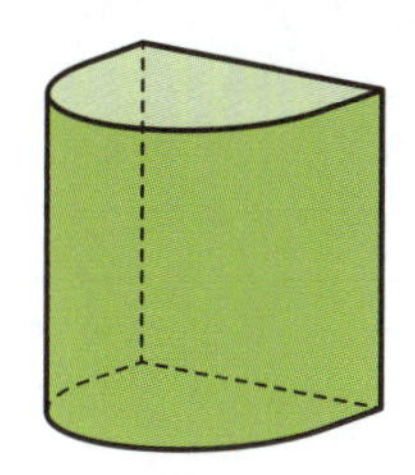

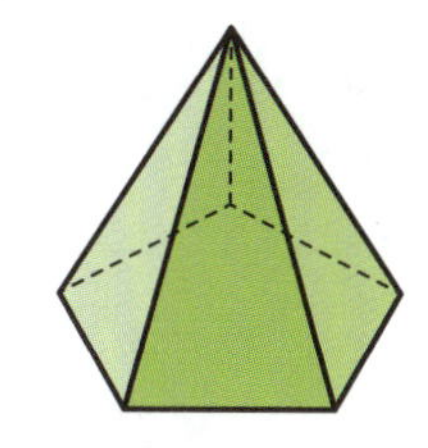

Prepárate para el módulo 11

Dibuja monedas para indicar la cantidad en el precio de la etiqueta. Luego indica la misma cantidad de otra manera.

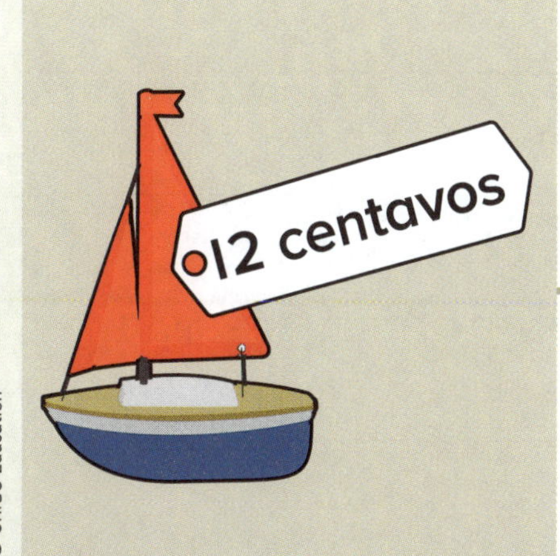

Espacio de trabajo

11.1 Resta: Introduciendo la estrategia de pensar en suma (operaciones básicas de hacer diez)

Conoce **Había 16 adhesivos en esta hoja.**

Se han quitado algunos de los adhesivos.

¿Cuántos adhesivos se han quitado de la hoja?

¿Cómo podrías calcular el número de adhesivos que se han quitado sin contar cada espacio?

Karen utiliza una cinta numerada como ayuda en su razonamiento.

1	2	3	4	5	6	7	8	9	10	11	12	13	14	15	16

¿Qué pasos sigue ella?

¿Por qué ella hace el primer salto hasta el 10?

¿Cuál es la diferencia?

Karen utiliza suma para calcular la diferencia. Ella razona 7 + ___ = 16.

Intensifica **1.** Completa las ecuaciones. Dibuja saltos en la cinta numerada para indicar tu razonamiento.

a. 15 – 9 = ___

1	2	3	4	5	6	7	8	9	10	11	12	13	14	15

b. 13 – 8 = ___

1	2	3	4	5	6	7	8	9	10	11	12	13	14	15

2. Calcula el número de puntos que están cubiertos.
Luego completa las operaciones básicas.

a. 12 − 5 = ____

5

12

5 + ____ = 12

b. 14 − 9 = ____

9

14

9 + ____ = 14

c. 12 − 8 = ____

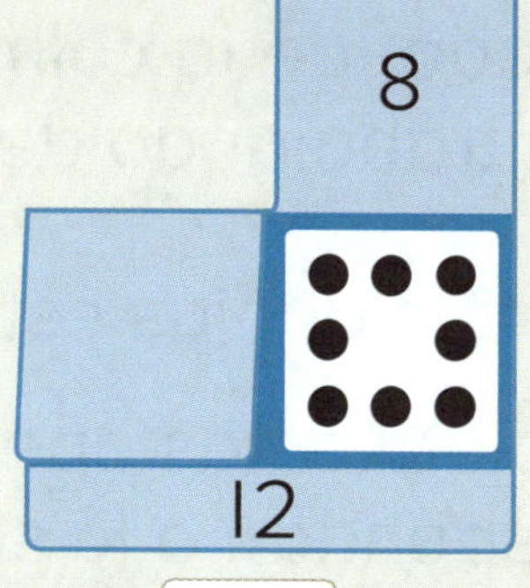

8 + ____ = 12

d. 14 − 8 = ____

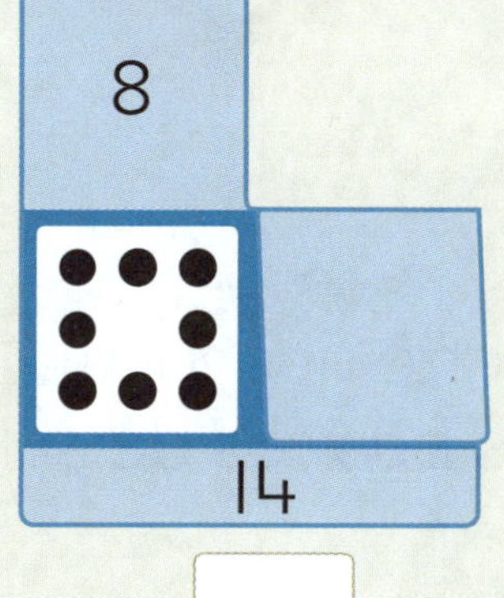

8 + ____ = 14

e. 13 − 5 = ____

5 + ____ = 13

f. 15 − 6 = ____

6 + ____ = 15

Avanza Completa la ecuaciones. Encierra las operaciones básicas que resolviste pensando en un doble.

a. 17 − 8 = ____

b. 14 − 6 = ____

c. 14 − 5 = ____

d. 15 − 8 = ____

11.2 Resta: Reforzando la estrategia de pensar en suma (operaciones básicas de hacer diez)

Conoce **Hay 15 abejas en total.**

Algunas de las abejas están volando alrededor de la colmena. El resto están trabajando dentro de la colmena.

¿Cuántas abejas están trabajando dentro de la colmena?

Completa estas operaciones básicas de manera que correspondan a la situación.

6 + ___ = 15   15 - 6 = ___

¿Utilizaste suma o resta para calcular la respuesta?

¿Qué estrategia utilizarías para calcular 13 − 8?

Intensifica

1. Dibuja puntos para calcular la parte que falta. Luego completa las operaciones básicas de suma o resta correspondientes.

a. 12 puntos en total

12 - 9 = ___

piensa

9 + ___ = 12

b. 15 puntos en total

15 - 8 = ___

piensa

8 + ___ = 15

2. Calcula el número de puntos que están cubiertos.
Luego completa las operaciones básicas.

a. 14 puntos en total	**b.** 16 puntos en total	**c.** 12 puntos en total
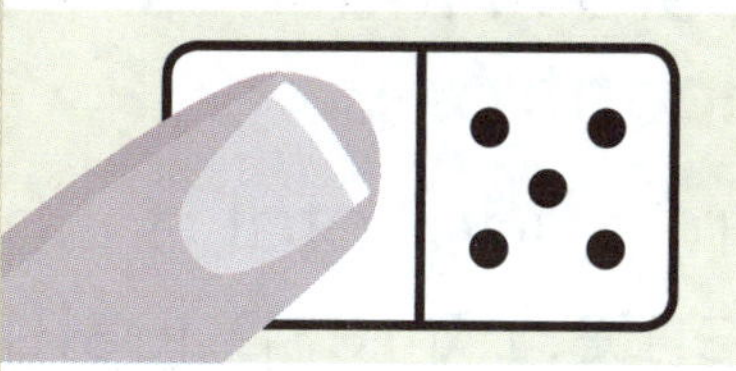		
14 - 5 = ___	16 - 9 = ___	12 - 7 = ___
5 + ___ = 14	9 + ___ = 16	7 + ___ = 12

d. 11 puntos en total	**e.** 13 puntos en total	**f.** 17 puntos en total

11 - 4 = ___	13 - 9 = ___	17 - 9 = ___
4 + ___ = 11	9 + ___ = 13	9 + ___ = 17

3. Completa estas operaciones básicas.

a. 12 - 8 = ___	**b.** 13 - 7 = ___	**c.** 14 - 6 = ___
d. 15 - 7 = ___	**e.** 17 - 8 = ___	**f.** 13 - 4 = ___

Avanza Escribe los números que faltan.

a. 14 - ___ = 6	**b.** ___ - 5 = 8	**c.** 15 - ___ = 6

Reforzando conceptos y destrezas

Práctica de cálculo

Ramón estaba en el jardín. Él encontró algo que no tenía piernas pero sí muchos dientes. ¿Qué fue lo que encontró?

★ Completa estas ecuacionnes. Luego encuentra cada total en las letras de abajo y colorea la letra correspondiente. La respuesta está en inglés.

10 + 27 = ____	66 + 20 = ____	10 + 19 = ____
47 + 20 = ____	10 + 51 = ____	23 + 20 = ____
20 + 55 = ____	18 + 20 = ____	10 + 64 = ____
35 + 10 = ____	10 + 42 = ____	38 + 20 = ____

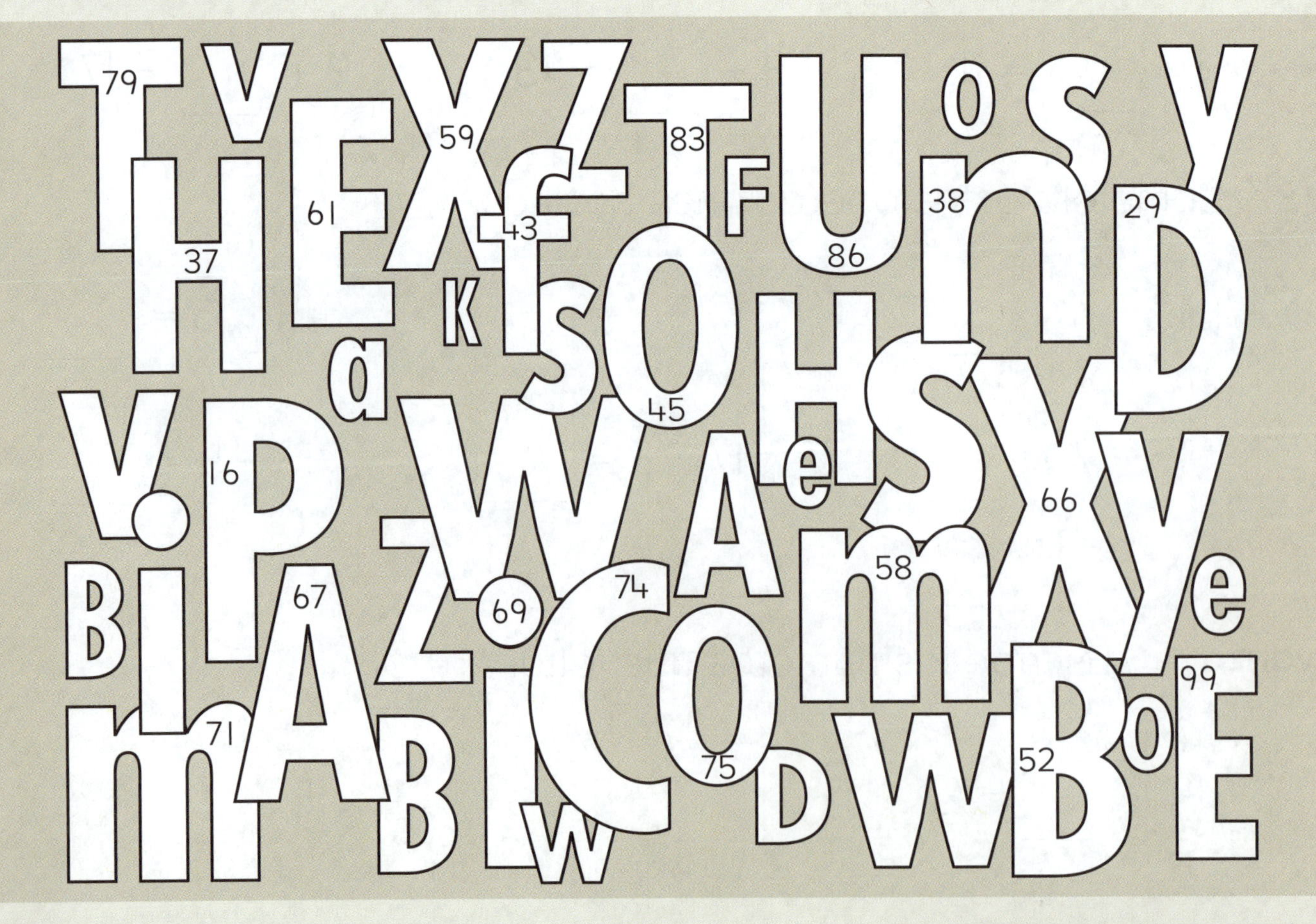

Práctica continua

1. Colorea algunas de la imágenes. Luego escribe las dos operaciones básicas de resta correspondientes.

a.

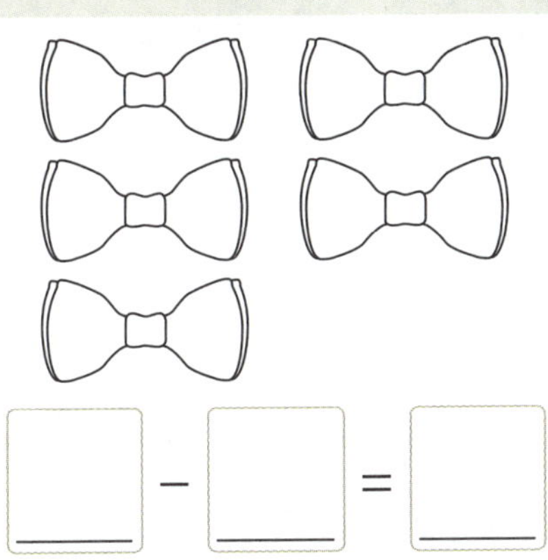

☐ – ☐ = ☐

☐ – ☐ = ☐

b.

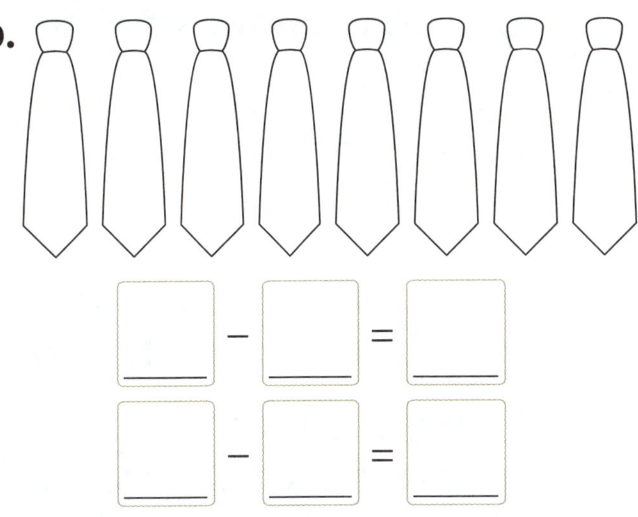

☐ – ☐ = ☐

☐ – ☐ = ☐

DE 1.10.2

2. Completa estas operaciones básicas. Dibuja saltos en la cinta numerada para indicar tu razonamiento.

a. 14 – 9 = ☐

1	2	3	4	5	6	7	8	9	10	11	12	13	14	15

b. 15 – 8 = ☐

1	2	3	4	5	6	7	8	9	10	11	12	13	14	15

DE 1.11.1

Prepárate para el módulo 12

Lee cada pista. Escribe el numeral correspondiente.

a. dos unidades cinco decenas

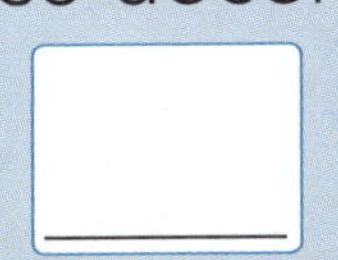

b. tres decenas cero unidades

c. siete unidades cero decenas

☐

Suma/resta: Reforzando las estrategias de las operaciones básicas

Conoce

Hay 15 autos en una carrera.

Algunos de los conductores son hombres.
El resto de los conductores son mujeres.

Escribe una ecuación para indicar cuántos conductores podrían ser hombres y cuántos mujeres. Hay más de una ecuación posible.

15 = ☐ + ☐

15 autos comienzan una carrera, pero solo 7 autos la terminan.
¿Cuántos autos no terminaron la carrera?

Escribe una ecuación para calcular el número de autos que no terminaron la carrera.

¿Qué estrategia utilizaste para encontrar la respuesta?

Comencé en 7 y salté hasta 10. Luego salté del 10 al 15. Sumé los saltos (3 + 5) para encontrar la respuesta.

Intensifica

1. Escribe las respuestas. Luego escribe **C**, **D** o **H** en cada círculo para indicar la estrategia que utilizaste para calcular la respuesta.

Estrategias

- Ⓒ contar hacia delante o hacia atrás
- Ⓓ dobles
- Ⓗ hacer diez

○ 7 - 2 = ☐	○ 8 + 4 = ☐	
○ 13 - 8 = ☐	○ 7 + 5 = ☐	○ 17 - 8 = ☐
○ 7 + 9 = ☐	○ 11 - 2 = ☐	○ 12 - 3 = ☐

2. Escribe las respuestas en la pista de carreras.

inicio

9 − 3 = ___

4 + 5 = ___

9 + 3 = ___

11 − 5 = ___

12 − 4 = ___

2 + 8 = ___

8 + 7 = ___

6 − 6 = ___

4 + 7 = ___

9 − 8 = ___

8 − 0 = ___

9 + 6 = ___

3 + 5 = ___

11 − 9 = ___

meta

Avanza Escribe tres operaciones básicas diferentes que tengan una diferencia de 5 cada una.

a. ___ − ___ = 5 **b.** ___ − ___ = 5 **c.** ___ − ___ = 5

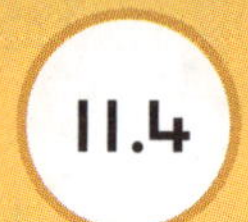

Suma/resta: Resolviendo problemas verbales (todas las operaciones básicas)

Conoce **Julia colecciona tarjetas intercambiables.**

Ella pone las tarjetas en una página de una lámina plástica y las mantiene en una carpeta.

¿Cuántas tarjetas caben en cada página?

¿Puedes calcular el total sin contar todos los espacios para las tarjetas?

Hay cuatro tarjetas en cada fila.
Eso es 4 + 4 + 4.

¿Qué operación básica de resta podrías escribir para indicar las tarjetas que faltan en la página?

___ – ___ = ___

Ben tiene las mismas páginas para sus tarjetas. Él tiene una página llena con tarjetas. A la segunda página le faltan siete tarjetas. ¿Cuántas tarjetas tiene él en total?

Intensifica 1. Resuelve cada problema. Indica tu razonamiento.

a. Gloria tiene 3 paquetes de tarjetas. Cada paquete contiene 6 tarjetas. ¿Cuántas tarjetas tiene ella en total?

___ tarjetas

b. Terri tiene 4 tarjetas menos que Reece. Terri tiene 9 tarjetas. ¿Cuántas tarjetas tiene Reece?

___ tarjetas

2. Resuelve cada problema. Indica tu razonamiento.

a. Rita tiene 6 tarjetas más que Ang. Él tiene 4 tarjetas. ¿Cuántas tarjetas tiene Rita?

____ tarjetas

b. A Lisa le dan 7 tarjetas de peces. Ella ahora tiene 15 tarjetas en total. ¿Cuántas tarjetas tenía ella antes?

____ tarjetas

c. Ruben tiene 11 tarjetas. Algunas de las tarjetas son de peces y otras de pájaros. ¿Cuántas tarjetas podría haber en cada grupo?

____ peces ____ pájaros

d. Liam tiene 6 tarjetas de pájaros, 3 de perros y 4 de peces. Su amigo tiene 10 tarjetas. ¿Cuántas tarjetas tiene Liam en total?

____ tarjetas

Avanza Escribe tu propio problema verbal utilizando cada uno de estos números. 14 6 8

____

____

____

____

Reforzando conceptos y destrezas

Piensa y resuelve 

Escribe un número para hacer cada balanza verdadera.

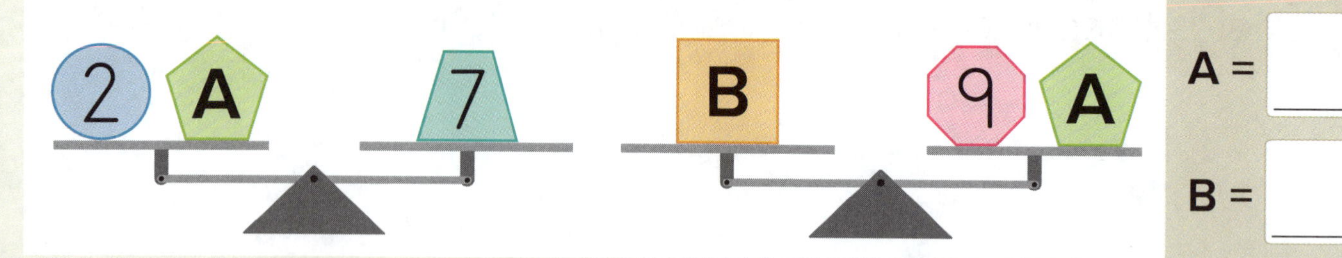

A = ______

B = ______

Palabras en acción

Zoe y Dwane tienen algunas monedas. Dwane tiene 4 centavos más que Zoe. Entre las dos tienen un total de 20 centavos.

a. Dibuja una imagen para indicar las monedas que cada persona podría tener.

b. Escribe acerca de cómo lo calculaste.

Práctica continua

1. El número en cada círculo es el total. Escribe el número que falta. Luego escribe una operación básica de suma y una de resta correspondientes.

a.

b.

c.

DE 1.10.5

2. Dibuja puntos para calcular la parte que falta. Luego completa las operaciones básicas de suma y de restas correspondientes.

a. 15 puntos en total

15 − 9 = ____

piensa

9 + ____ = 15

b. 14 puntos en total

14 − 8 = ____

piensa

8 + ____ = 14

DE 1.11.2

Prepárate para el módulo 12

Escribe los números que faltan en este camino.

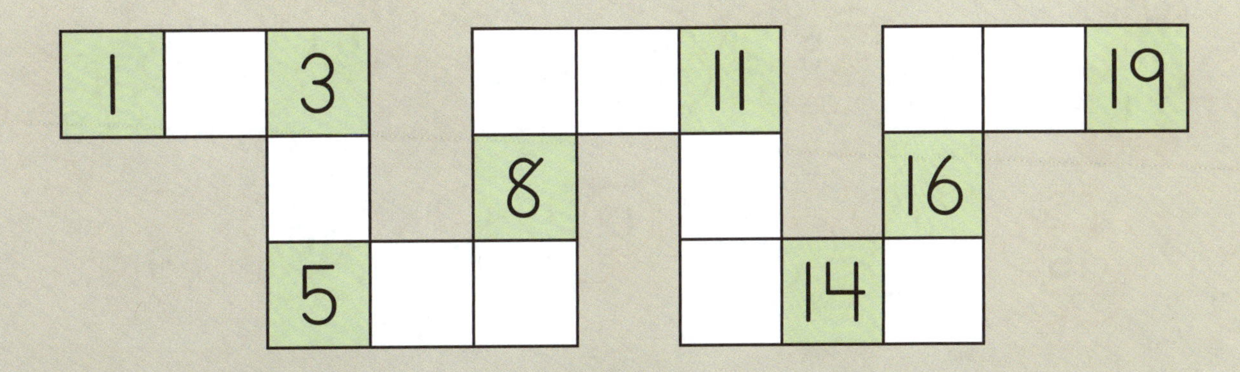

11.5 Álgebra: Contando de dos en dos

Conoce ¿Cuántos pares de zapatos ves?

¿Cuál es una manera rápida de calcular el número total de zapatos?

Intensifica 1. Dibuja saltos de dos en dos. Colorea los números en que caes.

a.

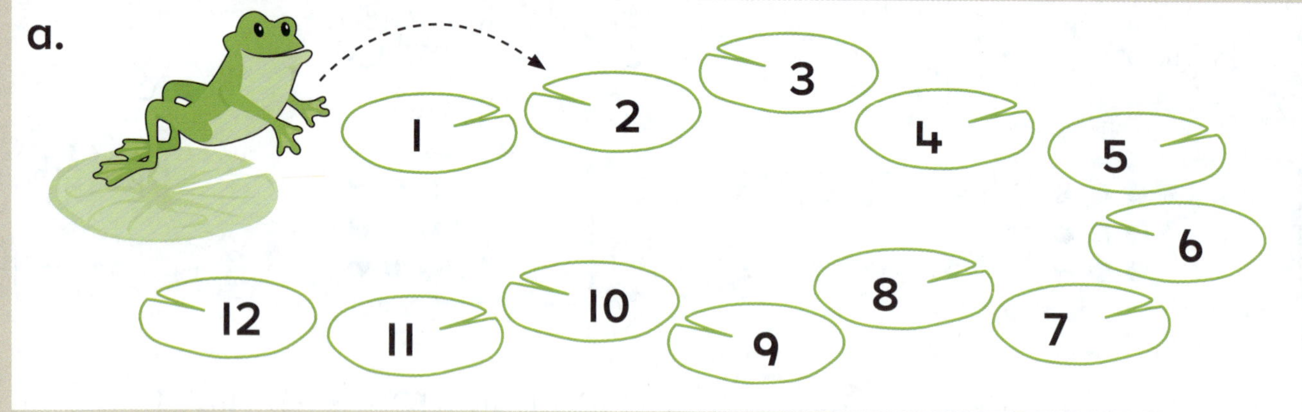

b.

2. Dibuja saltos de dos en dos. Colorea los números en que caes.

a.

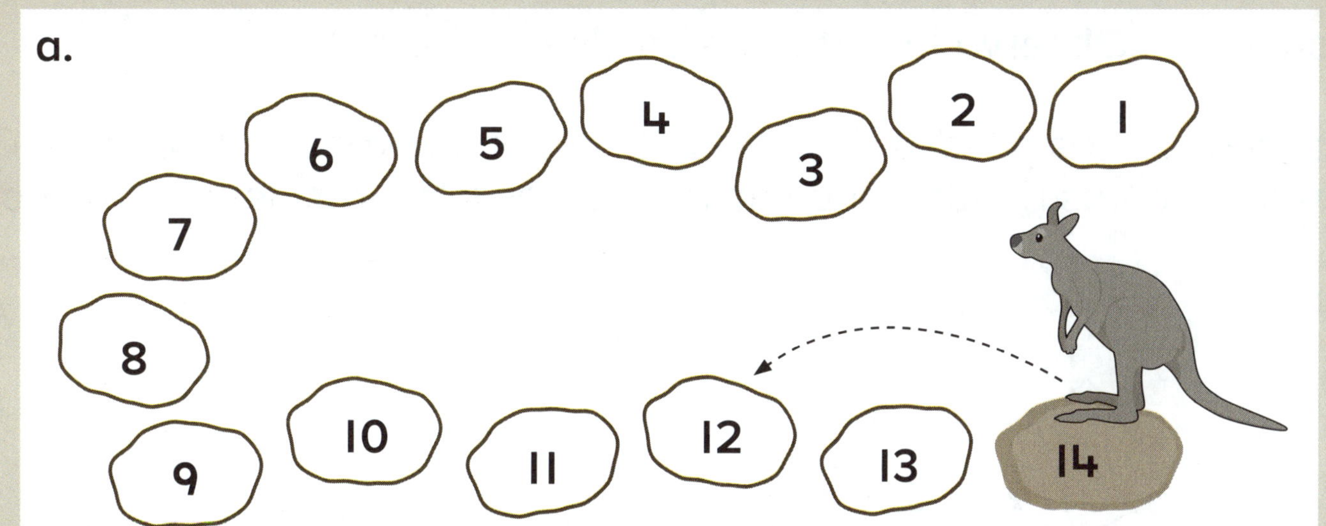

b.

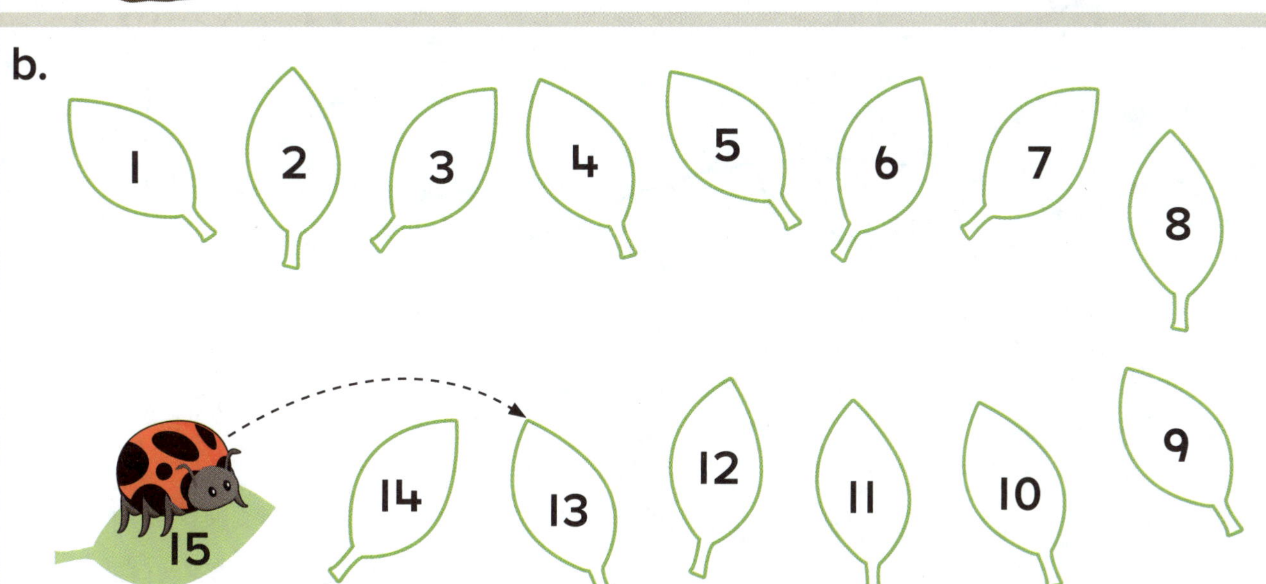

Avanza Estos patrones numéricos fueron hechos con saltos de dos en dos. Escribe los números que faltan.

a.

2	4	___	___	10

b.

___	6	___	10	___

c.

___	3	___	7	___

d.

3	___	___	9	___

11.6 Álgebra: Contando de cinco en cinco y de diez en diez

Conoce **Observa la cinta numerada de abajo.**

¿Cuántos cincos puedes encontrar? Cuáles números tienen un cinco?
¿Cuántos ceros puedes encontrar? ¿Cuáles números tienen un cero?

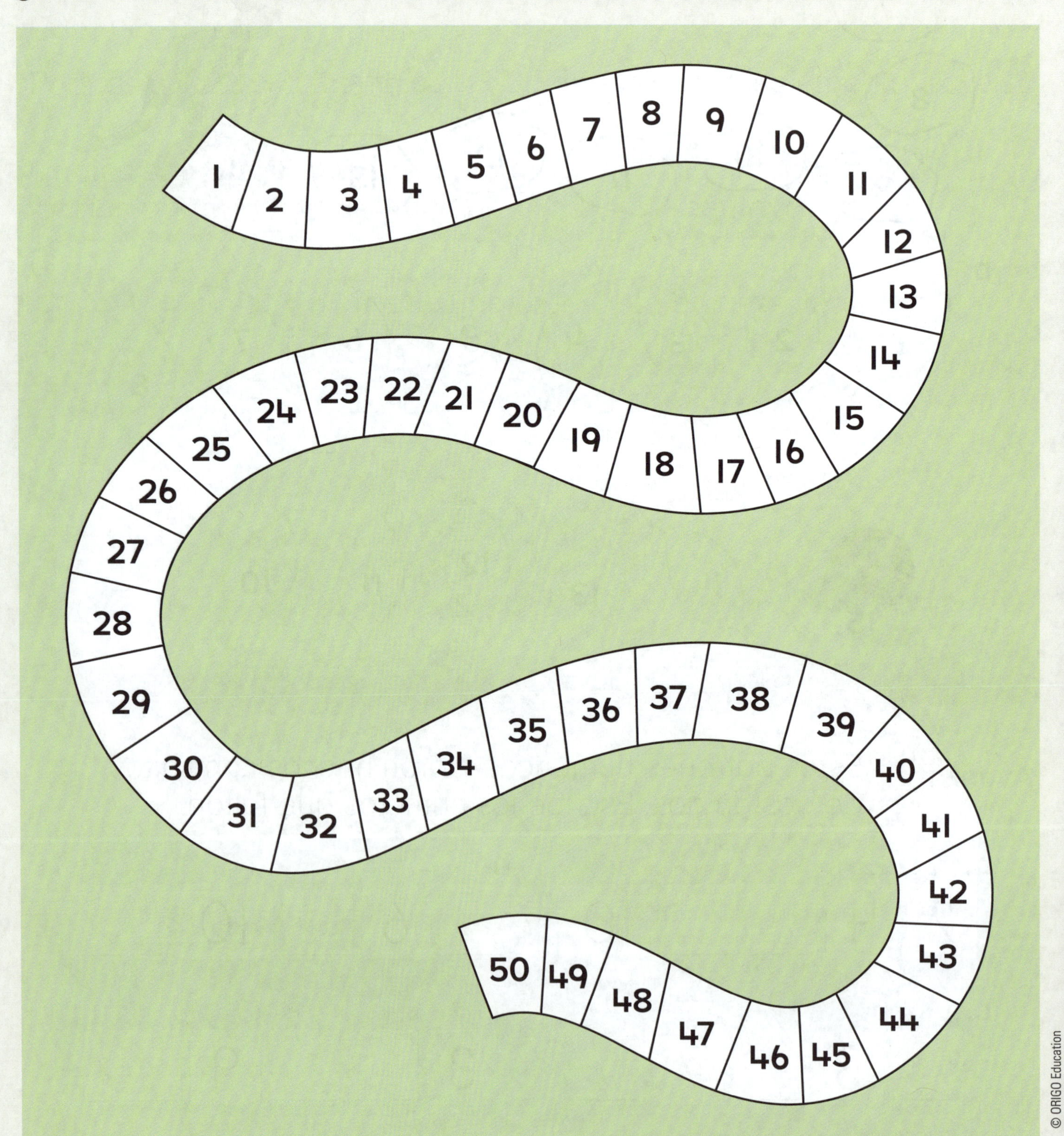

Intensifica Utiliza la cinta numerada de la página 410 como ayuda para completar estas preguntas.

1. **a.** Comienza en 10. Dibuja ● en los números que dices al contar de diez en diez.

   b. Escribe los números que dices al contar de diez en diez.

   ____ ____ ____ ____ ____

   c. Observa los números que escribiste. Escribe acerca del patrón que ves.

   ____

   ____

2. **a.** Comienza en 5. Dibuja un ● en los números que dices al contar de cinco en cinco.

   b. Escribe los números que dices al contar de cinco en cinco.

   ____ ____ ____ ____ ____ ____ ____ ____ ____ ____

   c. Observa los números que escribiste. Escribe acerca del patrón que ves.

   ____

   ____

Avanza Imagina que la cinta numerada de la página 410 continúa hasta el 99.

a. Escribe los números que dirías si siguieras contando de diez en diez.

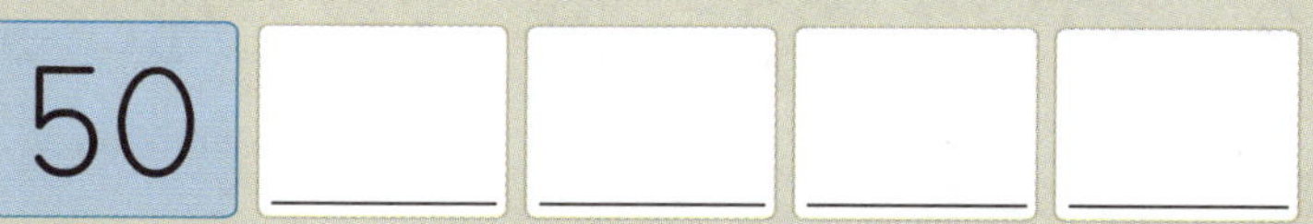

b. Escribe los números que dirías si siguieras contando de cinco en cinco.

50 ____ ____ ____ ____ ____ ____ ____ ____ ____

Práctica de cálculo

¿En qué se parece un bebé a un jugador de baloncesto?

★ Completa las ecuaciones. Luego escribe cada letra arriba del total correspondiente en la parte inferior de la página. Algunas letras se repiten.

Ecuación	Letra	Ecuación	Letra	Ecuación	Letra
37 + 10 = ____	u	56 + 10 = ____	r	49 + 20 = ____	a
39 + 20 = ____	n	58 + 10 = ____	g	25 + 10 = ____	t
74 + 10 = ____	b	23 + 10 = ____	p	29 + 20 = ____	e
66 + 20 = ____	l	43 + 10 = ____	c	55 + 20 = ____	o
67 + 10 = ____	y	55 + 10 = ____	j	50 + 20 = ____	s

Práctica continua

1. Calcula la **diferencia** entre cada par de trenes de cubos. Luego completa la ecuación.

a.

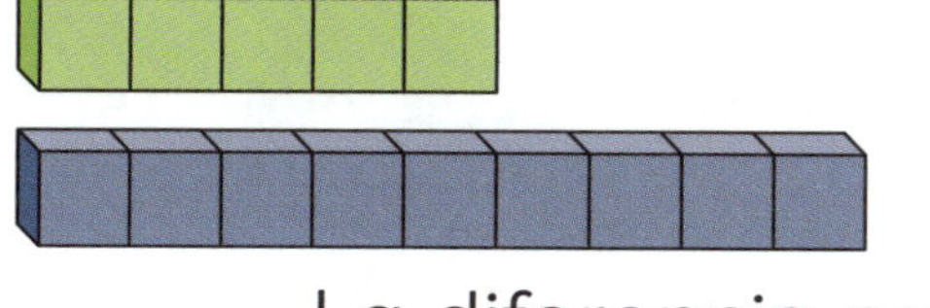

La diferencia es ____

entonces 9 − 5 = ____

b.

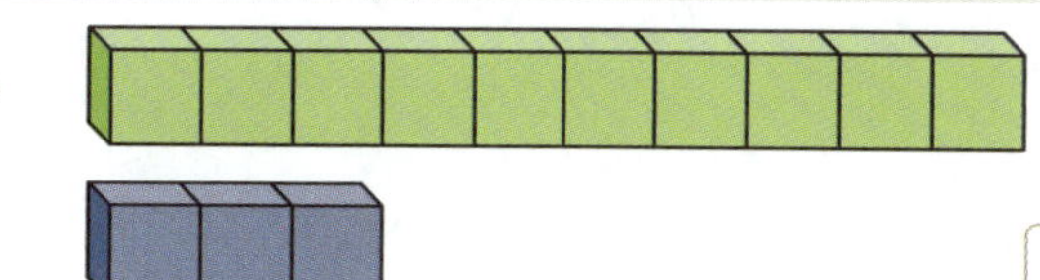

La diferencia es ____

entonces 10 − 3 = ____

DE 1.10.6

2. Completa las ecuaciones. Luego escribe **C**, **D** o **H** en cada círculo para indicar la estrategia que utilizaste para calcular la respuesta.

Estrategias

Ⓒ contar hacia delante o hacia atrás

Ⓓ dobles

Ⓗ Hacer diez

DE 1.11.3

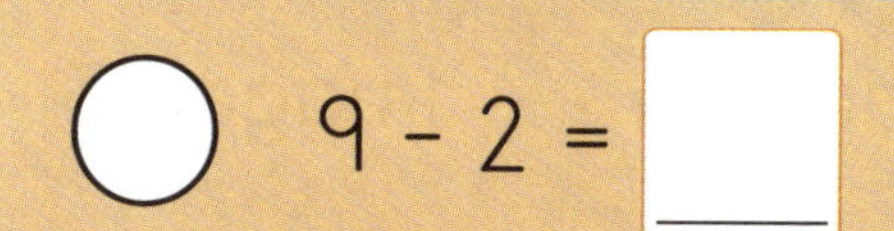

◯ 9 - 2 = ____

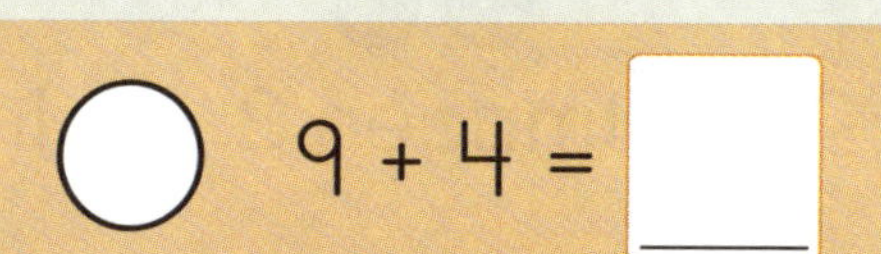

◯ 9 + 4 = ____

◯ 14 - 8 = ____

◯ 6 + 5 = ____

◯ 17 - 9 = ____

◯ 7 + 8 = ____

◯ 11 - 3 = ____

◯ 8 + 2 = ____

Prepárate para el módulo 12

Completa las ecuaciones. Puedes dibujar saltos en la cinta numerada como ayuda.

1	2	3	4	5	6	7	8	9	10	11	12	13	14	15

a. 5 - 2 = ____

b. 3 - 1 = ____

c. 9 - 2 = ____

d. 12 - 3 = ____

e. 8 - 3 = ____

f. 15 - 2 = ____

11.7 Álgebra: Explorando patrones crecientes y decrecientes

Conoce **Este es un patrón creciente. Dibuja la imagen siguiente.**

¿Cómo describirías este patrón a otro estudiante?

Este es un patrón decreciente. Dibuja la imagen siguiente.

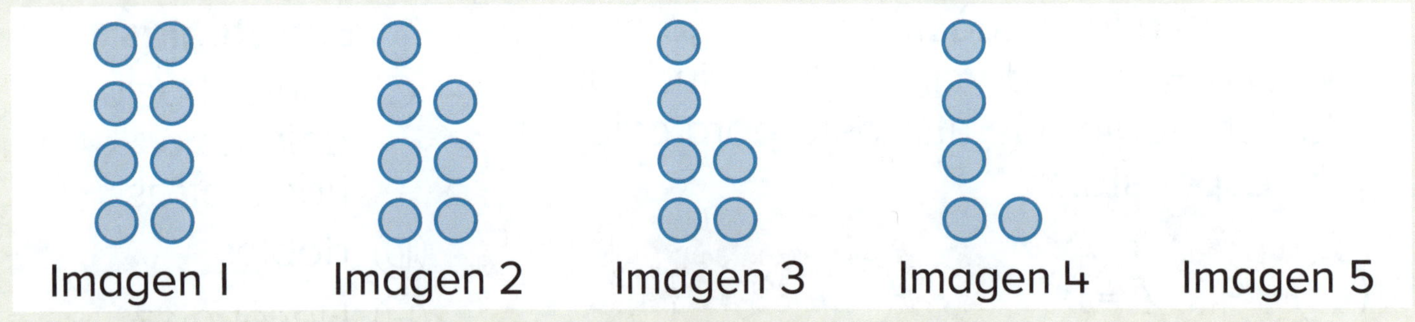

¿Cómo se verá la imagen siguiente? ¿Cómo lo sabes?

Observa este patrón numérico. ¿Es éste un patrón creciente o decreciente? ¿Cómo lo sabes?

¿Qué es un patrón de números decreciente?

Intensifica **1.** Dibuja la imagen siguiente en este patrón.

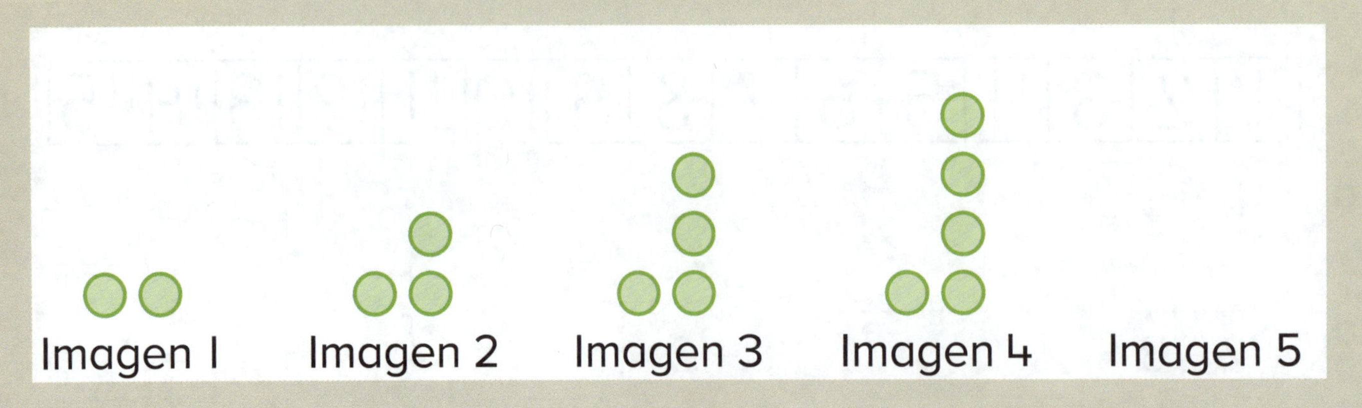

2. Dibuja la imagen que falta en cada patrón.

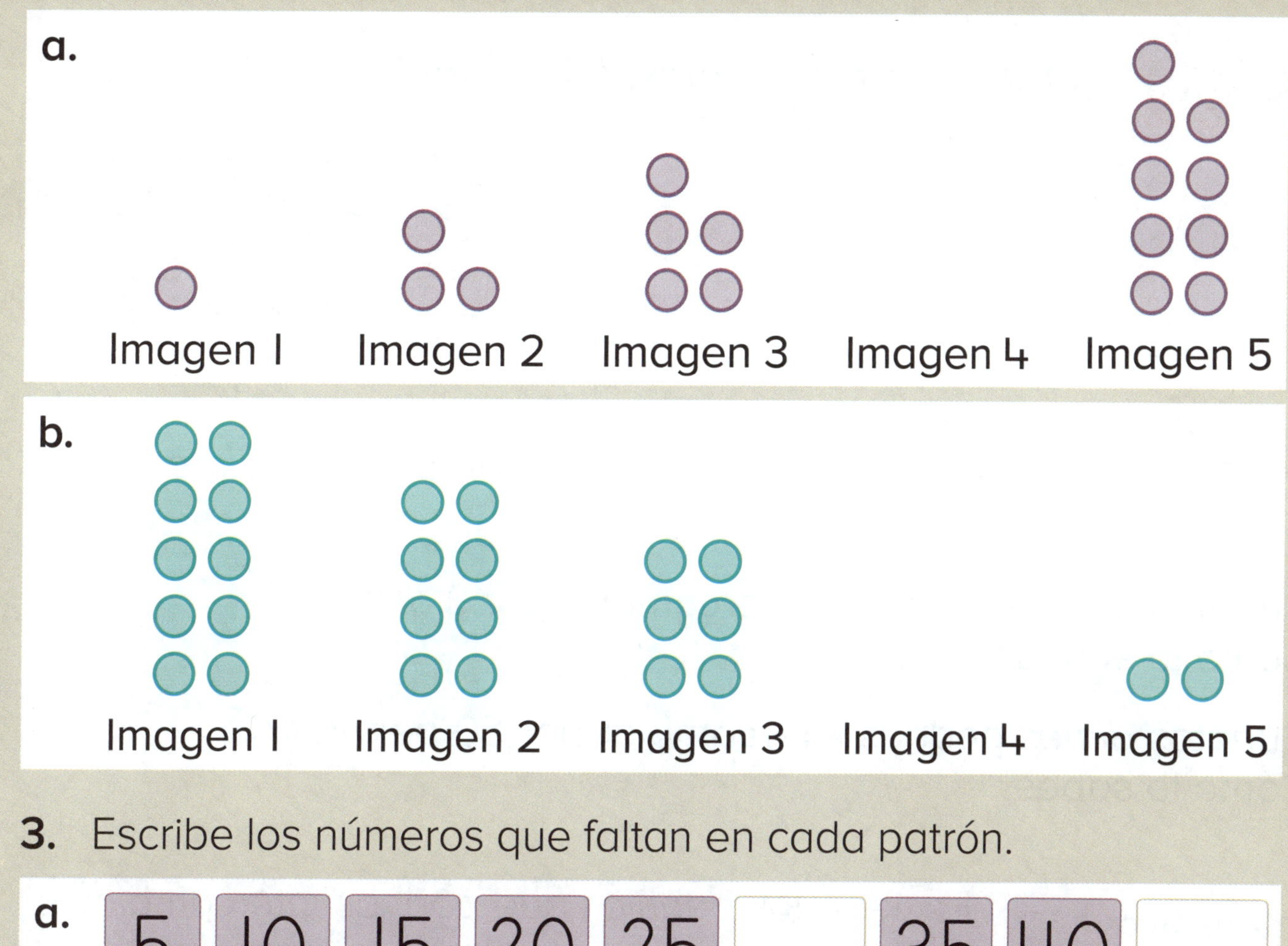

3. Escribe los números que faltan en cada patrón.

Avanza Escribe números para indicar un patrón numérico **creciente** diferente.

___ ___ ___ ___ ___ ___ ___ ___

11.8 Dinero: Relacionando *dimes* y *pennies*

Conoce

¿Cuántos *dimes* podrías intercambiar por estos *pennies*?

Puedo intercambiar 10 *pennies* por 1 *dime*.

¿Cuántos *pennies* podrías intercambiar por 3 *dimes*? ¿Cómo lo sabes?

¿Cuántos *dimes* podrías intercambiar por 50 *pennies*? ¿Cómo lo sabes?

Intensifica

1. Encierra los *pennies* que podrías intercambiar por un *dime*. Luego escribe el número de *pennies* que sobra.

a.

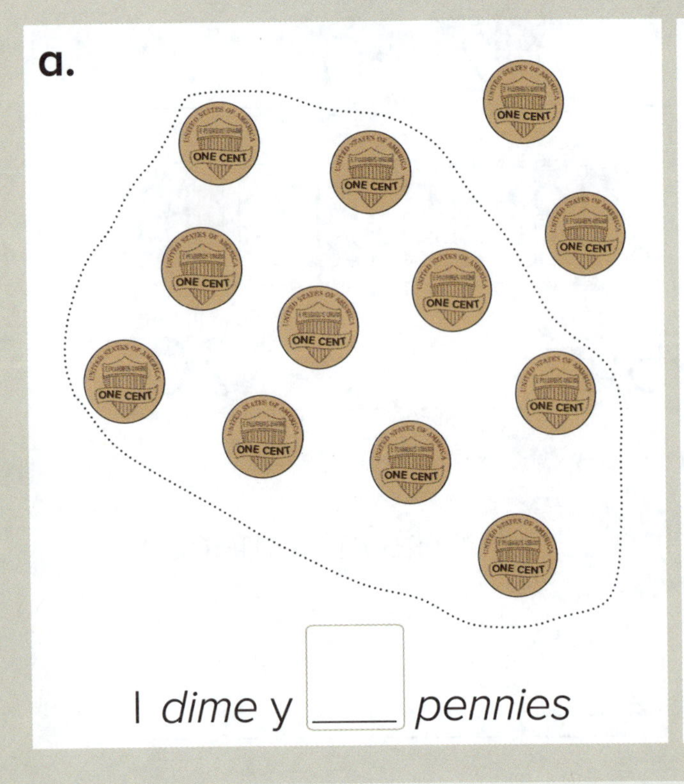

1 *dime* y ____ *pennies*

b.

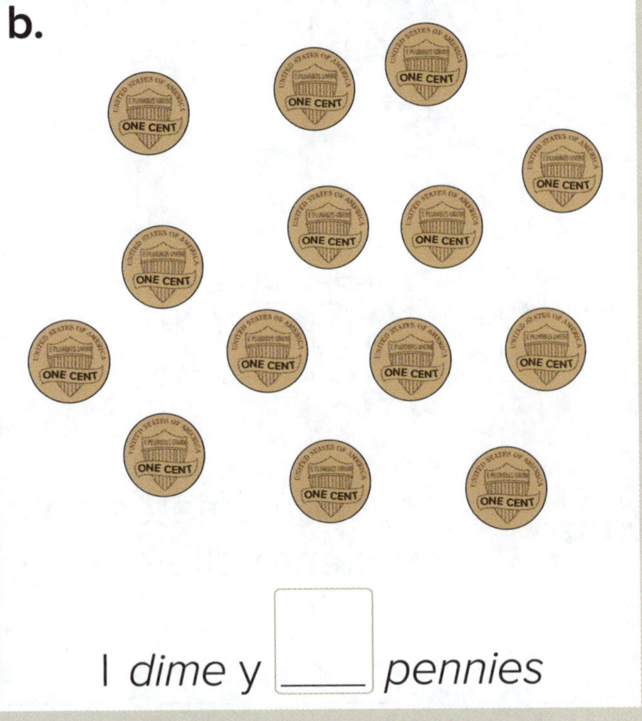

1 *dime* y ____ *pennies*

2. Encierra los *pennies* que podrías intercambiar por *dimes*. Luego escribe el número total de *dimes* y *pennies* después del intercambio.

a.

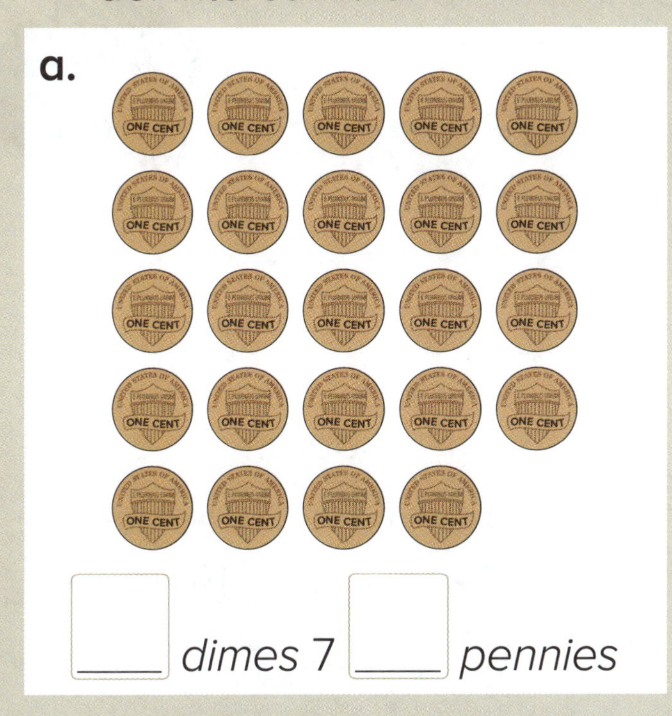

____ *dimes* 7 ____ *pennies*

b.

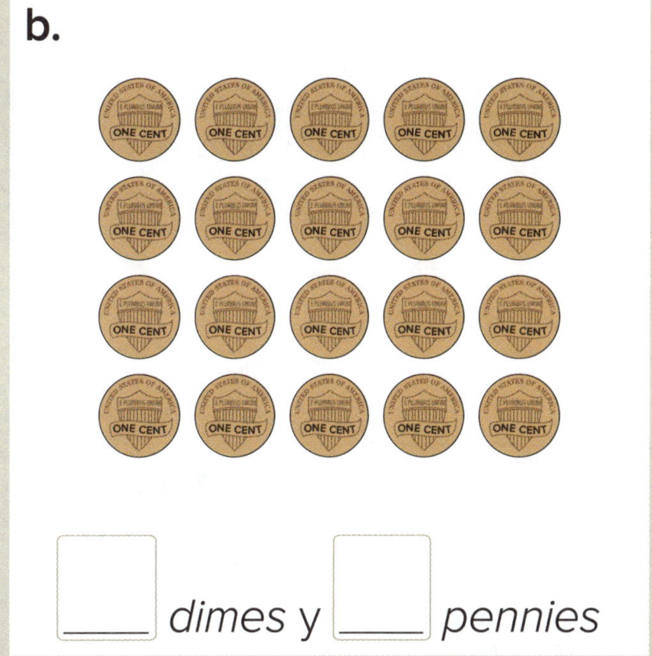

____ *dimes* y ____ *pennies*

3. Escribe el número de pennies que podrías intercambiar por estos dimes.

a. 9 *dimes* hacen la misma cantidad que ____ *pennies*.

b. 7 *dimes* hacen la misma cantidad que ____ *pennies*.

c. ____ *pennies* hacen la misma cantidad que 6 *dimes* y 7 *pennies*.

Avanza Dibuja más monedas para pagar el juguete con la cantidad **exacta**.

Reforzando conceptos y destrezas

Piensa y resuelve

¿Cuál es mi número de la suerte?

- Es **mayor que** 20.
- Es **menor que** 30.
- Es un número que dices cuando comienzas en 5 y cuentas de **cinco en cinco**.

Palabras en acción

Elige y escribe una palabra de la lista para completar cada enunciado de abajo. Algunas palabras se repiten y otras sobran.

cinco	diez	pasos	decreciente
cuentas	creciente	dos	repetitivo

a. Si inicias en 2 y ____________ en pasos de ____________ hasta diez, dirás 2, 4, 6, 8, 10.

b. Si inicias en 10 y cuentas en ____________ de ____________ hasta cincuenta, dirás 10, 20, 30, 40, 50.

c. Dirás el número 35, si inicias en 5 y ____________ en pasos de cinco.

d. Los números 1, 2, 3, 4, 5, 6, 7 indican un patrón ____________ de uno en uno.

e. Los números 51, 41, 31, 21, 11 indican un patrón ____________ de diez en diez.

Práctica continua

1. Calcula cuánto dinero **más** se necesita para pagar el precio. Dibuja saltos en la cinta numerada para indicar tu razonamiento.

a.

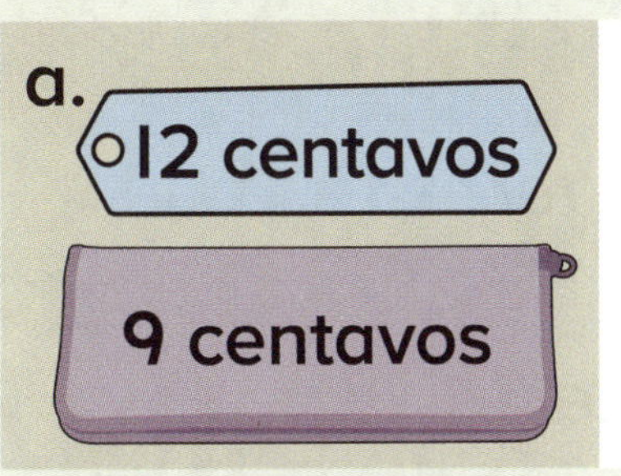

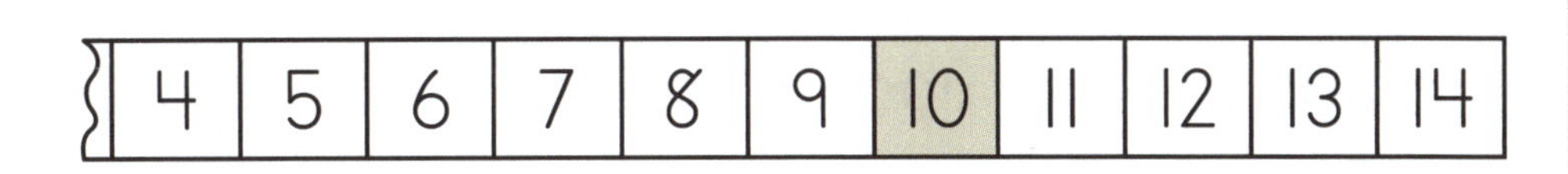

La cantidad que se necesita es ____ centavos.

b.

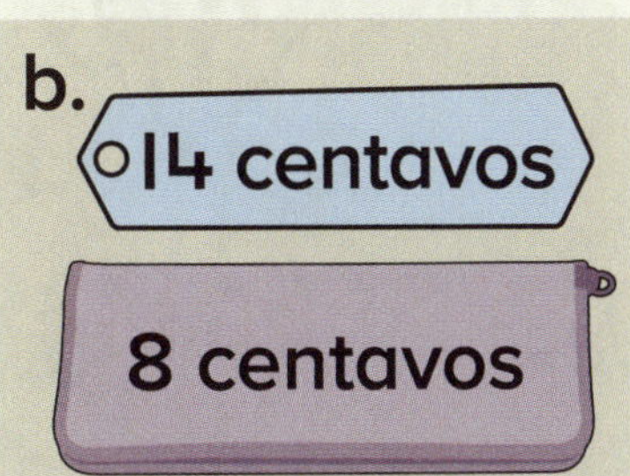

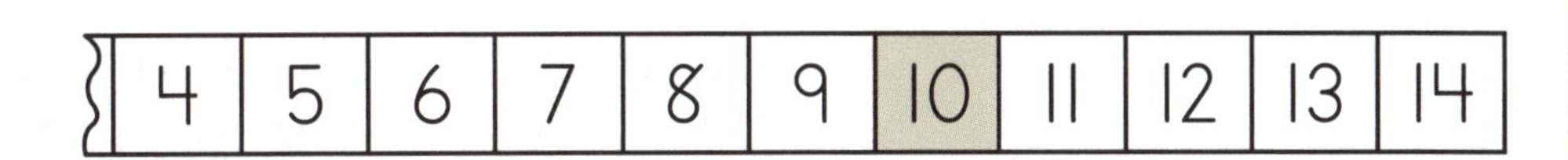

La cantidad que se necesita es ____ centavos.

2. Escribe los números que faltan en cada patrón.

a. 15 20 25 30 35 ____ 45 ____

b. 90 80 70 ____ ____ 40 ____ 20

 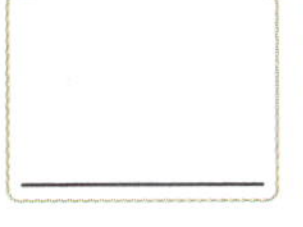  

c. 44 46 48 ____ ____ 54 56 58

Prepárate para el módulo 12

Completa cada patrón. Tacha bloques para indicar tu razonamiento.

a.

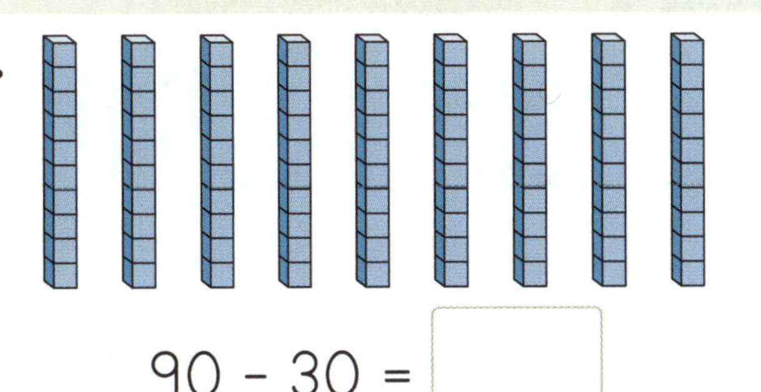

90 - 30 = ____

b.

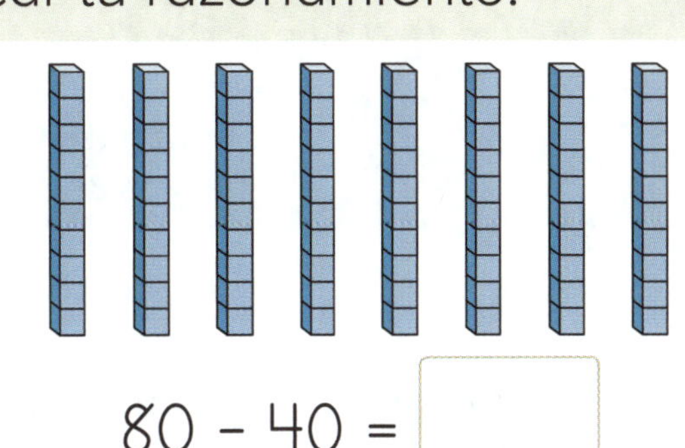

80 - 40 = ____

Dinero: Relacionando todas las monedas

Conoce **Observa estas monedas.**

¿Cuál es el nombre de la moneda pequeña?
¿Cuál es el nombre de la moneda grande?

¿Cuántos *pennies* podrías intercambiar por un *quarter*?
¿Cómo lo sabes?

¿Cuántos *nickels* podrías intercambiar por un *quarter*?
¿Cómo lo sabes?

Un *quarter* es el mismo valor que 25 centavos, entonces eso es 25 *pennies*.

¿Cómo puedes calcular el número de *nickels* que podrías intercambiar por 2 *quarters*?

Intensifica

1. Encierra los *nickels* que podrías intercambiar por un *quarter*. Luego escribe el número de *nickels* que sobra.

a.

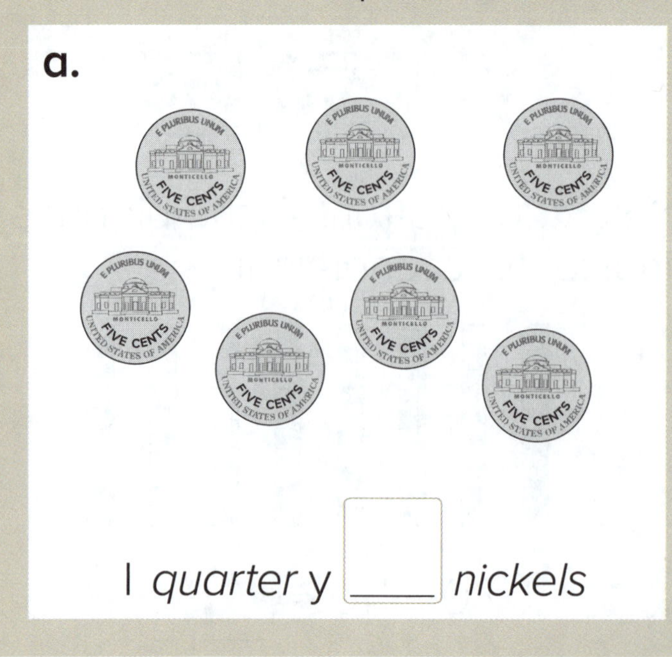

1 *quarter* y ____ *nickels*

b.

1 *quarter* y ____ *nickels*

2. Encierra las monedas que podrías intercambiar por *quarters*. Luego escribe el número total de monedas después del intercambio.

a.

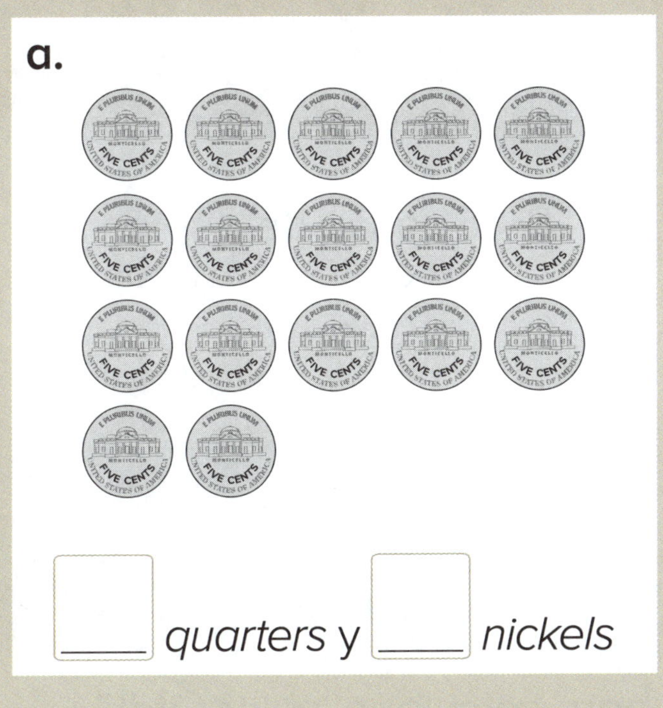

____ *quarters* y ____ *nickels*

b.

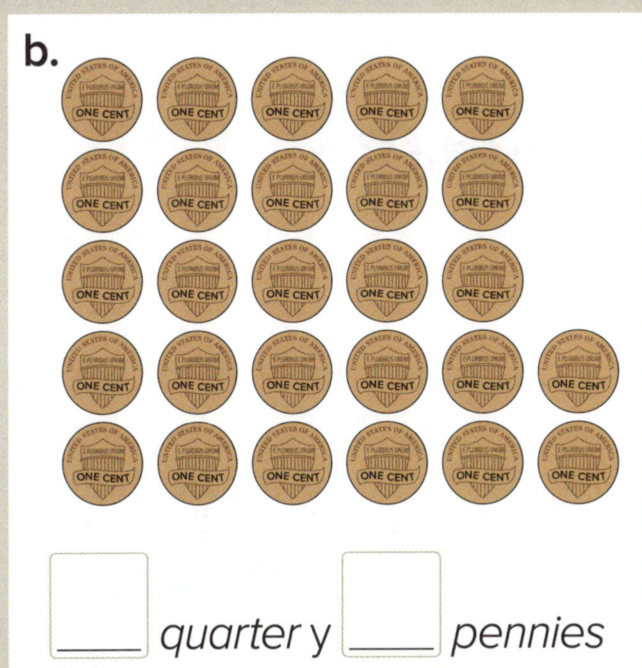

____ *quarter* y ____ *pennies*

3. Escribe los números que faltan.

a. 6 *nickels* hacen la misma cantidad que ____ *pennies*.

b. ____ *nickels* hacen la misma cantidad que 2 *quarters*.

c. 8 *nickels* hacen la misma cantidad que ____ *dimes*.

Avanza Observa este grupo de *dimes*. Luego dibuja los *nickels* que podrías intercambiar por la misma cantidad.

dimes	*nickels*

Dinero: Determinando el valor de un grupo de monedas

Conoce **Observa estos *pennies*.**

¿Cuántos centavos hay?
¿Cómo lo sabes?

¿Cómo podrías contar estos *nickels* para calcular el valor total?

¿Cómo podrías contar estos *dimes* para calcular el valor total?

Intensifica **1.** Cuenta de dos en dos. Escribe la cantidad total.

______ centavos

2. Cuenta de cinco en cinco. Escribe la cantidad total.

______ centavos

3. Utiliza conteo salteado para calcular la catidad total.

a.

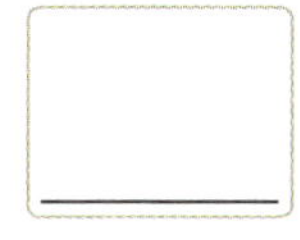

______ centavos

b.

______ centavos

c.

______ centavos

Avanza Colorea monedas para indicar 50 centavos de dos maneras diferentes.

Reforzando conceptos y destrezas

Práctica de cálculo

¿Qué es tan grande como un elefante pero no pesa nada?

★ Completa estas ecuaciones.

★ Escribe la letra arriba del número correspondiente en la parte inferior de la página. Algunas letras se repiten.

$22 + 20 =$ ___	n	$29 + 1 =$ ___	f	$6 - 2 =$ ___	s
$10 + 16 =$ ___	o	$10 + 33 =$ ___	e	$5 - 3 =$ ___	a
$16 + 20 =$ ___	t	$8 - 3 =$ ___	l	$8 - 1 =$ ___	d
$23 + 10 =$ ___	b	$9 - 1 =$ ___	a	$20 + 19 =$ ___	m
$10 + 39 =$ ___	r	$20 + 28 =$ ___	e	$9 - 3 =$ ___	e
$12 + 10 =$ ___	l	$7 - 4 =$ ___	a		

48 22 6 30 2 42 36 43

Práctica continua

1. Colorea el ⬭ junto a **cada** declaracion que describa este objeto 3D.

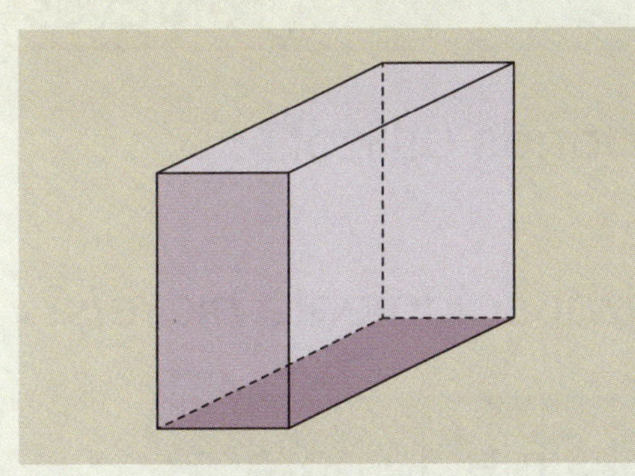

- ⬭ Puede rodar.
- ⬭ Se puede apilar.
- ⬭ Todas sus superficies son planas.
- ⬭ Tiene dos superficies curvas.

DE 1.10.10

2. Encierra las monedas que podrías intercambiar por *quarters*. Luego escribe el número total de monedas después del intercambio.

DE1.11.9

____ *quarters* y ____ *nickels*

Prepárate para el módulo 12

Encierra el vaso que contiene **menos** agua.

a.

b.

Dinero: Pagando con monedas

Conoce

¿Qué monedas podrías utilizar para pagar este artículo con la cantidad exacta?

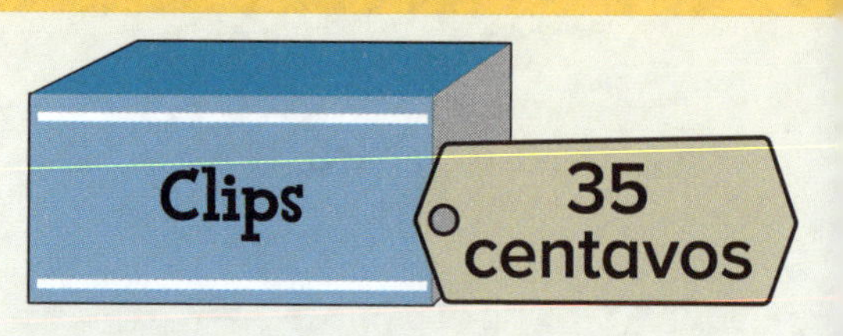

¿Cuál es el menor número de monedas que podrías utilizar? ¿Cómo lo sabes?

¿Podrías utilizar solamente *dimes*? ¿Podrías utilizar solamente *nickels*?

¿Cuáles son otras maneras en que podrías pagar por este artículo?

El símbolo para centavos es ¢.

Intensifica

1. Colorea las monedas que podrías utilizar para pagar cada artículo con la cantidad **exacta**.

a.

b.

c.

d.

2. Recorta y pega las monedas que podrías utilizar para pagar cada artículo con la cantidad **exacta**.

a.

b.

c.

d.

Avanza

Chayton utilizó **cinco** monedas para pagar esta tarjeta con la cantidad exacta. Recorta y pega las monedas que él utilizó.

70¢

Dinero: Relacionando dólares, *dimes* y *pennies*

Conoce ¿Cuántos *dimes* podrías intercambiar por estos *pennies*?

¿Cuál es el nombre de este **billete**?
¿Cuál es el valor de este **billete**?

¿Cuántos *pennies* podrías intercambiar por este billete? ¿Cómo lo sabes?

¿Cuántos *dimes* podrías intercambiar por este billete? ¿Cómo lo sabes?

100 *pennies* pueden ser intercambiados por 1 dólar, entonces 10 *dimes* pueden ser intercambiados por 1 dólar.

El símbolo para dólar es $.

Intensifica 1. Encierra los *dimes* que podrías intercambiar por 1 dólar. Luego escribe la cantidad total.

a.

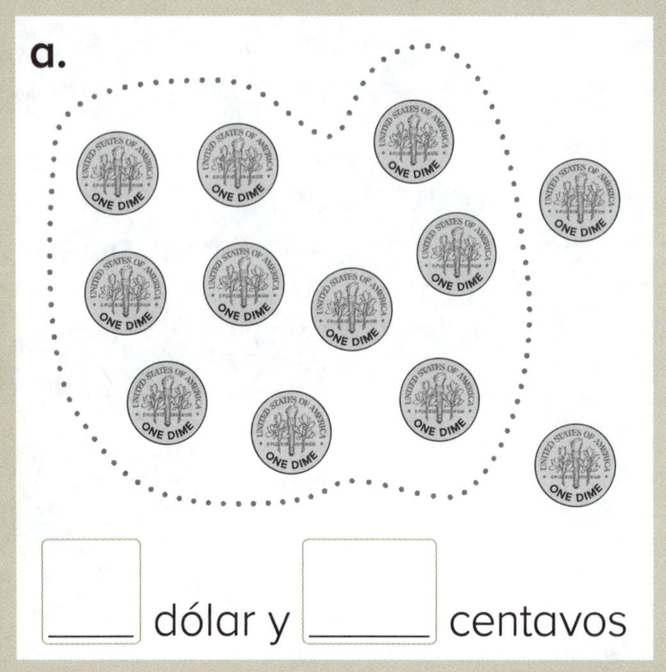

____ dólar y ______ centavos

b.

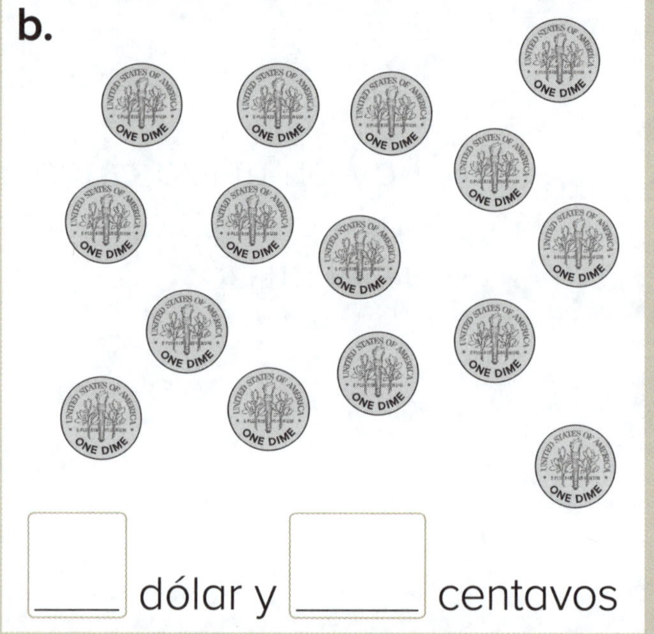

____ dólar y ______ centavos

2. Encierra las monedas que podrías intercambiar por un dólar. Luego escribe la cantidad total.

a.

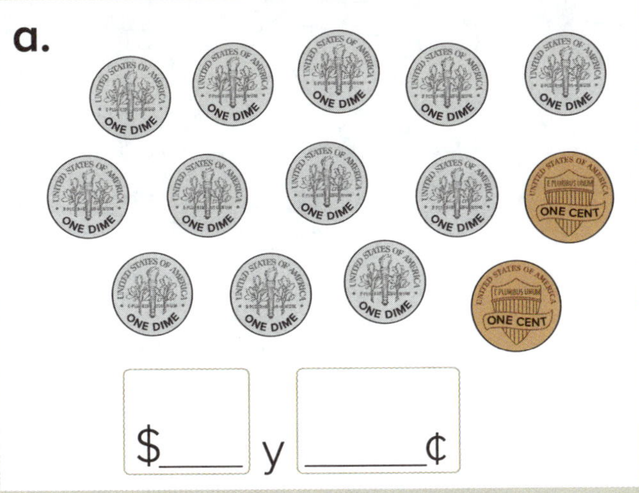

$\$$____ y ______¢

b.

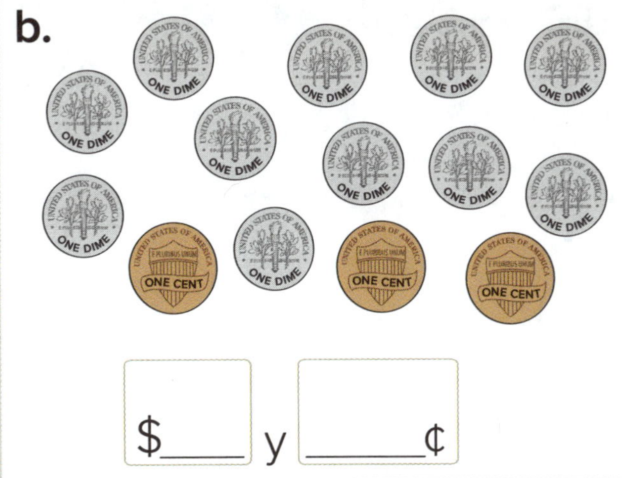

$\$$____ y ______¢

c.

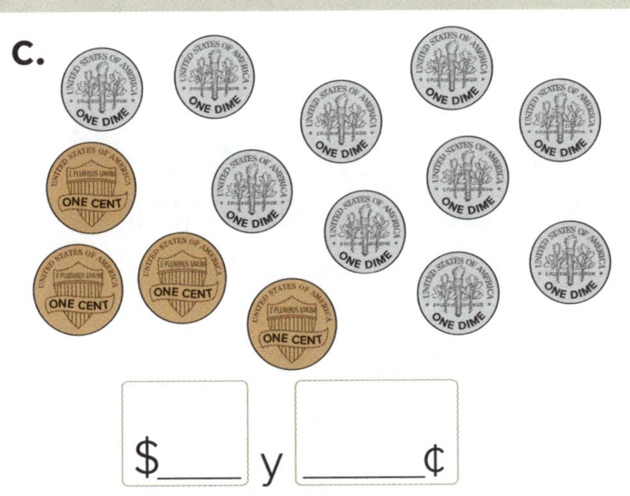

$\$$____ y ______¢

d.

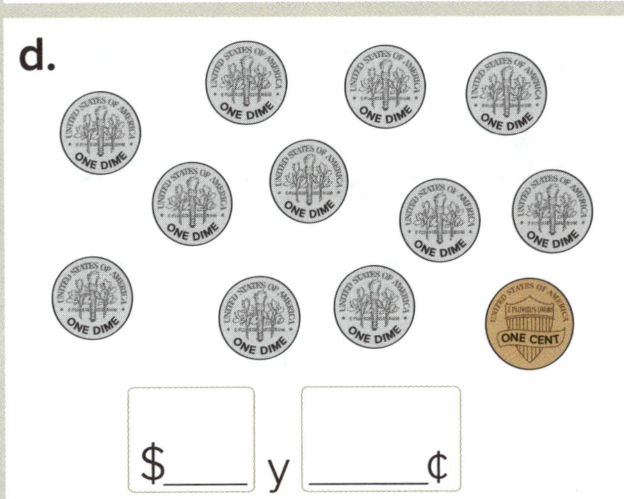

$\$$____ y ______¢

3. Escribe estas cantidades como dólares y centavos.

a. 126 centavos es el mismo valor que ____ dólar y ______ centavos.

b. 105 centavos es el mismo valor que ____ dólar y ______ centavos.

Avanza Colorea el monedero que indica un dólar **exacto**.

9 pennies *1 dime*	*90 pennies* *10 dimes*	*90 pennies* *1 dime*

Piensa y resuelve

Suma las partes.

¿Cuánto cuesta el robot?

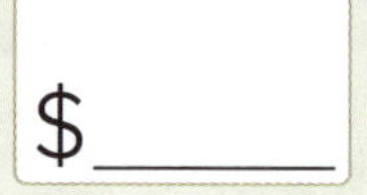

Palabras en acción

Escribe la respuesta para cada pista en la cuadrícula. Utiliza las palabras en **inglés** de la lista. Sobran algunas palabras.

Pistas horizontales

1. Hay __ *quarters* en un dólar.
3. Dos *nickels* tienen el mismo __ que un *dime*.
4. Un dólar puede ser intercambiado por 10 __ .

Pistas verticales

1. __ *nickels* hacen un *quarter*.
2. 100 __ es el mismo valor que un dólar.

five *cinco*	**one** *uno*
cents *centavos*	**four** *cuatro*
value *valor*	**dimes**
dollar *dólar*	**nickels**

1				
				2
3				
4				

Práctica continua

1. a. ¿Qué figuras 2D se utilizaron para hacer este objeto 3D?

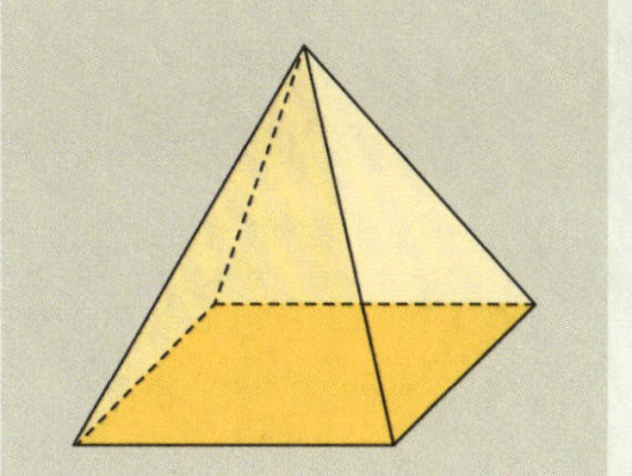

b. Cuántas superficies tiene este objeto?

DE 1.10.10

2. Cuenta de diez en diez. Escribe la cantidad total.

DE 1.11.10

a.

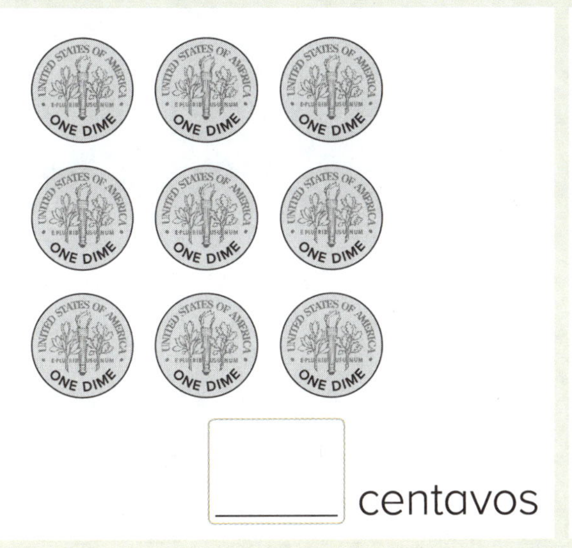

centavos

b.

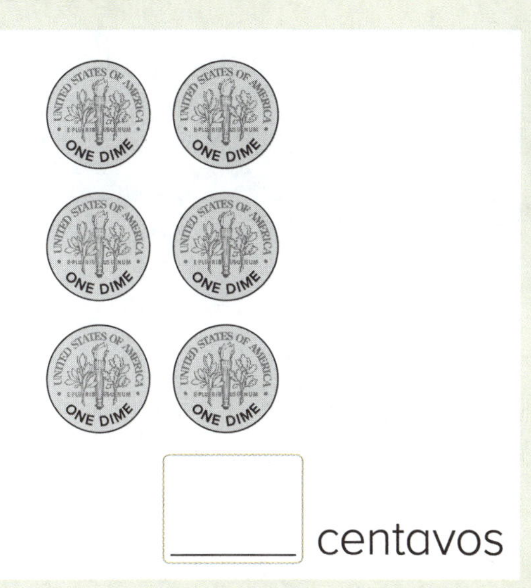

centavos

Prepárate para el módulo 12

Encierra el objeto **más pesado**.

a.

b.

Espacio de trabajo

12.1 Número: Trabajando con el valor posicional (tabla de cien)

Conoce **Observa la tabla de cien de abajo.**

Pasa tu dedo a lo largo de todos los números que tienen un 6 en la posición de las unidades.

Pasa tu dedo a lo largo de todos los números que tienen un 6 en la posición de las decenas. ¿Qué notas?

1	2	3	4	5	6	7	8	9	10
11	12	13	14	15	16	17	18	19	20
21	22	23	24	25	26	27	28	29	30
31	32	33	34	35	36	37	38	39	40
41	42	43	44	45	46	47	48	49	50
51	52	53	54	55	56	57	58	59	60
61	62	63	64	65	66	67	68	69	70
71	72	73	74	75	76	77	78	79	80
81	82	83	84	85	86	87	88	89	90
91	92	93	94	95	96	97	98	99	100

Colorea dos números cualquiera en la tabla de cien.

¿Qué dígitos están en las posiciones de las decenas y las unidades?

¿Cuál de tus números es mayor?

¿Son tus números mayores de 50? ¿Cómo lo sabes?

Intensifica Utiliza la tabla de cien de la página 434 como ayuda para descifrar estos acertijos.

1. Lee la pista y luego escribe el número correspondiente.

a. Tengo un 2 en la posición de las decenas y un 5 en la posición de las unidades.

b. Tengo cuatro unidades y tres decenas.

c. Tengo un 9 en la posición de las unidades y un 2 en la posición de las decenas.

2. **a.** Escribe todos los números que tienen un 8 en la posición de las **decenas**.

b. ¿Qué notas en estos números de la tabla?

3. **a.** Escribe todos los números que tienen un 8 en la posición de las **unidades**.

b. ¿Qué notas en estos números de la tabla?

Avanza **a.** Observa la tabla de cien de la página 434. Escribe los numerales de **dos dígitos** que tienen el mismo dígito en las posiciones de las decenas y las unidades.

b. ¿Qué patrón ves?

12.2 Número: Resolviendo acertijos (tabla de cien)

Conoce **Colorea tres números mayores que 10 en esta tabla de cien.**

Cada número debe estar en una fila diferente.

1	2	3	4	5	6	7	8	9	10
11	12	13	14	15	16	17	18	19	20
21	22	23	24	25	26	27	28	29	30
31	32	33	34	35	36	37	38	39	40
41	42	43	44	45	46	47	48	49	50
51	52	53	54	55	56	57	58	59	60
61	62	63	64	65	66	67	68	69	70
71	72	73	74	75	76	77	78	79	80
81	82	83	84	85	86	87	88	89	90
91	92	93	94	95	96	97	98	99	100

¿Qué sabes acerca de tus números?

¿Cuál número tiene el mayor número de unidades?

¿Cuál número tiene el mayor número de decenas?

¿Cuál número es el mayor?

¿Cuál número es el menor?

¿Cuántos números son mayores que 40?

Intensifica Utiliza la tabla de cien de la página 436 para resolver estos acertijos numéricos.

1. Lee las pistas. Escribe el número de dos dígitos correspondiente.

a. Tengo un 7 en la posición de las decenas y un 3 en la posición de las unidades. ____

b. Soy mayor que 44 pero menor que 46. ____

c. Estoy entre el 33 y el 39. Me dices cuando comienzas en 5 y cuentas de cinco en cinco. ____

d. Estoy en la misma fila que el 56. Me dices cuando comienzas en 10 y cuentas de diez en diez. ____

2. Escribe todos los número de dos dígitos que corresponden a estas pistas.

a. Soy menor que 43 y tengo 4 decenas.

____ ____ ____

b. Soy mayor que 69 y tengo un 8 en la posición de las unidades.

____ ____ ____

c. Soy mayor que 84. Me dices cuando comienzas en 50 y cuentas de cinco en cinco.

____ ____ ____

d. Tengo el mismo número de decenas y unidades. Estoy entre el 40 y el 70.

____ ____ ____

Avanza Elige y escribe un número mayor de 10. Escribe pistas acerca de tu número. ____

____

____

Práctica de cálculo ¿Cómo llamas a un bebé ballena?

- Completa las ecuaciones.
- Escribe cada letra en la casilla arriba del total correspondiente en la parte inferior de la página.

7 + 5 = ___ a	8 + 9 = ___ n
3 + 4 = ___ e	5 + 3 = ___ l
9 + 11 = ___ u	6 + 5 = ___ e
8 + 7 = ___ b	2 + 4 = ___ s
6 + 8 = ___ t	7 + 6 = ___ n
6 + 4 = ___ o	3 + 1 = ___ a
7 + 9 = ___ l	

___	___	___	___
11	6	20	17

___	___	___	___	___	___	___	___	___
15	4	8	16	7	13	12	14	10

Práctica continua

1. Calcula el número de puntos que están cubiertos. Completa las operaciones básicas.

a. 12 – 7 = ___

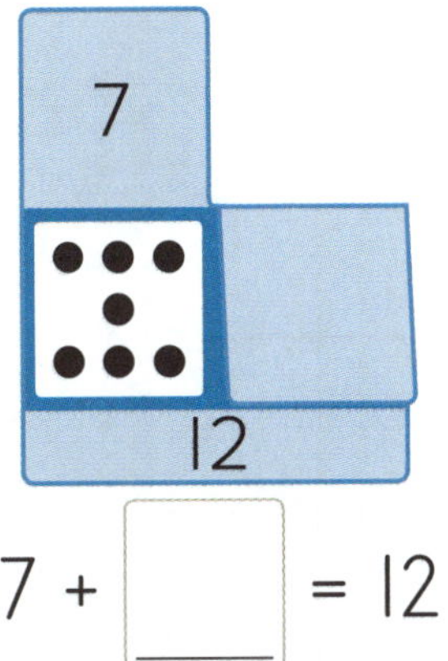

7 + ___ = 12

b. 15 – 9 = ___

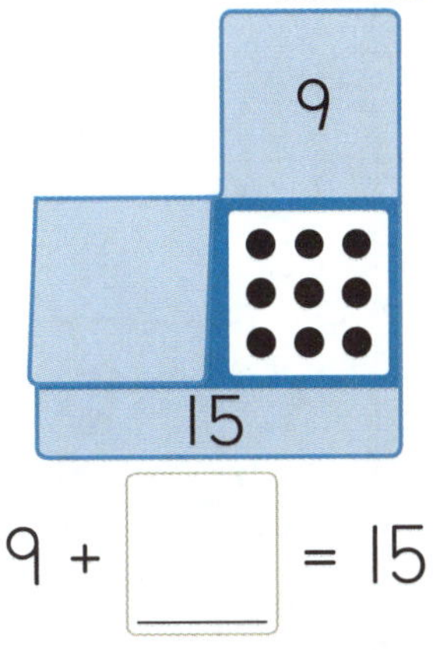

9 + ___ = 15

c. 13 – 8 = ___

8 + ___ = 13

DE 1.11.1

2. Piensa en los números en una tabla de cien. Lee cada pista y luego escribe el numeral correspondiente.

a. Tengo 3 unidades y 5 decenas.

b. Tengo un 7 en la posición de las decenas y un 2 en la posición de las unidades.

c. Tengo 4 decenas y cero unidades.

DE 1.12.1

Preparándote para el próximo año

Compara los números en las tablas. Encierra los enunciados verdaderos.

a.

Decenas	Unidades
8	1

es mayor que

es menor que

Decenas	Unidades
1	8

b.

Decenas	Unidades
7	6

es mayor que

es menor que

Decenas	Unidades
8	3

12.3 Número: Explorando la secuencia de conteo hasta el 120

Conoce Observa esta tabla numérica.

61	62	63	64	65	66	67	68	69	70

Comienza en el 70. Cuenta hacia delante en pasos de 10. ¿Qué números dices?
¿Dónde escribirías estos números en la tabla? ¿Cómo lo sabes? Escribe los números en la tabla.

Piensa en los números que van justo antes de los números que escribiste.
¿Qué dígito estará en la posición de las unidades de cada número? ¿Cómo lo sabes? Escribe esos números en la tabla.

Comienza en el 70. Cuenta hacia delante en pasos de 5. Escribe esos números en la tabla.
¿Cuál dígito estará en la posición de las unidades de cada número que está **justo después**? ¿Cómo lo sabes? Escribe esos números en la tabla.

Comienza en el 70. Cuenta hacia delante en pasos de 2. Escribe esos números en la tabla.
¿Cuál dígito estará en la posición de las unidades de cada número que está **justo antes**? ¿Cómo lo sabes?

Intensifica 1. Completa la tabla de la página 440.

2. Escribe el número que va **justo antes** de cada número.

a. ______ 120 b. ______ 105 c. ______ 119

3. Escribe el número que va **justo después** de cada número.

a. 117 ______ b. 110 ______ c. 108 ______

4. Escribe los números que faltan en estas partes de la tabla.

a.

111			

b.

	107		

c.

112				116			119	

Avanza a. Encierra con azul los números que dices cuando comienzas en 100 y cuentas hacia delante en pasos de 5.

b. Encierra con rojo los números que dices cuando comienzas en 100 y cuentas hacia delante en pasos de 2.

102 **110** **105** **120** **115** **118**

c. Escribe lo que notas en los números que están encerrados con rojo y azul. ¿Qué otros dos números encerrarías con rojo y azul?

______

______

______

Resta: Ampliando la estrategia de contar hacia atrás

Conoce **Observa esta parte de una cinta numerada.**

50	51	52	53	54	55	56	57	58	59	60	61

Imagina que estabas en el 58 y diste un salto hacia atrás hasta el 56. ¿Cómo puedes indicar tu salto en la cinta numerada?

Podrías dibujar una flecha como esta.

50	51	52	53	54	55	56	57	58	59	60	61

¿Qué ecuación podrías escribir para indicar lo que hiciste?

___ – ___ = ___

¿Qué otros saltos podrías dar en esta parte de la cinta numerada? ¿Qué ecuación podrías escribir para indicar lo que hiciste?

Intensifica **1.** Completa las ecuaciones.

a. 29 - 1 = ___

b. 34 - 1 = ___

c. 36 - 1 = ___

2. Complea las ecuaciones. Dibuja saltos en la cinta numerada como ayuda.

51	52	53	54	55	56	57	58	59	60	61

a. 54 - 2 = ______

b. 57 - 2 = ______

c. 61 - 3 = ______

74	75	76	77	78	79	80	81	82	83	84

d. 75 - 1 = ______

e. 78 - 2 = ______

f. 82 - 3 = ______

88	89	90	91	92	93	94	95	96	97	98

g. 91 - 3 = ______

h. 95 - 3 = ______

i. 98 - 2 = ______

3. Escribe los números que faltan.

a. ______ - 2 = 65

b. ______ - 1 = 47

c. ______ - 3 = 71

Avanza Utiliza una de las cintas numeradas de arriba como ayuda para resolver este problema.

Selena tiene 95 centavos.
Jamar tiene 2 centavos menos que Selena.
Ruth tiene 3 centavos menos que Jamar.
Connor tiene un centavo más que Ruth.

¿Cuánto dinero tiene Connor?

 centavos

12.4 Reforzando conceptos y destrezas

Piensa y resuelve 

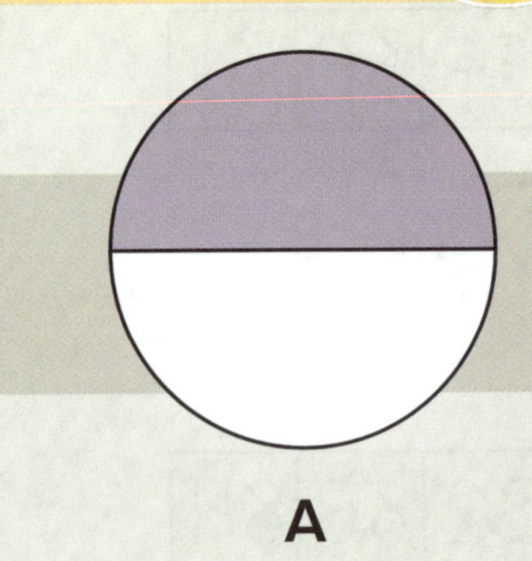
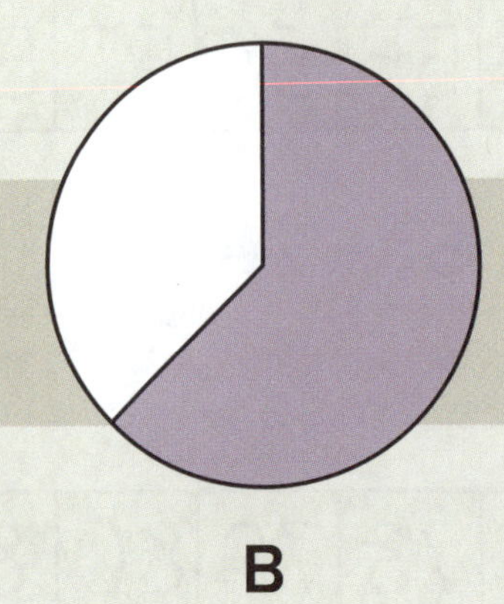
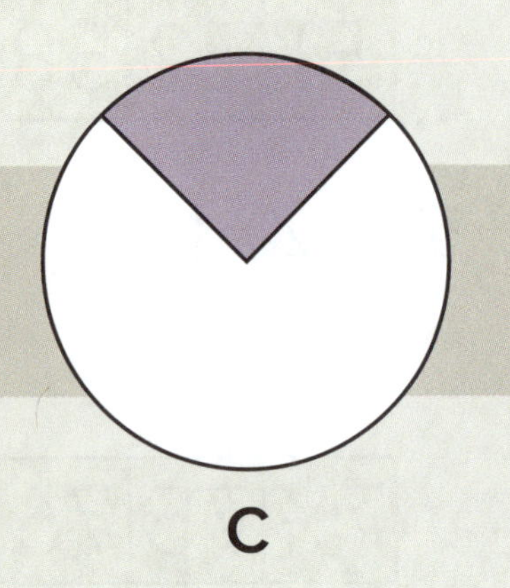

A B C

a. ¿Cuál círculo tiene un medio morado? ____

b. ¿Cuál círculo tiene **menos** de un medio morado? ____

c. ¿Cuál círculo tiene **más** de un medio morado? ____

Palabras en acción

Escribe pistas que correspondan al número **85**. Puedes utilizar palabras de la lista como ayuda.

cuentas
posición
decenas
unidades
número
menor que
mayor que
comienza en
termina en

Práctica continua

1. Calcula al número de puntos que están cubiertos. Completa las operaciones básicas.

a. 14 puntos en total

14 - 9 = ____

9 + ____ = 14

b. 13 puntos en total

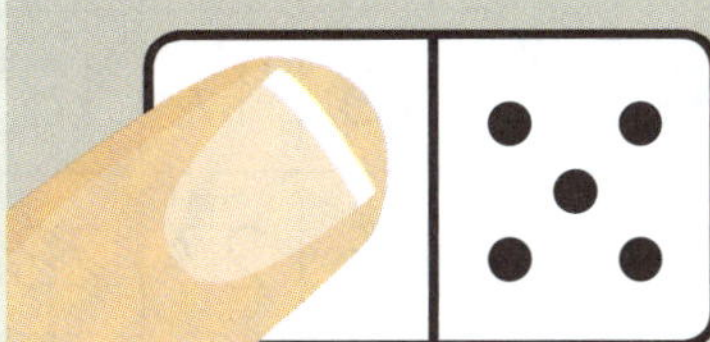

13 - 5 = ____

5 + ____ = 13

c. 15 puntos en total

15 - 8 = ____

8 + ____ = 15

DE 1.11.2

2. Descifra estos acertijos numéricos.

a. Estoy entre el 65 y el 75. Tengo 2 unidades.

b. Soy menor que 20 pero mayor que 10. Tengo 7 unidades.

c. Tengo el mismo número de decenas y unidades. Estoy entre el 40 y el 50.

____

DE 1.12.2

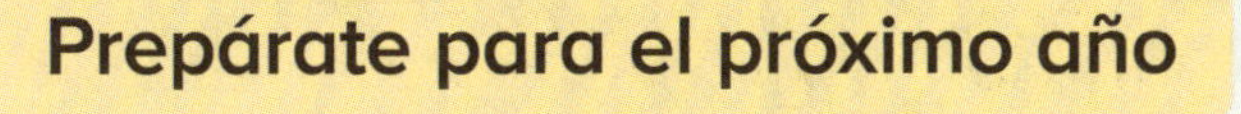

Prepárate para el próximo año

Encierra el número. Luego escribe el número de unidades que no están encerradas.

a. Encierra 60 dedos.

____ no encerrados

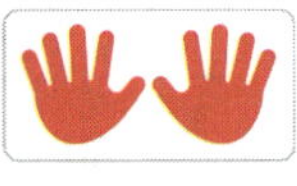
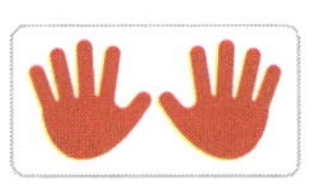
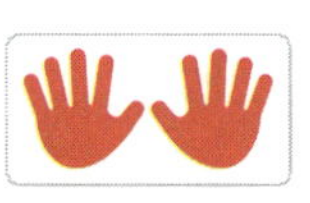
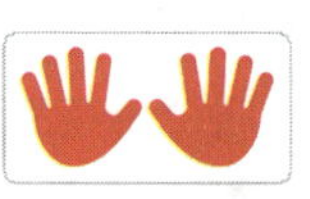
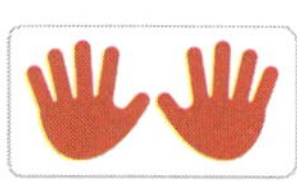
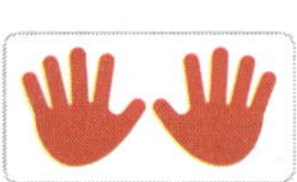
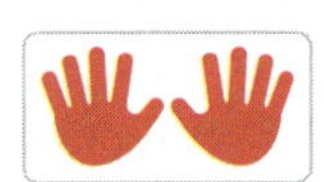
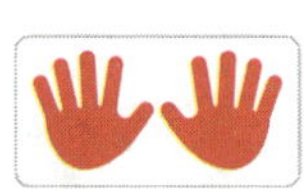
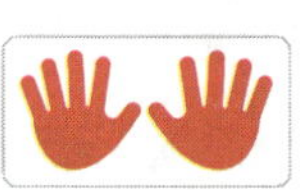

b. Encierra 20 dedos.

____ no encerrados

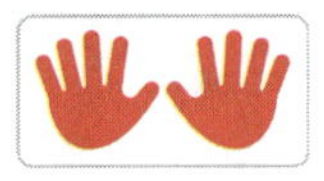
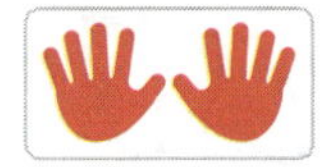
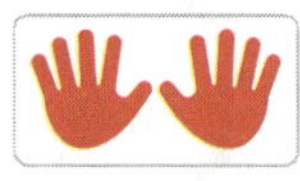
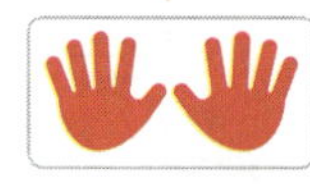
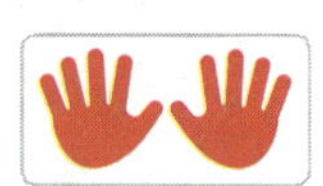
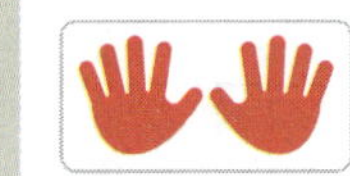
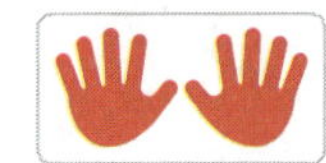
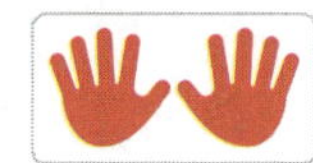
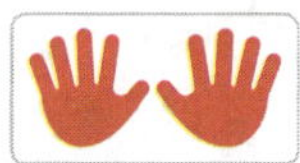
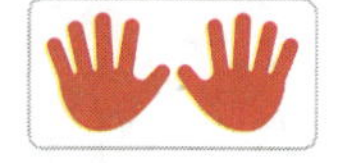

Resta: Explorando patrones

Conoce

Observa estos números.

1	2	3	4	5	6	7	8	9	10
11	12	13	14	15	16	17	18	19	20
21	22	23	24	25	26	27	28	29	30
31	32	33	34	35	36	37	38	39	40
41	42	43	44	45	46	47	48	49	50

¿Qué número es 2 menor que 45? ¿Cómo lo sabes?

¿Qué número es 1 menor que 38? ¿Cómo lo sabes?

¿Qué es diferente en todos los números que tienen un 4 en la posición de las unidades?

Intensifica

1. Escribe los números que faltan.

a.
- 5 - 1 = ____
- 15 - 1 = ____
- 25 - 1 = ____
- 35 - 1 = ____
- 45 - 1 = ____
- 95 - 1 = ____

b.
- 18 - 2 = ____
- 28 - 2 = ____
- 38 - 2 = ____
- 48 - 2 = ____
- 78 - 2 = ____
- 88 - 2 = ____

c.
- 4 - 3 = ____
- 14 - 3 = ____
- 24 - 3 = ____
- 34 - 3 = ____
- 64 - 3 = ____
- 84 - 3 = ____

2. Piensa en los números **entre el 1 y el 50**.

a. Escribe todos los números que tienen un 6 en la posición de las unidades.

b. Escribe los números que sean **2 menor** que los números que escribiste.

3. Piensa en los números **entre el 50 y el 100**.

a. Escribe todos los números que tengan un 9 en la posición de las unidades.

b. Escribe los números que sean **2 menor** que los números que escribiste.

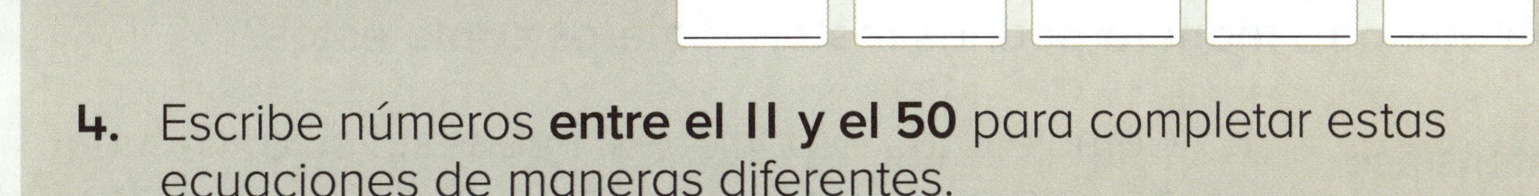

4. Escribe números **entre el 11 y el 50** para completar estas ecuaciones de maneras diferentes.

a. ___ - 3 = ___

b. ___ - 2 = ___

c. ___ - 1 = ___

Avanza

Dorothy tenía 65 centavos. Ella gastó 3 centavos.
Vishaya tenía 66 centavos. Ella perdió 2 centavos.
Jacob tenía 67 centavos. Él regaló 3 centavos.

¿A quién le sobró menos dinero?
Escribe ecuaciones para indicar tu razonamiento.

Resta: Múltiplos de diez de cualquier número de dos dígitos (tabla de cien)

Conoce

Observa esta parte de una tabla de cien.

¿Cómo puedes calcular qué número está detrás del cuadro sombreado?

Yo comenzaría en el 44 y contaría hacia atrás en pasos de 10 hasta el cuadro sombreado.

			■		
		33			
41	42	43	44	45	46

¿Cuántos pasos de 10 es eso?

¿Qué ecuación correspondiente podrías escribir?

___ – ___ = ___

¿De qué otra manera podrías restar números como estos?

Intensifica

1. Completa las ecuaciones. Puedes dibujar flechas en esta parte de una tabla de cien como ayuda.

1	2	3	4	5	6	7	8	9	10
11	12	13	14	15	16	17	18	19	20
21	22	23	24	25	26	27	28	29	30
31	32	33	34	35	36	37	38	39	40
41	42	43	44	45	46	47	48	49	50
51	52	53	54	55	56	57	58	59	60

a. 34 - 10 = ___

b. 41 - 30 = ___

c. 59 - 50 = ___

2. Completa las ecuaciones. Utiliza esta tabla como ayuda.

41	42	43	44	45	46	47	48	49	50
51	52	53	54	55	56	57	58	59	60
61	62	63	64	65	66	67	68	69	70
71	72	73	74	75	76	77	78	79	80
81	82	83	84	85	86	87	88	89	90
91	92	93	94	95	96	97	98	99	100

a. 73 - 20 = ____

b. 94 - 40 = ____

c. 85 - 30 = ____

d. 94 - 10 = ____

e. 78 - 30 = ____

f. 61 - 20 = ____

3. Calcula y escribe cada diferencia.

a. 52 - 50 = ____

b. 33 - 20 = ____

c. 88 - 30 = ____

d. 99 - 60 = ____

e. 67 - 30 = ____

f. 56 - 20 = ____

Avanza

Escribe **+10**, **+20**, **−10**, o **−20** para hacer los caminos numéricos verdaderos.

a. 25 → ____ → 45 → ____ → 35 → ____ → 55

b. 74 → ____ → 64 → ____ → 74 → ____ → 54

Práctica de cálculo

★ Completa estas ecuaciones tan rápido como puedas.

inicio

9 - 2 = ___

8 - 4 = ___

10 - 8 = ___

6 - 4 = ___

9 - 6 = ___

8 - 7 = ___

5 - 3 = ___

7 - 5 = ___

6 - 0 = ___

7 - 1 = ___

9 - 5 = ___

10 - 3 = ___

8 - 6 = ___

5 - 2 = ___

7 - 4 = ___

10 - 4 = ___

7 - 2 = ___

9 - 1 = ___

4 - 3 = ___

9 - 0 = ___

meta

Práctica continua

1. Dibuja saltos de dos en dos.
Colorea los números en que caes.

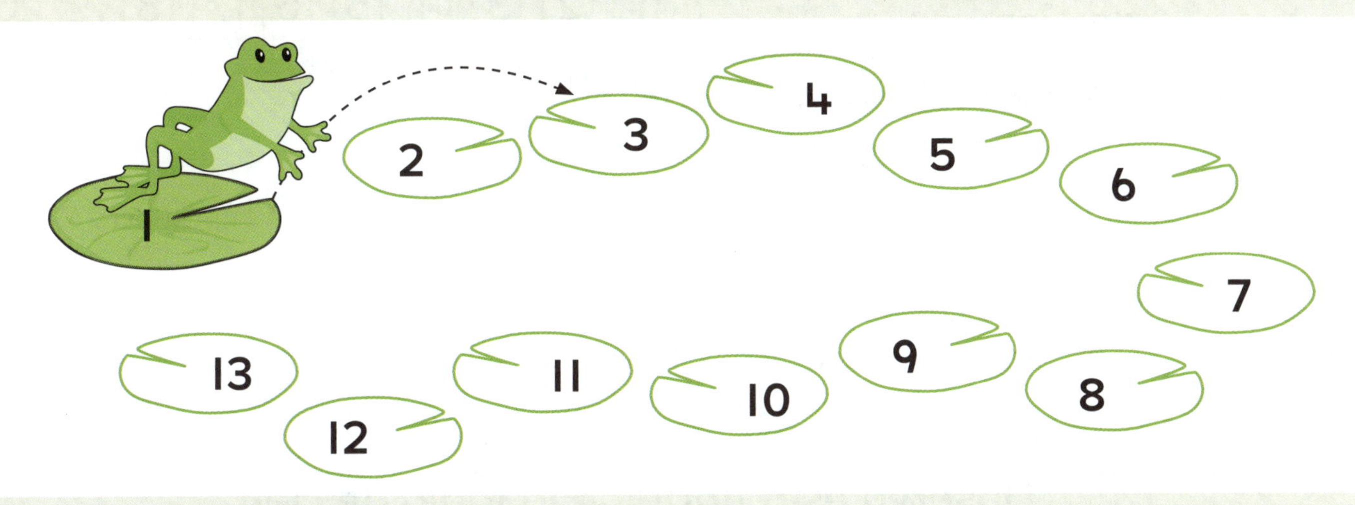

2. Escribe las respuestas. Utiliza la cinta numerada como ayuda.

61	62	63	64	65	66	67	68	69	70	71

a. 63 - 2 = ____

b. 68 - 1 = ____

c. 65 - 3 = ____

d. 70 - 2 = ____

e. 69 - 3 = ____

f. 71 - 2 = ____

Prepárate para el próximo año

Colorea la cantidad de bloques que corresponda al número que indica el expansor.

a.

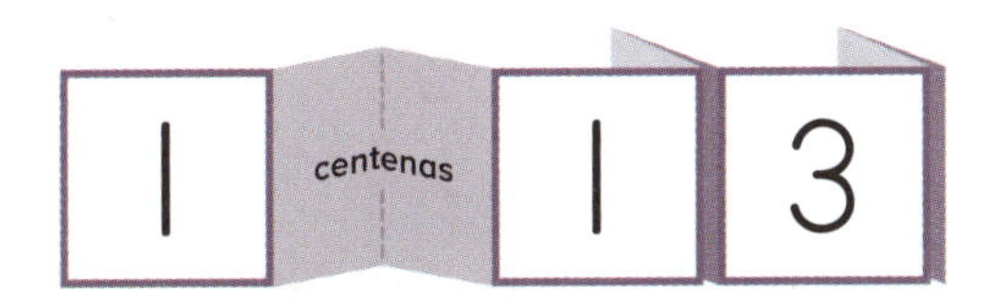

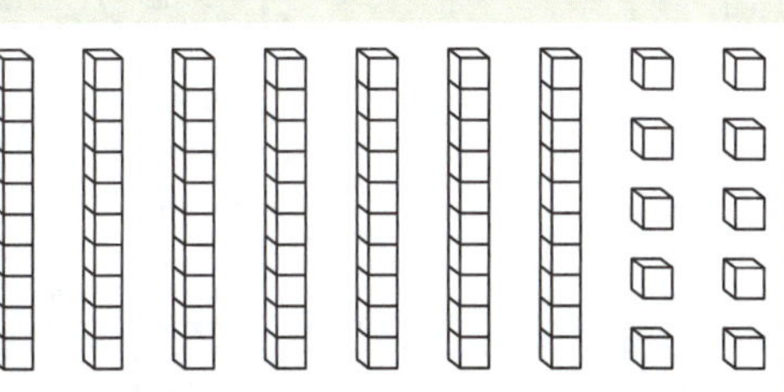

b.

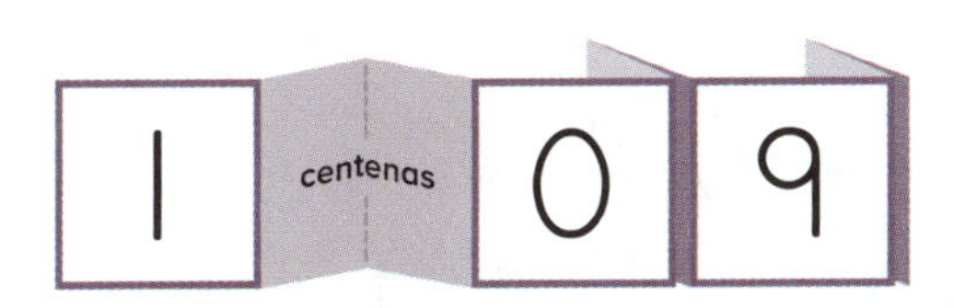

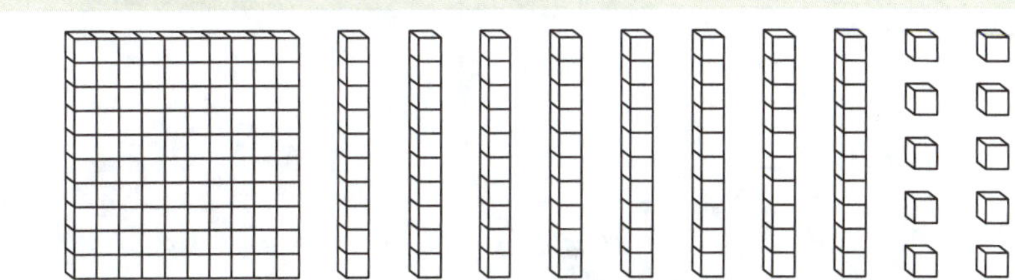

12.7 Resta: 1, 2, 3, o 10, 20, 30 de cualquier número de dos dígitos (tabla de cien)

Conoce

Observa esta parte de una tabla de cien.

1	2	3	4	5	6	7	8	9	10
11	12	13	14	15	16	17	18	19	20

¿Qué sucede con los números cuando te mueves de derecha a izquierda?

¿Qué sucede con los números cuando te mueves una fila hacia atrás?

Observa esta parte de la misma tabla de cien.
¿Qué números faltan? ¿Cómo lo sabes?

Observa esta parte de la tabla de cien.
¿Qué números podrías escribir en los espacios en blanco? ¿Cómo lo sabes?

Intensifica

1. Completa las ecuaciones. Utiliza la tabla como ayuda.

a.

b.

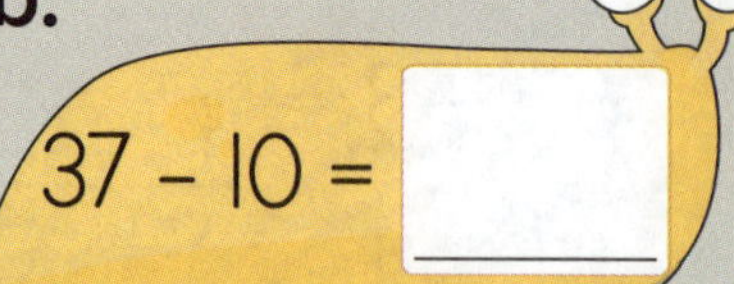

c. 25 – 3 = ______

21	22	23	24	25	26	27	28	29	30
31	32	33	34	35	36	37	38	39	40
41	42	43	44	45	46	47	48	49	50
51	52	53	54	55	56	57	58	59	60

d.

e. 53 – 1 = ______

f. 51 – 30 = ______

2. Calcula y escribe las respuestas.

a. 72 – 10 = ____

b. 65 – 2 = ____

c. 58 – 20 = ____

d. 47 – 3 = ____

e. 76 – 20 = ____

f. 43 – 1 = ____

g. 85 – 10 = ____

h. 35 – 1 = ____

i. 57 – 2 = ____

j. 96 – 10 = ____

k. 39 – 10 = ____

l. 69 – 20 = ____

Avanza Escribe los números que faltan a lo largo del camino.

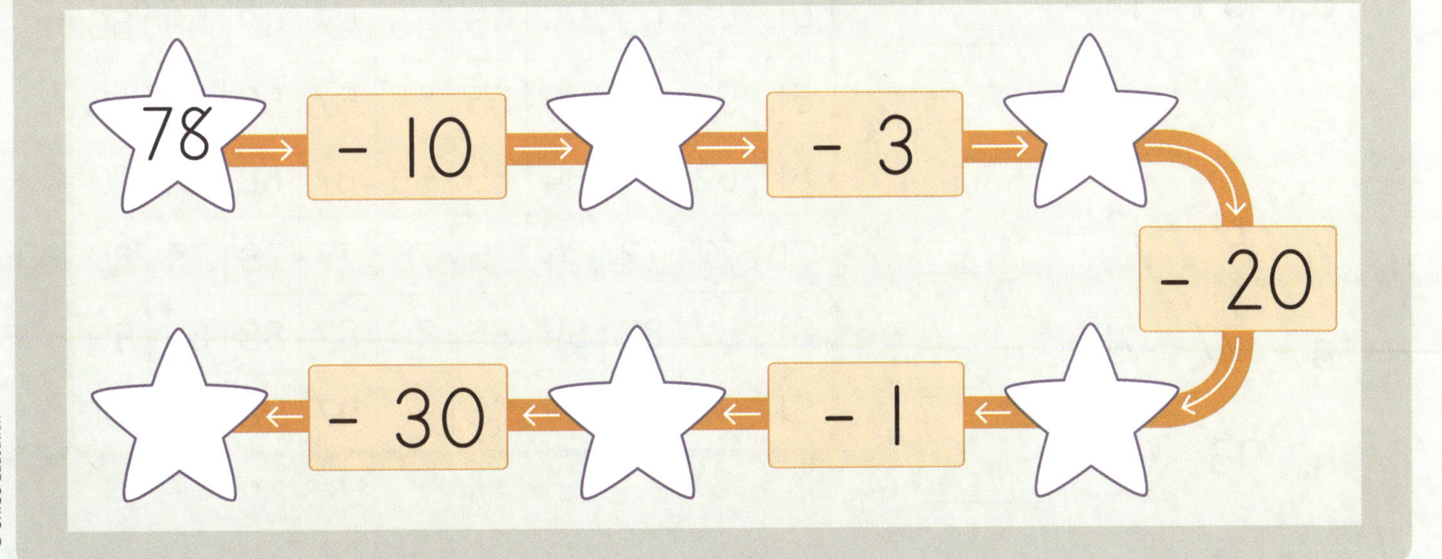

12.8 Resta: Números de dos dígitos (tabla de cien)

Conoce **Observa esta parte de una tabla de cien.**

¿Cómo moverías el contador para restar 20?

¿Cómo moverías el contador para restar 1?

¿Cómo moverías el contador para restar 21?

¿Importa si restas las unidades antes que las decenas?

1	2	3	4	5	6
11	12	13	14	15	16
21	22	23	24	25	26
31	32	33	34	35	36
41	42	43	44	45	46

Intensifica

1. Dibuja flechas en esta tabla de cien para indicar cómo calculas cada ecuación. Luego escribe las respuestas.

a. 36 - 12 = ____

b. 89 - 21 = ____

c. 75 - 31 = ____

d. 34 - 13 = ____

e. 49 - 33 = ____

f. 64 - 12 = ____

g. 27 - 21 = ____

h. 95 - 32 = ____

1	2	3	4	5	6	7	8	9	10
11	12	13	14	15	16	17	18	19	20
21	22	23	24	25	26	27	28	29	30
31	32	33	34	35	36	37	38	39	40
41	42	43	44	45	46	47	48	49	50
51	52	53	54	55	56	57	58	59	60
61	62	63	64	65	66	67	68	69	70
71	72	73	74	75	76	77	78	79	80
81	82	83	84	85	86	87	88	89	90
91	92	93	94	95	96	97	98	99	100

2. Escribe el número al final de cada parte de la tabla de cien. Luego completa la ecuación correspondiente.

a.

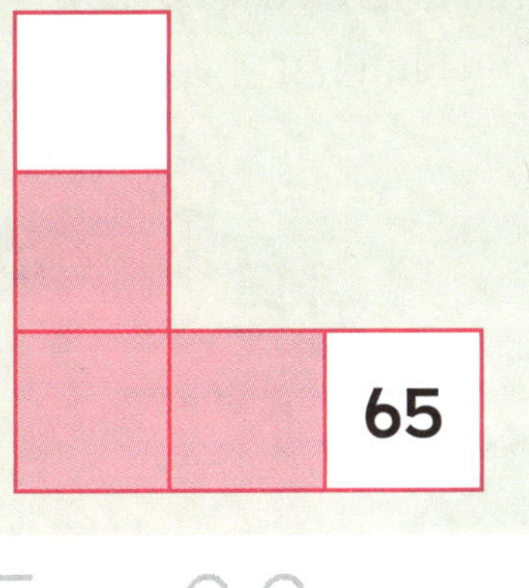

65 – 22 = ____

b.

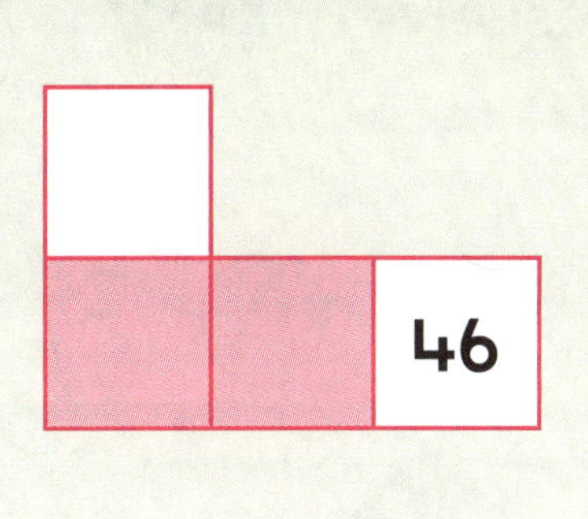

____ – ____ = ____

c.

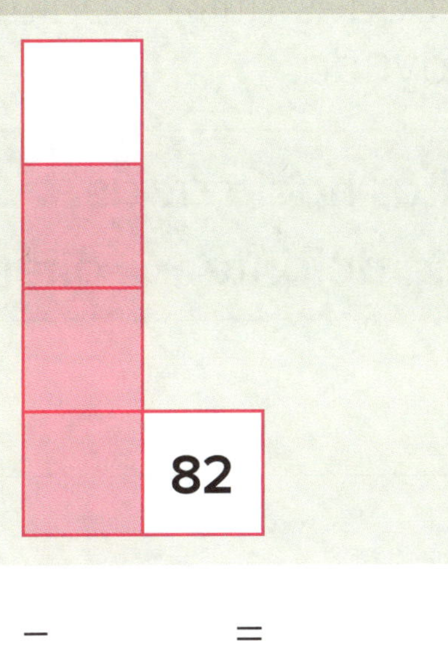

____ – ____ = ____

d.

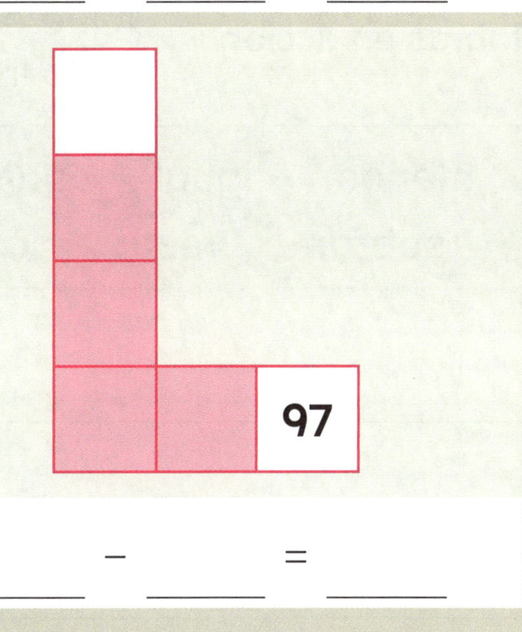

____ – ____ = ____

Avanza Esta es una parte de una tabla de cien. Escribe los números que se deberían indicar en las casillas en blanco.

						37			
	42								
51									
							68		

Reforzando conceptos y destrezas

Piensa y resuelve

Escribe un número para hacer cada balanza verdadera.

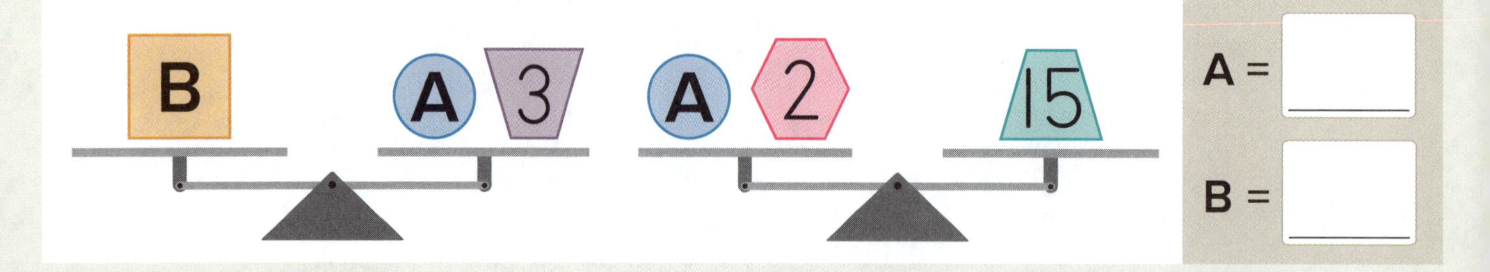

Palabras en acción

¿Qué es **resta**? Puedes utilizar palabras de la lista como ayuda.

menos	igual	quita	contar hacia atrás	se van
sobran	resta	contar hacia delante	diferencia	

Práctica continua

1. Dibuja las imágenes que faltan en cada patrón.

DE 1.11.7

a.

b.

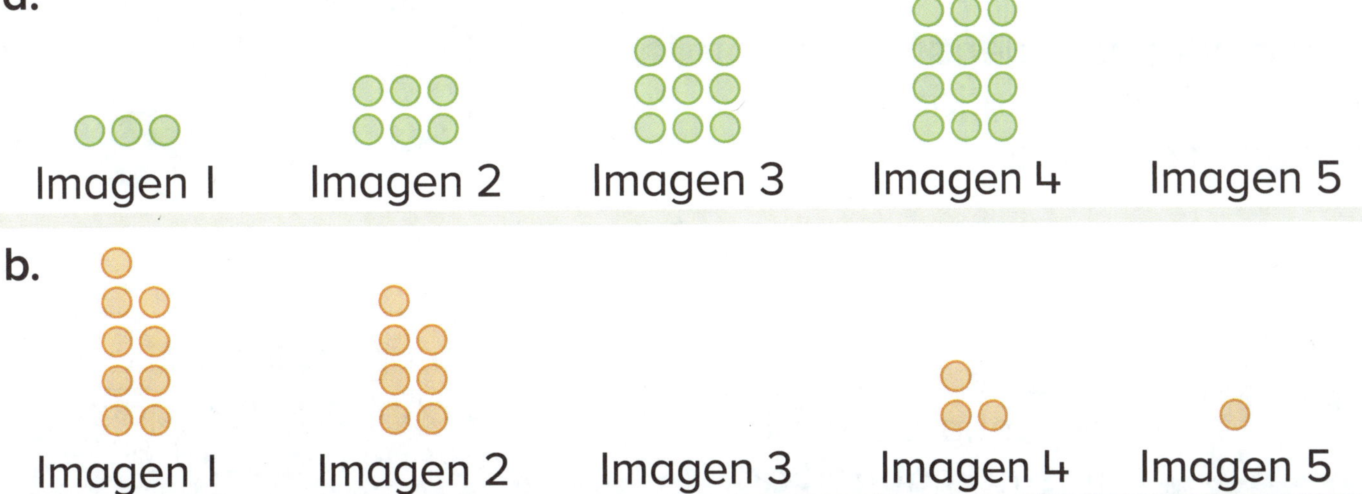

2. Escribe las diferencias. Puedes utilizar esta tabla como ayuda.

DE 1.12.7

a. 84 - 30 = ______

b. 76 - 2 = ______

c. 98 - 40 = ______

d. 87 - 3 = ______

51	52	53	54	55	56	57	58	59	60
61	62	63	64	65	66	67	68	69	70
71	72	73	74	75	76	77	78	79	80
81	82	83	84	85	86	87	88	89	90
91	92	93	94	95	96	97	98	99	100

Preparándote para el próximo año

Observa los bloques. Escribe el número correspondiente en el expansor. Luego escribe el nombre del número.

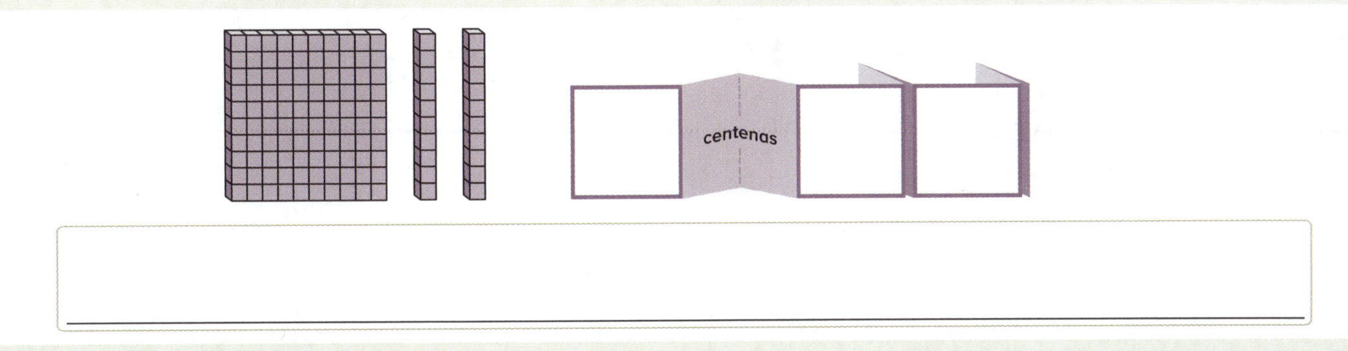

Capacidad: Haciendo comparaciones directas

Conoce

Cada una de estas botellas está llena de agua. ¿Cuál botella contiene más agua?

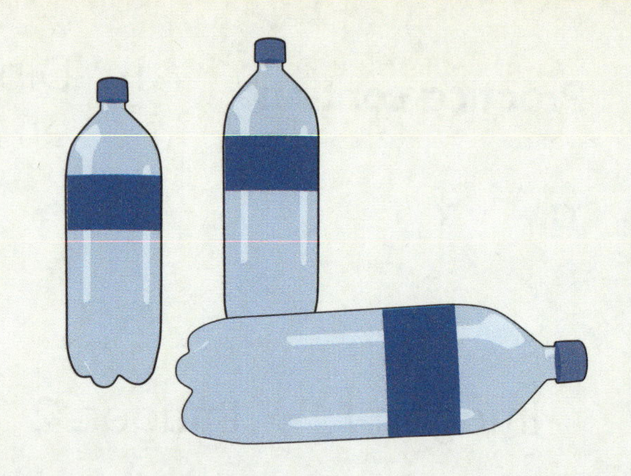

¿Cómo podrías ordenar estas botellas de acuerdo a la cantidad de agua que contiene cada una?

Dos de estas botellas de agua tienen la misma **capacidad**.

La **capacidad** indica la cantidad de líquido que un recipiente puede contener.

Intensifica

1. Encierra los recipientes que podrían contener **menos** agua que esta jarra.

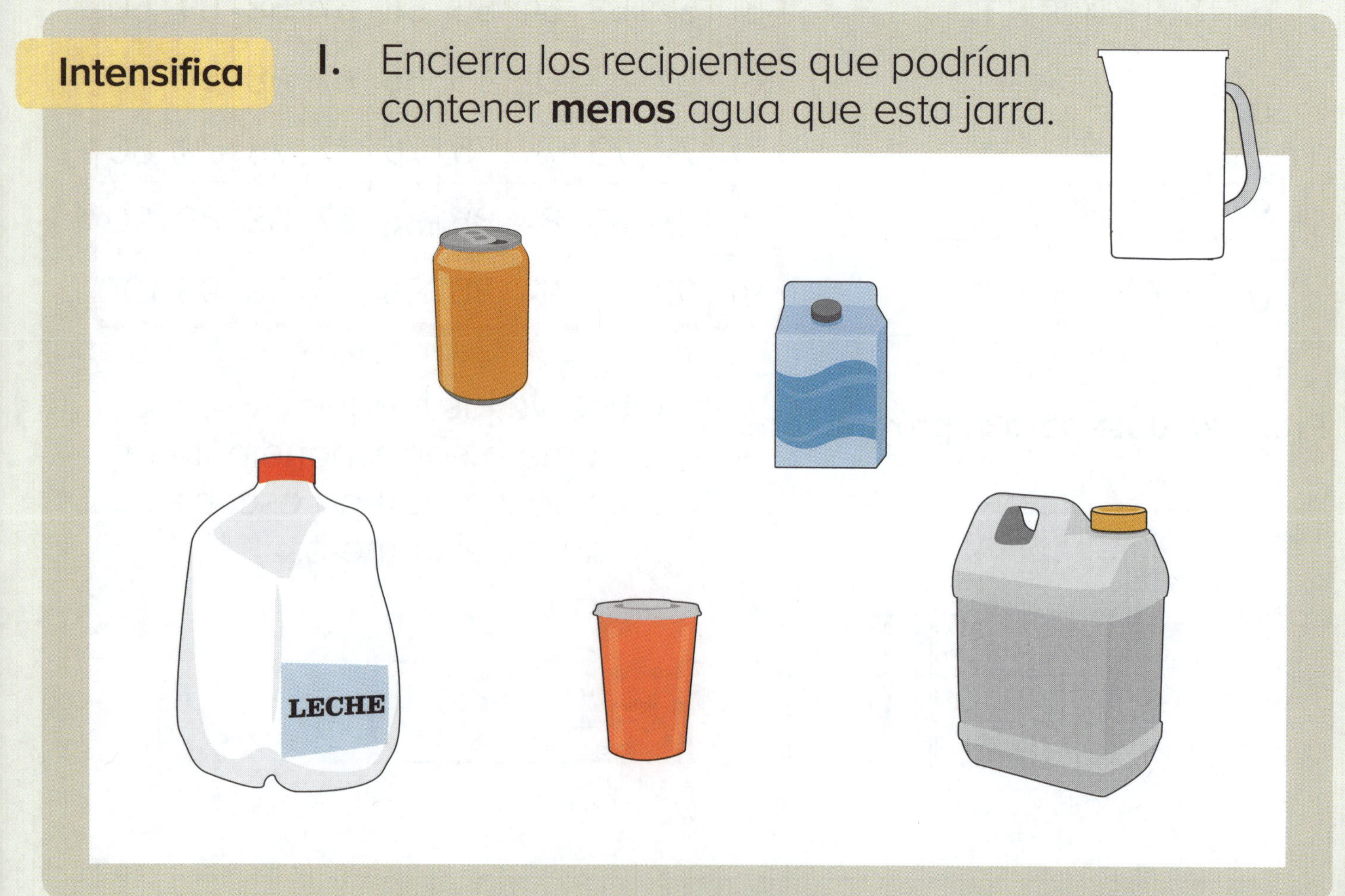

2. Encierra el recipiente de **mayor** capacidad.
Encierra ambos recipientes si la capacidad luce **igual**.

a.

b.

c.

d.

e.

f.

Avanza

Se ha aplastado esta botella.
¿Ha cambiado la cantidad de agua que la botella puede contener?
Comparte tu razonamiento con otro estudiante.

12.10 Capacidad: Midiendo con unidades no estándares

Conoce **Observa estos recipientes.**

¿Cómo podrías utilizar la taza de medida para calcular la capacidad de cada recipiente en la mesa?

¿Cómo podrías registrar los resultados?

¿Qué más podrías utilizar para medir la capacidad de cada recipiente?

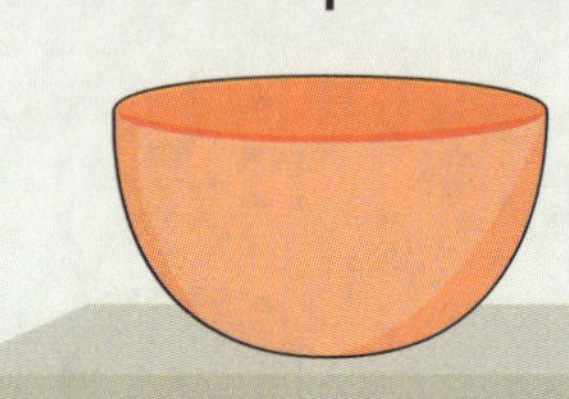

Intensifica 1. Escribe el número de medidas para cada recipiente.

Recipiente	Número de medidas de arroz
a.	____ medidas
b.	____ medidas
c.	____ medidas
d.	____ medidas

2. Escribe el número de medidas para estos recipientes.

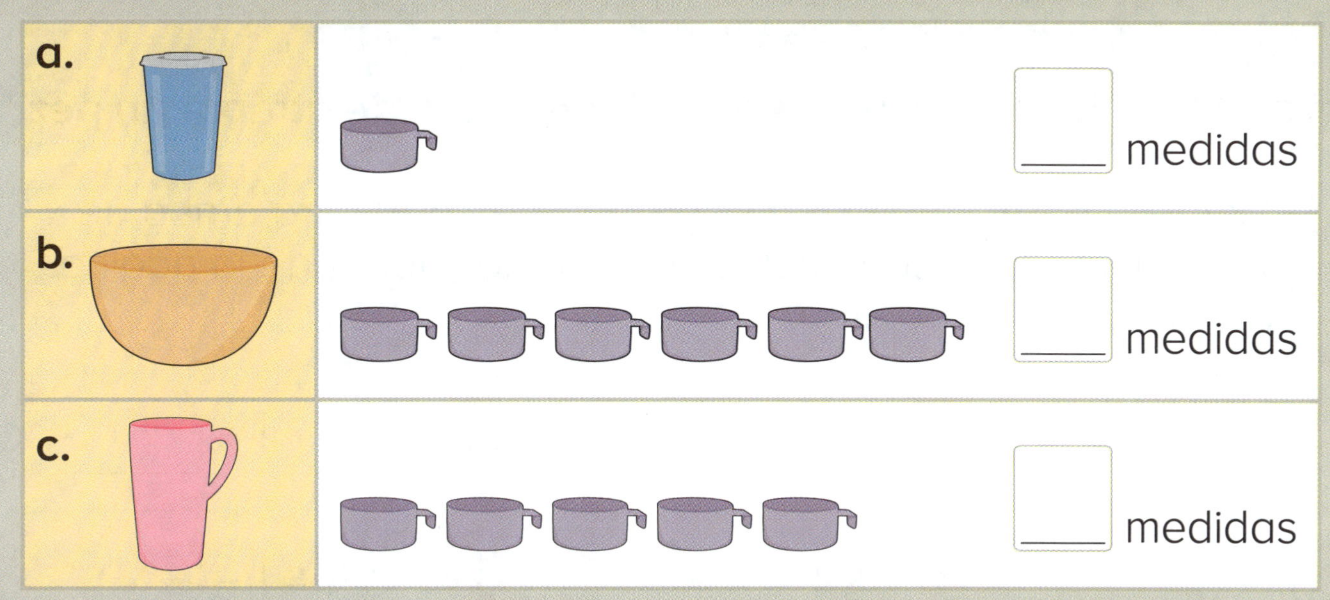

3. Compara estos recipientes de las preguntas 1 y 2.
En cada par, encierra el recipiente que puede contener más.

Avanza Observa los recipientes de las preguntas 1 y 2.

a.
Colorea el ⬭ junto al número de [medida] que llenarían dos [taza].

⬭ **5** ⬭ **8** ⬭ **6** ⬭ **10**

b.
Colorea el ⬭ junto al número de [medida] que llenarían dos [recipiente].

⬭ **2** ⬭ **6** ⬭ **5** ⬭ **3**

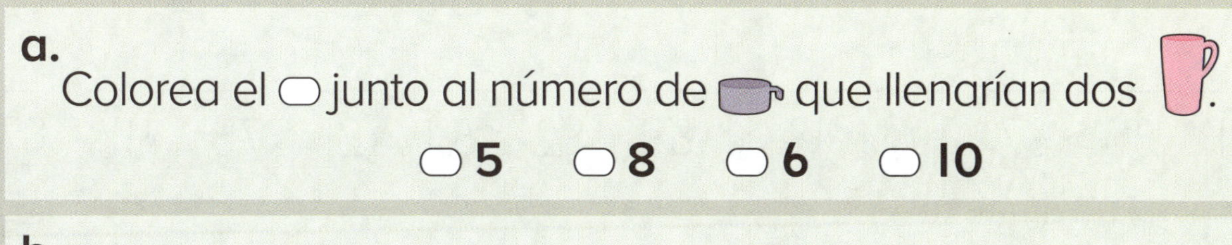

Práctica de cálculo ¿Cuál es la mejor manera de atrapar un pez?

★ Completa las ecuaciones. Luego escribe cada letra arriba de la respuesta correspondiente en la parte inferior de la página. Algunas letras se repiten.

32 - 3 = ___ p	23 - 2 = ___ u	47 - 1 = ___ d
51 - 3 = ___ o	84 - 2 = ___ l	29 - 1 = ___ c
66 - 3 = ___ r	77 - 2 = ___ i	65 - 1 = ___ g
55 - 3 = ___ j	91 - 2 = ___ a	88 - 1 = ___ n
44 - 3 = ___ e	41 - 2 = ___ t	

89 39 63 89 29 89 87 46 48 82 48

28 21 89 87 46 48 89 82 64 21 75 41 87

39 41 82 48 89 63 63 48 52 41

Práctica continua

1. Encierra los *pennies* que podrás intercambiar por *dimes*. Luego escribe el número total de *dimes* y *pennies* después del intercambio.

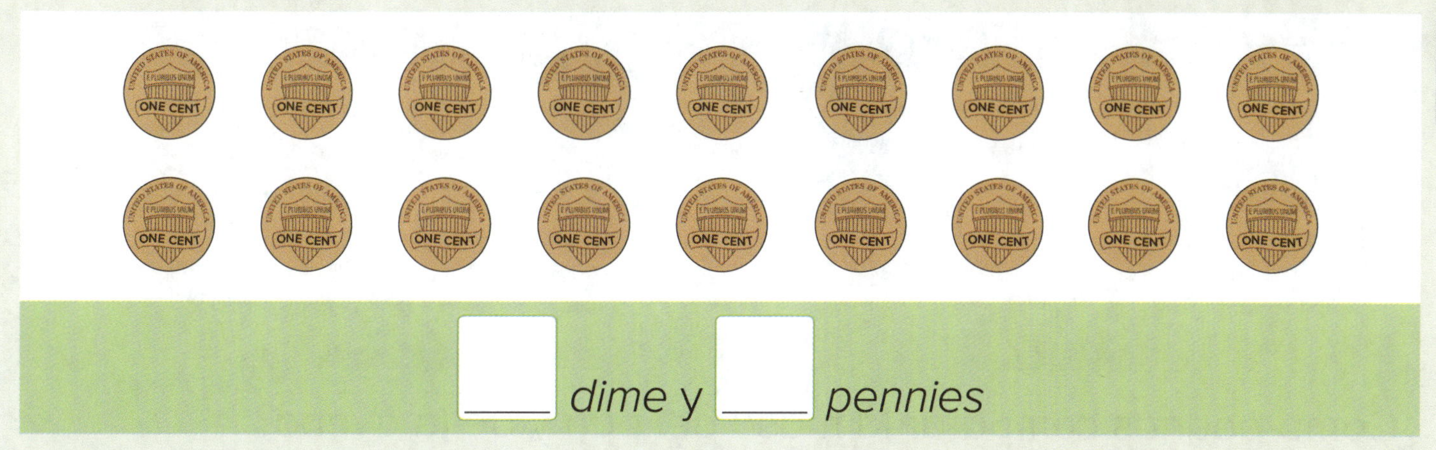

____ *dime* y ____ *pennies*

DE 1.11.8

2. Escribe el número de medidas de arroz para cada recipiente. Luego encierra el recipiente que contiene más arroz.

Recipiente	Número de medidas de arroz
a.	____ medidas
b.	____ medidas
c.	____ medidas

DE. 1.12.10

Prepárate para el próximo año

Calcula el total. Escribe la operación básica de suma.

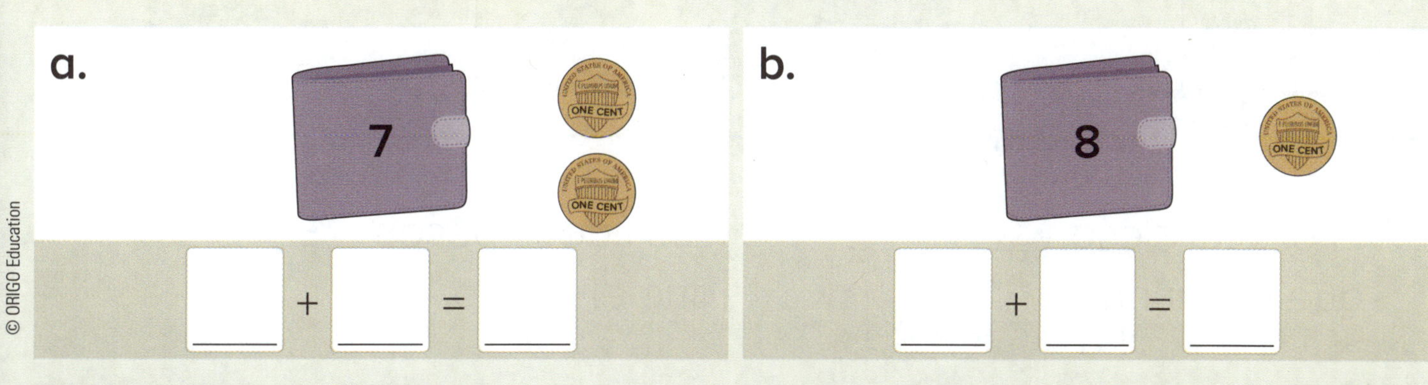

a. ____ + ____ = ____

b. ____ + ____ = ____

12.11 Masa: Haciendo comparaciones directas

Conoce ¿Qué sabes acerca de la masa de cada abarrote en esta imagen?

¿Cómo podrías comparar la masa del pan y de la avena?

Escribe **pan** y **avena** en esta balanza de platillos para indicar tu razonamiento.

El pan y el cereal tienen la misma masa. La avena es más pesada que el cereal.

Intensifica 1. Observa cada imagen. Escribe **más** o **menos** para completar cada enunciado.

a.

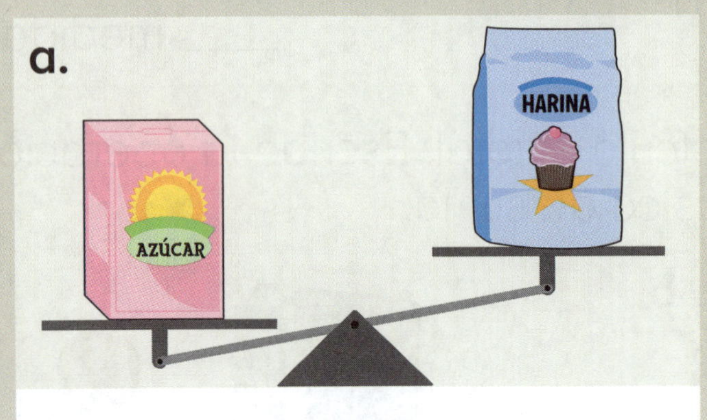

El azúcar pesa ____________ que la harina.

b.

Los fideos pesan ____________ que el queso.

2. Observa cada imagen. Escribe **más que**, **lo mismo que** o **menos que** para comparar la masa.

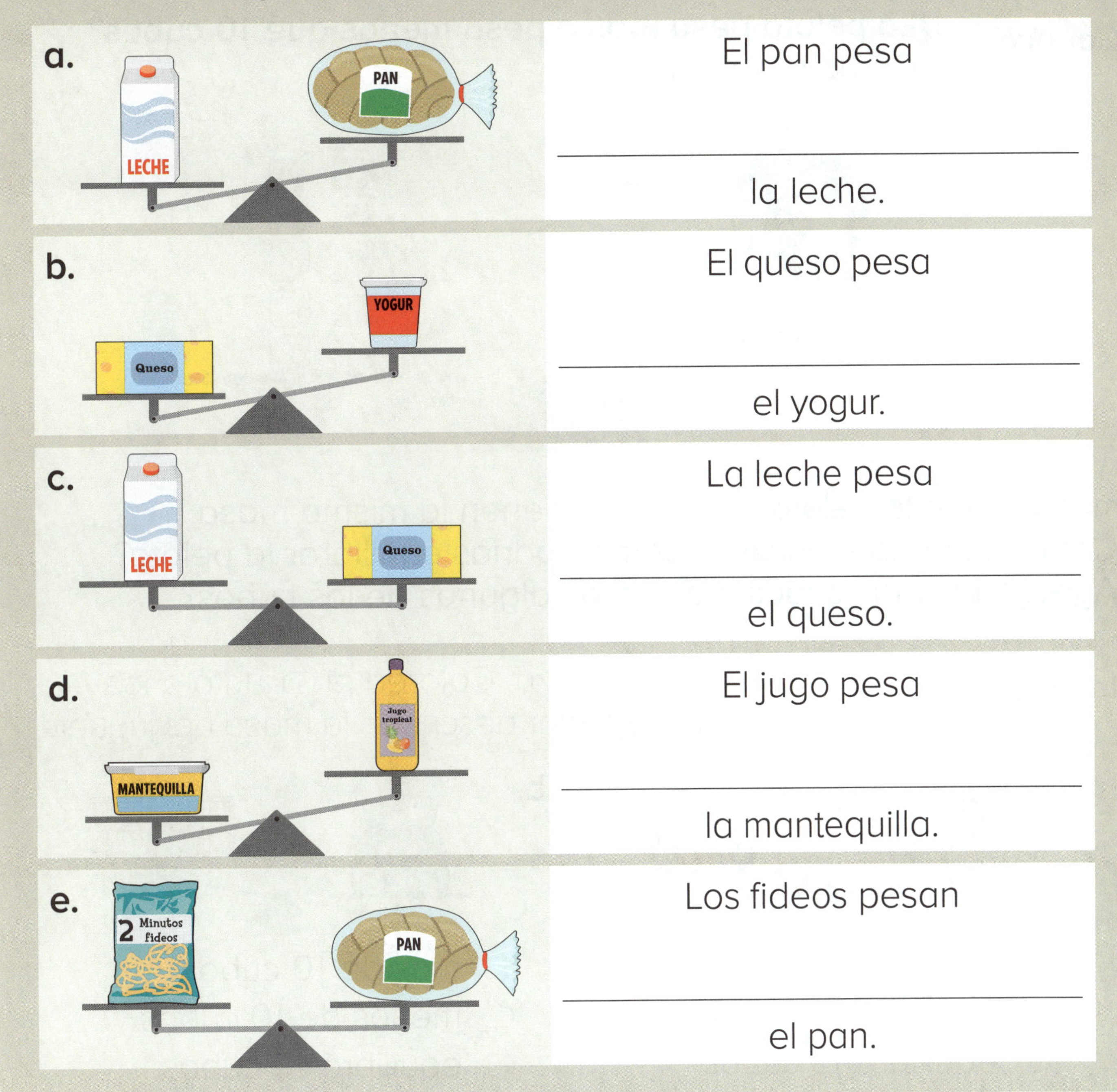

a. El pan pesa ________________ la leche.

b. El queso pesa ________________ el yogur.

c. La leche pesa ________________ el queso.

d. El jugo pesa ________________ la mantequilla.

e. Los fideos pesan ________________ el pan.

Avanza Observa las balanzas de arriba. Escribe **yogur** y **leche** en esta balanza para hacerla verdadera.

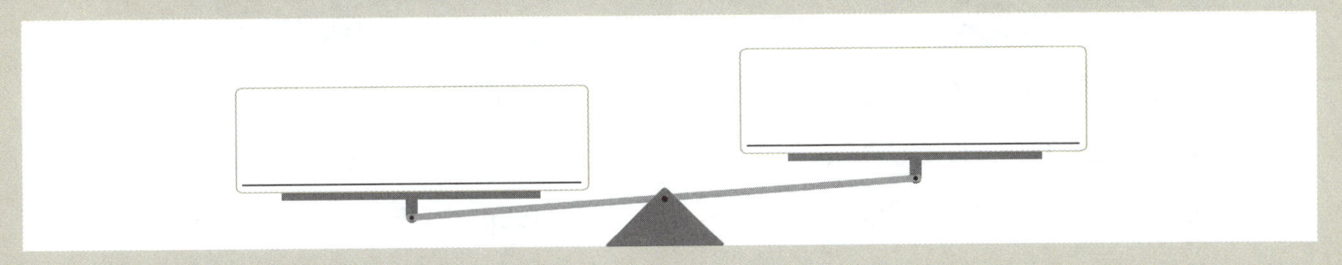

Masa: Midiendo con unidades no estándares

Conoce ¿La pelota pesa más o pesa menos que 10 cubos? ¿Cómo lo sabes?

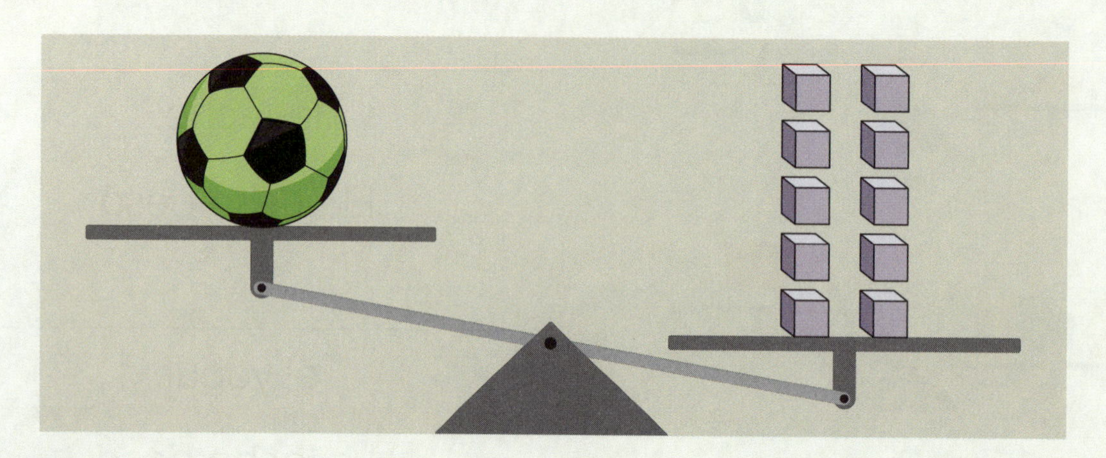

Imagina que la pelota y los cubos tienen la misma masa. ¿Cómo luciría la balanza? ¿Cómo podrías equilibrar la pelota? ¿Agregarías más cubos o quitarías algunos de los cubos?

Intensifica

1. Observa la balanza. Colorea el ⬭ junto a las palabras que mejor describan la masa del juguete.

a.

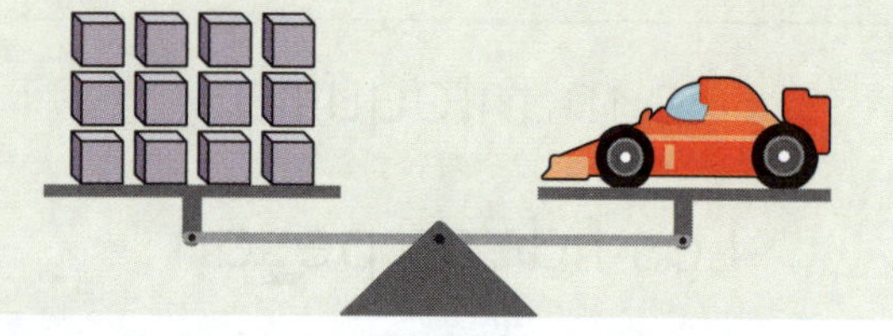

- ⬭ más de 12 cubos
- ⬭ menos de 12 cubos
- ⬭ equilibra 12 cubos

b.

- ⬭ más de 10 cubos
- ⬭ menos de 10 cubos
- ⬭ equilibra 10 cubos

c.

- ⬭ más de 16 cubos
- ⬭ menos de 16 cubos
- ⬭ equilibra 16 cubos

d.

- ⬭ más de 9 cubos
- ⬭ menos de 9 cubos
- ⬭ equilibra 9 cubos

2. Escribe el número de cubos en cada espacio. Colorea el ⬭ junto a la mejor descripción de la masa del juguete.

a.

⬭ más de ____ cubos

⬭ menos de ____ cubos

⬭ equilibra ____ cubos

b.

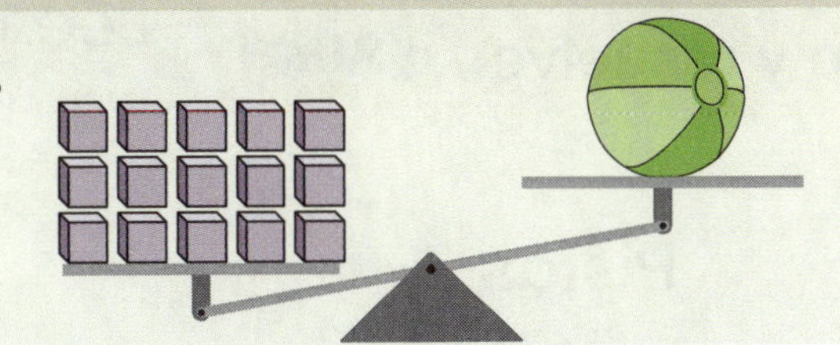

⬭ más de ____ cubos

⬭ menos de ____ cubos

⬭ equilibra ____ cubos

c.

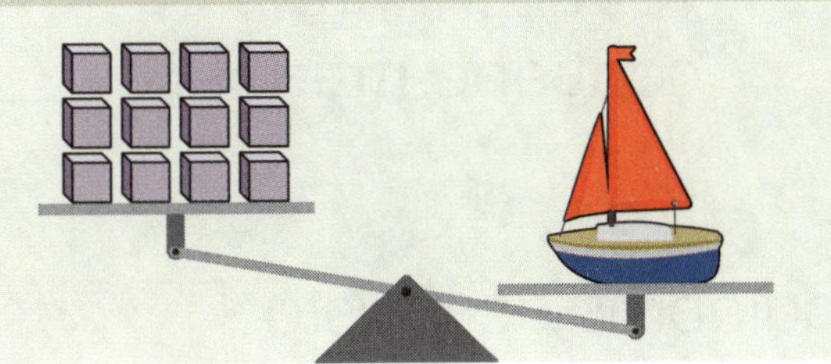

⬭ más de ____ cubos

⬭ menos de ____ cubos

⬭ equilibra ____ cubos

d.

⬭ más de ____ cubos

⬭ menos de ____ cubos

⬭ equilibra ____ cubos

Avanza ¿Cuántos cubos podría pesar este juguete? Escribe tres respuestas posibles.

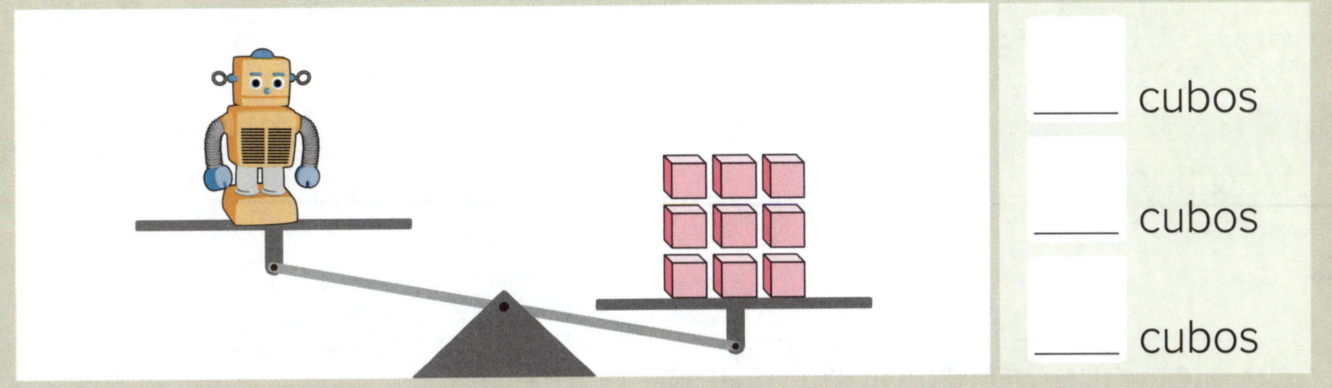

____ cubos

____ cubos

____ cubos

Reforzando conceptos y destrezas

Piensa y resuelve

Lee las pistas. Utiliza las letras para responder.

Pistas

G contiene más que **D**.

E contiene menos que **D**.

F contiene menos que **E**.

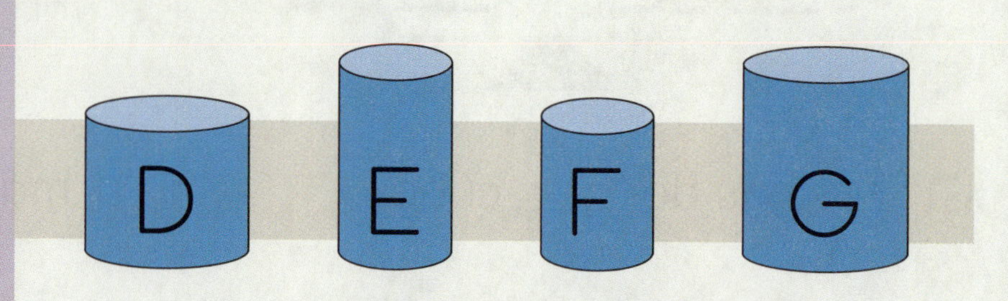

a. Cuál cilindro contiene **más**? ____

b. ¿Cuál cilindro contiene **menos**? ____

Palabras en acción

Elige y escribe palabras de la lista para completar los enunciados de abajo. Sobra una palabra.

capacidad

masa

más pesado

contiene menos

más liviano

contiene más

a. ____________ es la cantidad de peso de algo.

b. Una taza pequeña ____________ que una botella de leche.

c. Una calabaza es ____________ que un bloque de unidades.

d. Una tina ____________ que una taza.

e. ____________ es la cantidad de algo que un recipiente puede contener.

Práctica continua

1. Colorea las monedas que utilizarías para pagar por cada artículo con la cantidad **exacta**.

DE 1.11.11

a.

b.

2. Escribe el número de cubos. Luego colorea el ⬭ junto a las palabras que mejor describan la masa de cada fruta.

DE 1.12.12

a.

⬭ más de _____ cubos

⬭ menos de _____ cubos

⬭ equilibra _____ cubos

b.

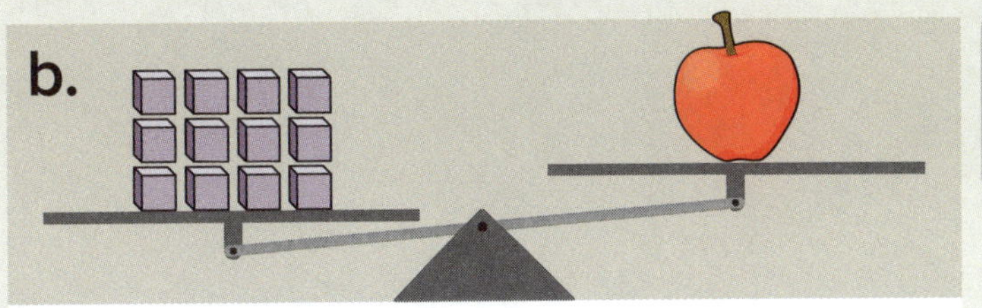

⬭ más de _____ cubos

⬭ menos de _____ cubos

⬭ equilibra _____ cubos

Prepárate para el próximo año

Escribe la operación básica de suma. Luego escribe la operación conmutativa.

a.

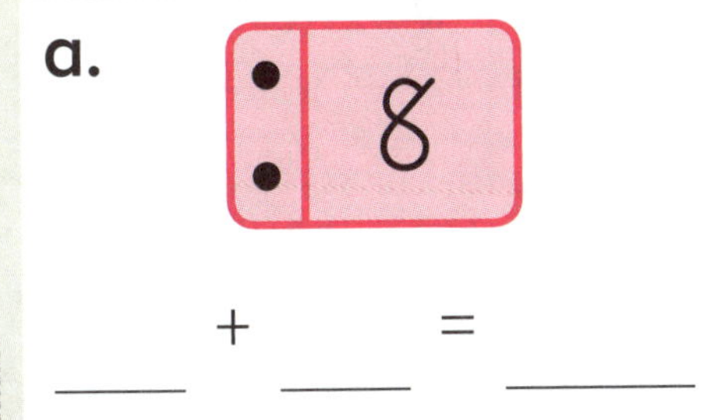

____ + ____ = ____

____ + ____ = ____

b.

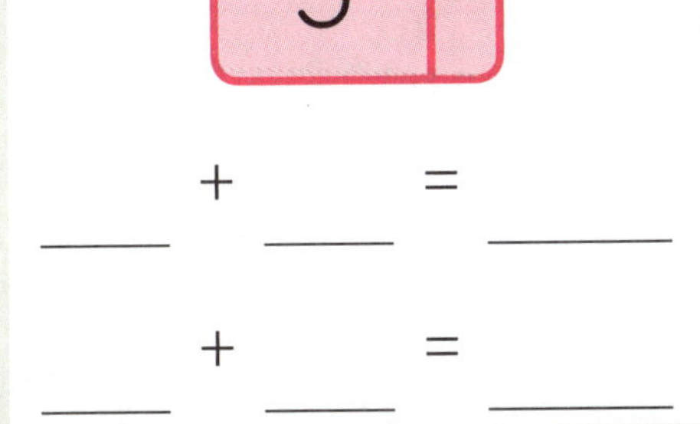

____ + ____ = ____

____ + ____ = ____

c.

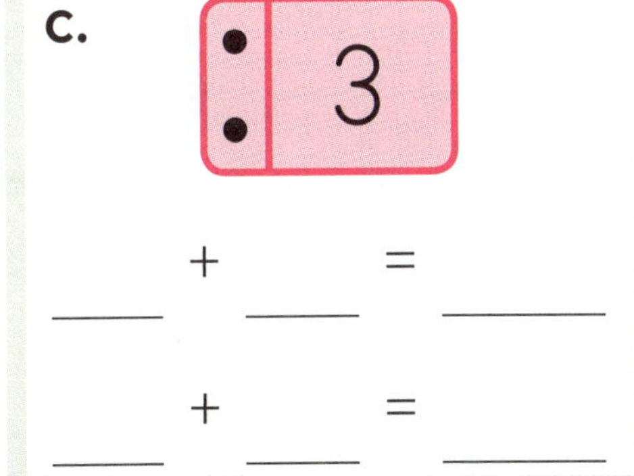

____ + ____ = ____

____ + ____ = ____

Espacio de trabajo

Espacio de trabajo

Capacidad

Capacidad es la cantidad de algo que un recipiente puede contener. Por ejemplo, una taza **contiene menos** que una botella de jugo.

Comparación

Cuando se lee de izquierda a derecha, el símbolo **>** significa **es mayor que**. El símbolo **<** significa **es menor que**.
Por ejemplo: $2 < 6$ significa que 2 **es menor que** 6

Ecuación

Una **ecuación** es un enunciado numérico que utiliza el símbolo de igualdad. Por ejemplo: $7 + 8 = 15$

Estrategias de cálculo mental para la resta

Estas son **estrategias** que puedes utilizar para calcular un problema matemático mentalmente.

Contar hacia atrás	*Ves* $9 - 2$	*piensa* $9 - 1 - 1$
	Ves $26 - 20$	*piensa* $26 - 10 - 10$
Pensar en suma	*Ves* $17 - 9$	*piensa* $9 + 8 = 17$
	entonces $17 - 9 = 8$	

Estrategias de cálculo mental para la suma

Estas son **estrategias** que puedes utilizar para calcular un problema matemático mentalmente.

Contar hacia delante	*Ves* $2 + 8$	*piensa* $8 + 1 + 1$
	Ves $58 + 24$	*piensa* $58 + 10 + 10 + 4$
Dobles	*Ves* $7 + 7$	*piensa* doble 7
	Ves $25 + 26$	*piensa* doble 25 más 1 más
	Ves $35 + 37$	*piensa* doble 35 más 2 más
Hacer diez	*Ves* $9 + 4$	*piensa* $9 + 1 + 3$
	Ves $38 + 14$	*piensa* $38 + 2 + 12$
Valor posicional	*Ves* $32 + 27$	*piensa* $32 + 20 + 7$

Familia de operaciones básicas

Una **familia de operaciones básicas** incluye una operación básica de suma, su operación conmutativa y las dos operaciones básicas de resta relacionadas. Por ejemplo:

$4 + 2 = 6$
$2 + 4 = 6$
$6 - 4 = 2$
$6 - 2 = 4$

Figura 2D

Una **figura bidimensional (2D)** tiene bordes rectos, bordes curvos, o bordes rectos y curvos. Por ejemplo:

triángulos

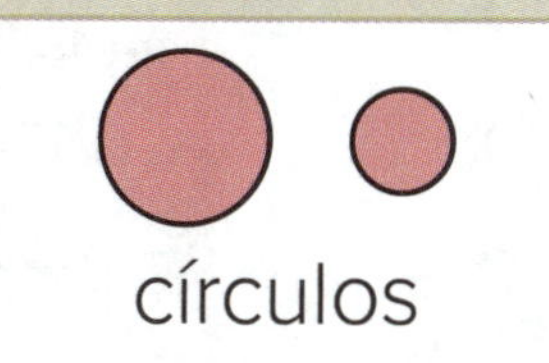
círculos

cuadrados

otras figuras

Fracción común

Las **fracciones comunes** describen partes iguales de un entero.

un medio

un cuarto

Igualdad

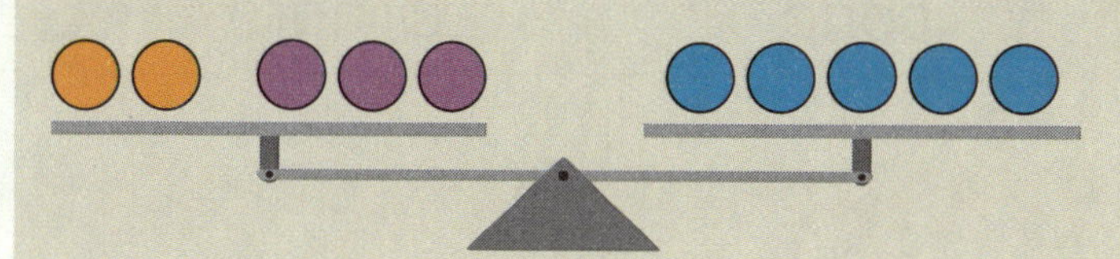

2 y 3 **equilibran** 5

2 y 3 **es igual a** 5

$2 + 3 = 5$

Marca de conteo

Una **marca de conteo** es una marca utilizada para registrar el número de veces que algo ocurre. Se usa una marca de conteo en diagonal sobre cuatro marcas de conteo para hacer grupos de cinco. Por ejemplo:

cuatro marcas de conteo

cuatro marcas de conteo agrupadas por una en diagonal

Masa

Masa es la cantidad de peso de algo.
Por ejemplo, un gato **pesa más** que un ratón.

Numeral

Un **numeral** es el símbolo utilizado para representar un número.

Número

El **número** dice "cuántos". Por ejemplo, hay nueve bloques en este grupo.

Objeto 3D

Un **objeto tridimensional (3D)** tiene superficies planas, superficies curvas o superficies planas y curvas. Por ejemplo:

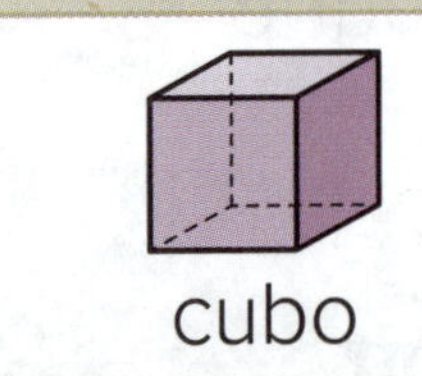
cubo

esfera

cono

cilindro

Operación conmutativa básica

Cada operación básica de suma tiene una **operación conmutativa básica**.

Por ejemplo: $2 + 3 = 5$ y $3 + 2 = 5$

Operaciones básicas de resta relacionadas

Cada operación básica de resta tiene una operación básica **relacionada**.

Por ejemplo: $7 - 4 = 3$ y $7 - 3 = 4$

Operaciones numéricas básicas

Las **operaciones básicas de suma** son ecuaciones en las que se suman dos números de un solo dígito. Las operaciones básicas de suma se pueden escribir con el total al inicio o al final.

Por ejemplo: $2 + 3 = 5$, o $3 = 1 + 2$

Las **operaciones básicas de resta** son ecuaciones de resta relacionadas a las operaciones básicas de suma de arriba.

Por ejemplo: $5 - 2 = 3$ o $3 - 2 = 1$

Resta

Restar es encontrar una parte cuando se conoce el total y una parte.

Total − **Parte** = **Parte**
5 − 2 = 3

Parte + ___ = **Parte**
2 + ___ = 5

Suma

Sumar es encontrar el total cuando se conocen dos o más partes.
Suma es otra palabra para total.

Parte + **Parte** = **Total**
2 + 3 = 5

ÍNDICE DEL PROFESOR

ÍNDICE DEL PROFESOR